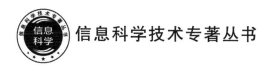

信息科学技术专著丛书

在线社交网络搜索与挖掘

杜军平　寇菲菲　周　南　石　磊　著

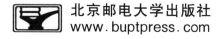

北京邮电大学出版社
www.buptpress.com

内 容 简 介

在线社交网络积累了大量用户产生的文本、图像和视频等跨媒体数据,而且数据呈现出显著的时空演化特性,这使得传统的搜索与挖掘技术已经难以适应用户在海量在线社交网络数据中精准搜索与挖掘信息的需求。本书聚焦在线社交网络搜索与挖掘关键理论与技术,从在线社交网络的跨媒体数据的获取与表达、语义学习与分析、智能精准搜索与挖掘三方面展开,系统深入地研究在线社交网络搜索与挖掘关键理论与技术,主要内容包括在线社交网络跨媒体时空信息的获取与表达、跨媒体大数据的语义学习与主题表达、在线社交网络突发话题发现、用户搜索意图理解与挖掘,以及支持时空特性与用户搜索意图理解的在线社交网络跨媒体搜索系统实现等。

本书适用于计算机、人工智能、大数据相关专业研究生和高年级本科生的专业学习,也可供有关科研人员参考。

图书在版编目(CIP)数据

在线社交网络搜索与挖掘 / 杜军平等著. -- 北京:北京邮电大学出版社,2022.2
ISBN 978-7-5635-0329-0

Ⅰ. ①在… Ⅱ. ①杜… Ⅲ. ①互联网络—数据处理—研究 Ⅳ. ①TP393.4

中国版本图书馆 CIP 数据核字(2021)第 027483 号

策划编辑:姚　顺　刘纳新　　**责任编辑:**毋燕燕　　**封面设计:**七星博纳

出版发行:北京邮电大学出版社
社　　址:北京市海淀区西土城路 10 号
邮政编码:100876
发 行 部:电话:010-62282185　传真:010-62283578
E-mail:publish@bupt.edu.cn
经　　销:各地新华书店
印　　刷:唐山玺诚印务有限公司
开　　本:787 mm×1 092 mm　1/16
印　　张:12.75
字　　数:278 千字
版　　次:2022 年 2 月第 1 版
印　　次:2022 年 2 月第 1 次印刷

ISBN 978-7-5635-6329-6　　　　　　　　　　　　　　　　定价:58.00 元

前　　言

在线社交网络是一类可以帮助用户建立在线好友关系网络，并且可以在好友间分享兴趣、爱好、状态和活动等信息的在线应用服务，具有强大的信息发布、传播、获取以及分享功能。现阶段最具代表性的在线社交网络产品国外有 Facebook 和 Twitter 等，国内有腾讯 QQ、新浪微博以及微信等。有关资料统计表明，全球最大的在线社交网络 Facebook 注册用户数已突破 22 亿大关，国内最大的在线社交网络腾讯 QQ 注册用户数超过 8 亿，新浪微博注册用户数已超过 5 亿，微信也拥有很高的注册用户数量，并保持着极高的用户增长率。

随着在线社交网络日益流行并且大量用户持续活跃，在线社交网络积累了大量用户产生的数据，包括文本、图像和视频等跨媒体数据，这些庞大的数据中蕴藏着极为有价值的信息。传统的信息搜索与挖掘技术已经难以满足用户信息搜索与挖掘的需求。因此，社交网络的发展对信息搜索与挖掘技术提出了新的要求和挑战。社交网络搜索与挖掘的出现正是信息搜索与挖掘技术在社交网络中的新发展、新应用。

在线社交网络搜索技术是指以社交搜索引擎技术为依托，通过在线社交网络跨媒体信息的挖掘，将社交网络中的跨媒体信息按照一定方式和逻辑组织起来，并根据社会化用户的搜索意图找出有关信息的过程和技术。针对在线社交网络搜索与挖掘问题，已在世界范围内掀起热潮，我国一些社交网络也纷纷将搜索与挖掘服务作为重要亮点之一，对其关键理论与技术的探索也应势而起。但在目前公开的研究成果中，多数都忽略了社交网络呈现出的在线虚拟社会和线下现实社会相融合的重要特征。在线社会网络中包含了大量时空信息，正是这些时空信息将在线虚拟社会与现实社会紧密联系在一起。因此，深入开展支持时空特性的在线社交网络搜索与挖掘关键理论与技术的研究，具有重要的理论意义和广泛的应用前景。

然而，针对如何利用时空信息，目前社交网络研究中较多的是如何利用显式时空信息，缺乏关于如何获取并有效利用跨媒体数据中隐含时空信息的研究。因此，在大数据时代，面对海量的跨媒体信息，要实现支持时空特性在线社交网络跨媒体搜索与挖掘的智能化、精准化，有必要深入研究以下关键技术：在线社交网络海量跨媒体时空数据的获取与表达技术，跨媒体时空数据的深度语义学习与分析技术，支持时空特性在线社交网络的智能精准搜索与挖掘技术。

在社交网络跨媒体时空数据的高效获取与表达方面，随着社交网络技术和无线通信技术的快速发展以及智能手机等便携式个人智能终端的大量使用，用户可以通过文本、图像、视频等方式来发布和获取各类信息。通过对社交网络中时空信息、社会网络关系等背景信息的获取和表达,对于了解用户对象的环境状态和真实搜索意图具有重要作用。但是,由于个体获取数据的稀疏性和片面性,要获得社交网络对象完整、准确的认识,就需要高效利用群体内所有个体的信息获取能力,并将这些数据进行快速汇总、处理和抽象。同时,通过对大规模个人和群体日常行为以及社会交互时空数据的挖掘与分析,才能高效获取具有应用价值的社群交互时空特征信息。因此,如何实现在线社交网络跨媒体时空数据的有效获取和表达,如何对这些数据的时空特性、社交特性和交互行为等上下文之间的复杂关系建模,是在线社交网络搜索与挖掘技术所需要解决的关键问题之一。

在社交网络跨媒体时空数据的深度语义学习方面,跨媒体信息以及所获得的时空信息,在不同维度上刻画了用户各种网络行为要素,需要经过深度加工才能展现出用户现实物理活动的全貌。因此,系统而深入地研究跨媒体时空数据深度语义学习与分析技术,有助于快速抽取能够反映在线社交网络用户现实物理活动的特征,提高获取用户信息的能力。

然而,传统的语义学习与分析往往依赖于特定情境,缺乏综合利用跨媒体信息中各种维度的情境感知数据,如时间维、空间维、社会关系维等,导致无法识别不同维度数据之间的潜在联系。因此,如何开展支持时空特性和社交特性跨媒体大数据的语义分析与建模研究,如何利用深度学习来跨越跨媒体数据底层特征与高层语义之间存在的语义鸿沟,是在线社交网络搜索与挖掘技术面临的又一关键问题。

在支持时空特性和社交特性的精准搜索与挖掘方面,与传统网络应用形式相比,信息在社交网络中传播的速度更快,覆盖的人群更广,用户的交互也更加频繁,体现出更加复杂的综合特征。因此,需要有效地挖掘社交网络中各种跨媒体时空信息,分析隐含的特有属性,并结合语义推理演算等,才能弥补传统搜索与挖掘在信息关联性等方面的缺陷。不仅实现对跨媒体内容的精准搜索与挖掘,而且实现对特定对象的精准搜索与挖掘。

在线社交网络搜索与挖掘技术面临着如何建立更有效的数据挖掘方法以应对在线网络的大规模化、复杂化等带来的效率和质量问题,特别是增加的时间维度和空间维度信息带来的复杂化问题。因此,研究跨媒体大数据高效率、高质量的数据挖掘技术,构建跨媒体时空数据挖掘体系以解决时空维度带来的复杂化问题;研究支持时空特性在线社交网络的内容搜索技术,建立对象精准搜索模型以提供智能化、个性化的精准搜索结果,是在线社交网络搜索与挖掘面临的另一个关键问题。

在社交网络搜索与挖掘应用方面,目前主要包括大规模异构社交网络数据的整合和索引、社交网络搜索与挖掘在线应用等研究。Facebook、Twitter、新浪微博等国内外主流社交网站均有自己的在线搜索系统,提供用户实时搜索的服务,为人们的社会生活带来极大便利。尤其随着线上线下的联系越来越紧密,社交网络中的搜索与挖掘对象也逐步扩展到与现实生活关联更为密切的地点、人、社交关系和其他社会属性。

本书以在线社交网络搜索与挖掘关键理论与技术为研究对象,系统而深入地研究在线社交网络跨媒体时空信息的获取与表达、在线社交网络跨媒体大数据的语义学习与分析、在线社交网络话题内容匹配与搜索、在线社交网络突发话题发现、在线社交网络用户搜索意图理解与挖掘、在线社交网络跨媒体搜索、支持时空特性和用户搜索意图理解的在线社交网络搜索系统的实现等关键问题。本书的研究对于突破在线社交网络搜索与挖掘等方面的关键问题,具有重要的理论意义和实际应用价值。

本书的组织结构如下:

第 1 章研究在线社交网络跨媒体时空信息的获取与表达。详细介绍基于时空主题模型的在线社交网络文本信息表达算法和基于目标注意力机制的在线社交网络图像信息表达算法,实现对在线社交网络跨媒体时空信息的获取和表达,为在线社交网络的精准搜索提供基础。

第 2 章描述跨媒体社交网络内容获取与处理。详细介绍基于自注意力机制的跨媒体社交网络内容关联分析算法和社交网络深度学习搜索特征抽取与匹配算法,实现社交网络文本数据和图像数据的获取,为进行社交网络内容匹配与搜索提供基础。

第 3 章研究在线社交网络跨媒体信息主题表达。详细介绍基于动态自聚合主题模型的在线社交网络文本主题表达算法和基于互补注意力机制的在线社交网络图像主题表达算法,通过挖掘文本、图像等数据所表达的主题,为在线社交网络跨媒体搜索提供数据和底层的支持。

第 4 章研究基于时空特性的在线社交网络跨媒体语义学习。详细介绍基于时空特性的在线社交网络跨媒体语义学习算法,实现对在线社交网络的跨媒体数据的语义学习,建立跨媒体数据的公共语义空间,为在线社交网络跨媒体精准搜索提供支持。

第 5 章研究基于强化学习的社交网络话题内容匹配。详细介绍基于强化学习的社交网络话题内容匹配算法,可应用于对新浪微博等社交网络内容信息的搜索,实现对社交网络搜索中具有语义稀疏性的数据准确匹配以及目标话题相关信息的查询。

第 6 章研究基于语义学习的在线社交网络话题搜索。详细介绍基于语义学习的在线社交网络话题搜索算法,建立基于短文本扩展的用户-标签主题模型,利用微博中的话题标签进行话题搜索,帮助网络用户精准搜索社交网络话题内容信息。

第 7 章研究基于稀疏主题模型的在线社交网络突发话题发现。详细介绍基于稀疏主题模型的在线社交网络突发话题发现算法和基于"Spike and Slab"先验的稀疏主题模型,有效地解决社交网络上下文稀疏性问题,从而在社交网络短文本中发现高质量的突发话题。

第 8 章研究基于用户聚合的在线社交网络用户搜索意图理解与挖掘。详细介绍基于用户聚合的在线社交网络用户搜索意图理解与挖掘算法,建立在线社交网络用户聚合主题模型,降低社交网络中大量通用词对用户搜索意图建模性能的影响,实现在线社交网络用户搜索意图的理解与挖掘。

第 9 章研究基于用户搜索意图理解的在线社交网络跨媒体搜索。详细介绍基于用户搜索意图理解的在线社交网络跨媒体搜索算法。通过在线社交网络跨媒体对抗学习过程得到跨媒体数据的语义一致性表示,结合相似度计算方法计算跨媒体数据的相似度,实现在线社交网络跨媒体精准搜索。

第 10 章研究基于生成对抗学习的跨媒体社交网络搜索。详细介绍基于生成对抗学习的跨媒体社交网络搜索算法。利用生成对抗学习来对跨媒体社交网络内容信息进行处理，通过生成对抗学习机制对跨媒体特征表示进行判别监督，实现面向社交网络安全话题内容的跨媒体信息搜索。

第11章研究基于语义学习与时空特性的在线社交网络跨媒体事件搜索。详细介绍跨媒体事件公共语义学习模型和基于语义学习与时空特性的在线社交网络跨媒体事件搜索算法，实现同一尺度下不同模态数据的相似性度量和跨媒体事件的精准搜索。

第12章研究基于语义学习与时空特性的在线社交网络跨媒体搜索系统的实现。该系统可以实现跨媒体时空信息获取与表达、跨媒体语义学习、在线社交网络话题搜索和在线社交网络跨媒体事件搜索等功能，实现快捷方便的社交网络跨媒体搜索。

第13章研究基于用户搜索意图理解的在线社交网络跨媒体搜索系统的实现。该系统能够实现跨媒体信息主题表达、用户搜索意图理解与挖掘、在线社交网络突发话题发现及在线社交网络跨媒体精准搜索等功能，能够方便用户快速准确地搜索社交网络跨媒体信息和话题。

本著作受到国家重点研发计划项目(2018YFB1402600)、国家自然科学基金重点项目(61502009)、国家自然科学基金面上项目(61772083)的资助。

目　　录

第1章　在线社交网络跨媒体时空信息的获取与表达

1.1　引　　言

在线社交网络平台中存在大量的时空信息,以新浪微博中的微博消息为例,在一条微博中,除了文本、图像 URL 以及话题标签等微博内容外,还包括时间、空间和发布该微博的用户注册地等信息。处于在线社交网络中同一地理环境下的用户往往具有相似的关注点,同一用户在同一地理位置环境下的关注点会随着时间的改变而改变,因此不同时空下用户发布和转发的消息所反映的语义不同。获取在线社交网络跨媒体时空信息,提取其中关键的文本信息、时间信息、空间位置信息以及图像信息,并对上述多种信息进行表达,可以为在线社交网络的精准搜索提供基础。

对于新浪微博等不能直接利用接口获取数据的在线社交网络平台,采用关键字匹配对符合条件的微博进行匹配筛选,并获取微博的文本、图像、时间与地理位置等信息。

为了解决在线社交网络跨媒体时空信息表达问题,我们提出了基于时空主题模型的在线社交网络文本信息表达算法(OSNTR)和基于目标注意力机制的在线社交网络图像信息表达算法(IROA)。如图 1-1 所示为在线社交网络跨媒体信息的获取与表达算法框架图,分为三个主要部分:在线社交网络跨媒体时空信息的获取与预处理、基于时空主题模型的在线社交网络文本信息表达算法、基于目标注意力机制的在线社交网络图像信息表达算法。

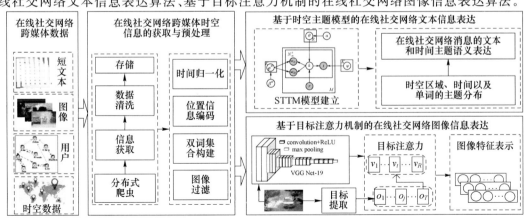

图 1-1　在线社交网络跨媒体时空信息的获取与表达算法框架图

在线社交网络跨媒体时空信息获取与预处理部分主要阐述了时空信息的获取与预处理方法。采用开源的分布式爬虫获取在线社交网络平台中的文本、图像、时间和空间等在线社交网络跨媒体时空信息。对时间进行归一化,将空间位置信息进行编码,为短文本构建双词集合,对社交网络中的图像进行过滤。

基于时空主题模型的在线社交网络文本信息表达算法(OSNTR)通过建立时空主题模型(STTM),有效地克服了在线社交网络短文本的语义稀疏性。将时间信息与空间信息映射到短文本的主题语义空间中。通过对时空主题模型(STTM)获取时空区域主题分布、主题时间分布与主题单词分布,并基于上述主题分布,得到文本主题语义表示。

基于目标注意力机制的在线社交网络图像信息表达算法(IROA)建立了视觉目标注意力机制,以目标特征指导图像特征生成的过程,通过计算目标特征在不同图像区域上的注意力分布,获取重点突出的高质量图像特征。

1.2　在线社交网络跨媒体时空信息的获取与预处理

利用开源的分布式爬虫算法对新浪微博数据进行分布式爬取。对于每条消息,根据其时间信息确定微博的时间范围,将发布该消息的用户在此时间范围内发布的所有微博收集到实验数据集中。获取的每条社交网络消息包含以下信息:文本、图像、时间和位置信息。对在线社交网络消息中的时间信息、位置信息、文本信息以及图像信息进行获取。在线社交网络消息发布时会对每条消息发布的时间进行记录,该时间信息显式存在。根据时间的起止范围对时间信息进行归一化,将时间转化成 $0 \sim 1$ 的数值。

在线社交网络位置信息的获取相对复杂,位置信息可以分为细粒度位置信息和粗粒度位置信息。其中,细粒度位置信息是指用户的签到信息,表示用户所在的经纬度。粗粒度位置信息是指用户的注册地信息,该信息为用户所在的省份或者城市,采用用户的注册地作为位置信息。将用户注册省份作为位置信息,对不同的省份进行相应地编码。

为了获取在线社交网络中的文本信息,需要对获取的在线社交网络噪声数据进行清洗,将过长或者过短的社交网络消息删除,保留原创消息,去除转发消息。对获取到的文本进行分词、去停用词、去低频和去高频词等预处理操作,获取文本语料并构建字典。由于在线社交网络文本较短,对同一窗口内共同出现的单词设置相同的主题比传统的主题模型具有更强的语义表示能力,因此将文本的长度看作窗口大小,构造双词集合。

在线社交网络中的图像数据往往与文本数据共同出现,对于原始信息采集过程中通过关键词获取的微博,使用网络文本解析技术将微博中包含的图像 URL 单独解析出来,通过图像 URL 将对应的图像数据进行分布式存储。为了保证获取到的图像与文本描述的事件相符,使用人工标注的数据训练一个 CNN 分类器,对获取到图像的相关性进行判定。

1.3 基于时空主题模型的在线社交网络文本信息表达算法(OSNTR)的提出

本章提出的基于时空主题模型的在线社交网络文本信息表达算法(OSNTR),构建了在线社交网络时空主题模型,对时间信息、空间位置信息和双词特征进行了统一建模,并将上述信息映射到主题语义空间下。该算法可以有效地克服语义稀疏性,通过融合时间和空间信息对在线社交网络文本进行高质量表达。

1.3.1 OSNTR 算法的研究动机

在线社交网络消息在不同时空情境下的含义不同,为了对在线社交网络信息进行准确的语义表达,需要同时考虑文本信息、时间信息和空间位置信息。在线社交网络中的文本消息较短,在将传统的语义表达方法应用到在线社交网络短文本数据时会面临语义稀疏性的问题。因此,为了对在线社交网络文本信息进行高质量地表达,需要解决短文本的语义稀疏性问题。

本章提出的基于时空主题模型的在线社交网络文本信息表达算法(OSNTR),通过构建时空主题模型(STTM),同时融合了在线社交网络中的文本、时间和位置信息,克服了短文本的语义稀疏性,实现了在线社交网络时空信息的表达。基于时空主题模型的在线社交网络文本信息表达算法(OSNTR)包括两部分:在线社交网络时空主题模型的建立、基于STTM 的在线社交网络时空信息表达。引入双词特征、时间特征和位置特征,并设定同一时空区域下的在线社交网络消息共享同一主题分布,建立在线社交网络主题模型,对该模型进行推理获取时空信息的主题分布,实现对在线社交网络时空信息的表达。

1.3.2 在线社交网络时空主题模型(STTM)的建立

为了实现在线社交网络时空信息的表达,我们建立了在线社交网络时空主题模型(STTM),如图 1-2 所示。其中,阴影表示的变量是可观测变量,非阴影形式表示的变量是需要进行推理和预测的隐变量。表 1-1 是该模型所涉及的符号及其意义。该模型是一种概率主题模型,需要对其参数进行推导和计算。

表 1-1 在线社交网络时空主题模型(STTM)的符号及意义

符号	描述
r	时空区域
k,w,b	主题、词和双词
b_i,w_{i1},w_{i2}	第 i 个双词和它的两个单词
t_i	第 i 个双词的文档时间戳

3

续 表

符号	描述
N_m^b	第 m 个消息中双词的数量
K,W	主题总数和词数
R，M	时空区域数和社交网络时空消息总数
α,β	狄利克雷先验参数
θ_r	第 r 个时空区域的主题分布
φ^W	主题-单词分布
ψ	主题-时间分布

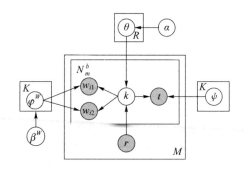

图 1-2　在线社交网络时空主题模型（STTM）的图模型

对在线社交网络时空消息 m 采用 4 元组 (b,w,t,r) 进行表示，其中，b 表示该消息中的双词，w 表示该消息中的单词，t 表示该消息发布的时间特征，r 表示该消息所处的时空区域。时空区域 r 从空间和时间两个维度描述了一个特定的区域。在相同时间范围与相同空间区域内同时出现的单词称为属于同一时空区域的单词。通过调整时间尺度或空间尺度，可实现时空区域的尺度的调整。例如，地理位置的划分尺度可以设定为"国家""省份"或者"城市"等，时间的划分尺度可以是"小时""天"或者"周"等。本章使用的空间尺度为"省份"，时间尺度为"天"。

在线社交网络时空主题模型（STTM）的输入数据为在线社交网络时空消息流。每条在线社交网络时空消息 m 均包含文本信息、时空区域信息和时间信息。同一个时空区域下的多个在线社交网络时空消息构成时空文档 d_r。同一时空文档中的单词具有相同的主题分布，每个双词中的两个单词共享同一个主题。设定时空文档的主题分布和主题的单词分布为多项式分布，并设定主题的时间分布为贝塔分布。

在线社交网络时空主题模型（STTM）将文本、时间和空间信息映射到主题语义空间中，获取在线社交网络时空信息的主题语义表示，实现在线社交网络时空信息的有效表达。通过在线社交网络时空主题模型（STTM）得到的每个主题同时融合了时空区域主题分布 θ_r、主题单词分布 φ 与主题时间分布 ψ。采用 R 表示空间区域数，K 表示主题数。设定时空文档 d_r 共享同一主题分布 θ_r，并设定每个双词共享同一个主题 k。给定一条在线社交网络时空消息,输入文本信息、时间信息、时空区域信息,根据在线社交网络时空消息的区域编号抽取其主题分布,依据主题分布抽取主题,生成双词中的每个单词与时间戳。在线社交网络时空主题模型(STTM)的生成过程描述如下。

(1) 对每个时空文档 $d_r = d_1,\cdots,d_R$,根据参数 α,抽取时空文档的主题分布 $\theta_{d_r} \sim$ Dirichlet(α)。

(2) 对每个话题 $k=1,\cdots,K$,抽取主题-时间贝塔分布 Beta(ψ_k),并根据参数 β 抽取主题-单词分布 $\varphi_k \sim$ Dirchlet(β)。

(3) 对每个在线社交网络时空消息 $m=1,\cdots,M$,给定其时空区域 r_m,可以得到其主题分布 θ_{r_m}。

(4) 对每个在线社交网络消息 m 中的双词 b_i:

抽取双词的主题分布 $k \sim$ Multi(θ_{r_m});

抽取每个单词分布 $w_{i1},w_{i2} \sim$ Multi(φ_k);

抽取时间戳分布 $t_m \sim$ Beta(ψ_k)。

1.3.3　时空区域、时间以及单词的主题分布

在线社交网络时空主题模型(STTM)经过推理可以得到时空区域-主题分布 θ_r、主题-时间分布 ψ 与主题-单词分布 φ^W。通过以上三种分布将时空区域特征、时间特征与单词特征映射到主题语义空间中,得到不同特征的主题语义表示,可进一步推理得到每条在线社交网络消息中文本的主题语义表示。在线社交网络时空主题模型(STTM)包括三个隐变量:主题-时间分布 ψ、时空区域-主题分布 θ_r 和主题-单词分布 φ。通过对在线社交网络时空主题模型(STTM)进行多次迭代采样,实现隐变量的推理。对每个双词的主题进行采样,如式(1-1)所示:

$$P(k_i \mid K_{\neg i},T,B,R) \propto \frac{P(K,T,B,R \mid \Theta)}{P(K_{\neg i},T_{\neg i},B_{\neg i},R_{\neg i} \mid \Theta)} \tag{1-1}$$

在式(1-1)中,$\neg i$ 表示排除该元素,Θ 表示所有参数。为了计算式(1-1),需要计算联合概率分布,联合概率分布如式(1-2)所示:

$$P(K,T,B,R \mid \Theta) = P(K \mid \alpha,R)P(T \mid K,\psi) \times$$
$$P(B \mid K,\beta)P(R) \tag{1-2}$$

通过联合式(1-1)和式(1-2),得到 STTM 的采样公式,如式(1-3)所示:

$$P(k_i = K \mid Z_{\neg i},T,B) \propto \frac{n_{k,\neg i} + \alpha}{\sum\limits_{k=1}^{K} n_{k,\neg i} + K\alpha} \times \frac{(1-t_i)^{\psi_{k1}-1} t_i^{\psi_{k2}-1}}{B(\psi_{k1},\psi_{k2})}$$
$$\times \frac{(n_{k,\neg i}^{w_{i1}} + \beta)(n_{k,\neg i}^{w_{i2}} + \beta)}{(\sum\limits_{w=1}^{W} n_{k,\neg i}^{w} + W\beta)(\sum\limits_{w=1}^{W} n_{k,\neg i}^{w} + 1 + W\beta)} \tag{1-3}$$

其中,n_k 表示每个主题出现的次数,n_k^w 表示每个双词属于主题 k 的次数。通过重复迭代执

行式(1-3),直到达到稳定状态,可得到隐变量的值。通过式(1-4)~式(1-7)估计参数 θ、φ 和 ψ:

$$\theta_{r,k} = \frac{n_{r,k} + \alpha}{\sum_{k=1}^{K} n_{r,k} + K\alpha} \tag{1-4}$$

$$\varphi_{k,w} = \frac{n_k^w + \beta}{\sum_{w=1}^{W} n_k^w + W\beta} \tag{1-5}$$

$$\psi_{k1} = \overline{t_k}\left(\frac{\overline{t_k}(1-\overline{t_k})}{S_k^2} - 1\right) \tag{1-6}$$

$$\psi_{k2} = (1-\overline{t_k})\left(\frac{\overline{t_k}(1-\overline{t_k})}{s_k^2} - 1\right) \tag{1-7}$$

其中,参数 ψ 可以通过矩估计计算,$\overline{t_k}$ 和 s_k^2 分别表示主题 k 下的时间均值和方差。通过式(1-4)~式(1-7)可以得到在线社交网络时空信息流的时空区域、单词和时间进行表达。

1.3.4 在线社交网络消息的文本主题语义表达

通过在线社交网络时空主题模型(OTTM)可以获得整个时空文档的主题分布以及主题在单词上的分布,但是并不能直接得到每条在线社交网络消息中的文本的主题分布。因此,需要根据时空区域-主题分布与主题-单词分布对其进行推断。

以 $\boldsymbol{I}_m^w$ 表示第 m 个在线社交网络消息中文本的主题分布,$\boldsymbol{I}_m^w$ 是一个 k 维的向量,每维元素表示该文本属于每个话题的概率。由于一条在线社交网络消息的文本的主题分布等价于这条消息中所有双词的主题分布,假定处于时空区域 r 的消息 m 包含 B_m 个双词,基于链规则可以得到消息 m 中整条文本属于主题 k 的概率:

$$P(z = k \mid m) = \sum_{i=1}^{B_m} P(z = k, b_{m,i} \mid m)$$
$$= \sum_{i=1}^{B_m} P(z = k \mid b_{m,i}, m) P(b_{m,i} \mid m) \tag{1-8}$$

设定双词的主题分布条件独立于双词所处的整条文本,可将式(1-8)写为:

$$P(z = k \mid m) = \sum_{i=1}^{B_m} P(z = k \mid b_{m,i}) P(b_{m,i} \mid m) \tag{1-9}$$

基于贝叶斯公式和区域-主题分布与主题-单词分布,可通过式(1-10)计算得到:

$$P(z = k \mid b_{m,i}) = \frac{\theta_{rk} \varphi_{k,w_{m,i,1}} \varphi_{k,w_{m,i,2}}}{\sum_{k=1}^{K} \theta_{rk} \varphi_{k,w_{m,i,1}} \varphi_{k,w_{m,i,2}}} \tag{1-10}$$

其中,θ_{rk} 表示时空区域 r 下主题 k 的概率,$w_{m,i,1}$ 和 $w_{m,i,1}$ 分别表示第 m 个文档中第 i 个双词的第 1 个单词和第 2 个单词。$\varphi_{k,w}$ 表示主题 k 中单词 w 出现的概率。可以进行如下估计:

$$P(b_{m,i} \mid m) = \frac{n^{b_{m,i}}}{\sum_{i=1}^{B_m} n^{b_{m,i}}} \tag{1-11}$$

其中，$n^b{}_{m,i}$ 表示第 m 个文本中第 i 个双词出现的次数。

1.3.5 在线社交网络消息的时间主题语义表达

采用在线社交网络时空主题模型（STTM）可以获取时空区域主题分布、主题-单词分布与主题-时间分布，并推理得到在线社交网络消息的文本的主题分布。每条在线社交网络消息的主题语义除了可以用其文本的主题分布表示之外，还可以用其时间的主题分布进行表示。根据 STTM 生成的时空区域主题分布与主题时间分布，可以得到在线社交网络消息的时间主题语义表达，即具有时间戳的每条在线社交网络消息的主题分布。

以 I^t_m 表示第 m 个在线社交网络消息中时间的主题分布，I^t_m 是一个 k 维的向量。每维元素 $I^t_{m,k}$ 表示该在线社交网络的时间信息属于主题 k 的概率，可以通过式（1-12）计算得到：

$$I^t_{m,k} = \theta_{r,k} \cdot \psi_{k,m_{time}} \tag{1-12}$$

其中，θ_{rk} 表示时空区域 r 下主题 k 的概率，$\psi_{k,m_{time}}$ 表示主题 k 的时间贝塔分布。

根据式（1-12）依次计算在线社交网络的时间信息属于每个主题的概率，可以得到该在线社交网络的时间主题分布，如式（1-13）所示：

$$I^t_m = \{\theta_{r,1} \cdot \psi_{1,m_{time}}, \theta_{r,2} \cdot \psi_{2,m_{time}}, \cdots, \theta_{r,k} \cdot \psi_{k,m_{time}}, \cdots, \theta_{r,K} \cdot \psi_{K,m_{time}}\} \tag{1-13}$$

1.3.6 OSNTR 算法的实现步骤

基于时空主题模型的在线社交网络文本信息表达算法（OSNTR）的实现步骤如下所示。

算法 1-1 基于时空主题模型的在线社交网络文本信息表达算法

输入：主题数 K，狄利克雷先验参数 α, β, σ、短文本 M、时空区域信息、双词的文档时间戳、迭代次数 N_i

输出：时空区域主题分布 θ、主题-单词分布 Φ、主题时间分布 Ψ、在线社交网络的文本主题分布和时间主题分布 I^w_m 和 I^t_m

（1）为短文本随机初始化主题分配

（2）对每个双词的主题进行抽取

（3）更新每个主题出现的次数 n_k

（4）更新词 w_1 属于主题 k 的次数 $n^{w_{i1}}_k$

（5）更新词 w_2 属于主题 k 的次数 $n^{w_{i2}}_k$

（6）重复迭代执行采样公式，直到达到稳定状态

（7）计算时空区域的主题分布 θ

（8）计算主题-单词分布 φ

（9）计算主题-时间分布 ψ

1.3.7　OSNTR 算法实验结果与分析

我们对本章提出的基于主题模型的在线社交网络时空信息的获取与表达算法（OSNTR）从两个方面来分析其有效性。一方面对在线社交网络时空文本信息的表达方法（OSNTR）生成的语义质量进行评价，另一方面将在线社交网络时空信息的表达结果用于在线社交网络数据的搜索，通过搜索结果来评价 OSNTR 方法的有效性。

OSNTR 算法实验包括：实验一，采用点对互信息（PMI）对 OSNTR 和对比算法的语义表达能力进行评价与比较；实验二，分析 OSNTR 与对比算法生成的主题-单词分布的语义一致性，给出 OSNTR 算法生成的主题-时间分布，分析主题-时间分布的有效性；实验三，将不同算法的在线社交网络时空信息表达结果应用于搜索任务，以搜索准确率来评价算法的语义表达能力。

1. 数据集、对比算法、评价指标与参数设置

（1）数据集

实验数据使用从新浪微博爬取的数据，并分别记作数据集 1、数据集 2、数据集 3 和数据集 4。每条获取的微博包含以下信息：文本、用户、时间和位置（即用户所在的省）。对数据进行预处理操作，保留原始微博内容，删除对应的转发者。删除少于 10 个词的微博内容，过滤广告等噪声数据。删除一个时间段或者一个行政区域内的总数少于 10 条的微博。分词、去停用词、删除出现少于 6 次的词。预处理后的数据集统计信息如表 1-2 所示。

表 1-2　在线社交网络数据集统计信息

数据集序号	消息数量	时间段/d	时空区域数量
数据集 1	26 096	20	27
数据集 2	26 521	25	2
数据集 3	21 991	8	26
数据集 4	61 416	9	7

（2）对比算法

为了评价在线社交网络时空文本信息的表达算法（OSNTR）的语义表达效果，选取当前主流的语义表达算法进行对比。

（3）评价指标

在计算 PMI 值时，需要利用主题模型生成的主题-单词分布。通过计算主题单词分布中 Top-N 个单词在外部语料库中的共现关系，评价主题模型的语义表示能力。PMI 值越高，表示该主题-单词分布的语义一致性越强，即算法的语义表达能力越强。给定主题 k 和其主题单词分布中的前 N 个词，PMI 的计算如式（1-14）所示：

$$\text{PMI}(k) = \frac{2}{N(N-1)} \sum_{1 \leqslant i < j \leqslant N} \log \frac{p(w_i, w_j)}{p(w_i) p(w_j)} \tag{1-14}$$

其中，$p(w_i, w_j)$ 是主题 k 中两个词同时出现的概率，$p(w_i)$ 是主题 k 中词 w_i 出现的概率。对每个主题上的 PMI 值求平均，可以获取整个语料的 PMI 值。

NDCG 和平均准确率均值 MAP 是两个常用的搜索评价指标，值越大，则表明搜索的准确率越高。MAP 是平均准确率（Average Precision，AP）的平均值，AP 的计算方法如式（1-15）所示：

$$AP = \frac{1}{R'} \sum_{r=1}^{R} \mathrm{prec}(r)\delta(r) \tag{1-15}$$

其中，R 表示返回的搜索结果的总数量，R' 表示搜索结果中与查询相关的结果的数量，$\mathrm{prec}(r)$ 表示第 r 个返回的搜索结果的精度，$\delta(r)$ 是指示函数〔其中 $\delta(r)=1$ 表示结果具有相关性，$\delta(r)=0$ 表示结果没有相关性〕。对平均准确率求均值可以得到 MAP 值。

NDCG 的计算方法如式（1-16）所示：

$$\mathrm{NDCG}(n) = Z_n \sum_{j=1}^{n} \frac{\left[2^{r(j)} - 1\right]}{\log(1+j)} \tag{1-16}$$

其中，Z_n 是归一化因子，n 表示位置，$r(j)$ 是第 j 个搜索结果的相关性。

（4）参数设置

基于时空主题模型的在线社交网络文本信息表达算法（OSNTR）和对比算法具有一些公共参数。将 OSNTR、BTM 及 WMTM 等短文本主题模型的参数 α 和 β 分别设为 $50/K$ 和 0.01。对于 LDA 算法，将其参数 α 和 β 分别设为 0.05 和 0.01。

主题数的变化影响着算法的语义表达性能。为了验证主题数变化对 OSNTR 算法表达性能的影响，将主题数从 5 到 50 逐渐增加，对数据集 1 中的在线社交网络数据进行表达，并将表达结果用于搜索实验。实验结果如图 1-3（a）所示。实验结果表明，当主题数从 5 增加到 30 时，搜索准确率也随之增加，当主题数从 30 变化到 50 时，准确率趋于稳定。迭代次数同样是一个重要的参数。为了验证迭代次数对 OSNTR 的语义表达能力的影响，固定主题数并将其设置为 30，将迭代次数 N_{iter} 设定在 $100 \sim 2\,500$，实验结果如图 1-3（b）所示。当迭代次数达到 $2\,000$ 时，算法的性能趋于稳定。因此在实验中将 OSNTR、BTM、WNTM 和 LDA 的迭代次数设为 $2\,000$，STC 算法的迭代次数设置为 100。

滑动窗口长度也是一个重要参数，为了使 WNTM 与 BTM 均达到最优的性能，分别将其滑动窗口长度设置为 10 和 15。为了设置 OSNTR 算法滑动窗口的最佳长度，将其他参数固定，并将滑动窗口的长度从 5 到 15 逐渐增加，实验结果如图 1-3（c）所示。从图 1-3（c）中可以观察到当滑动窗口长度达到 10 后，OSNTR 算法的搜索性能趋于稳定。因此，将 OSNTR 的滑动窗口长度均设置为 10。

2. 实验一：OSNTR 算法与对比算法的 PMI 值对比

将 OSNTR 算法和对比算法的主题数 K 分别设置为 20、30 和 50，并在社交网络 4 个事件的数据集中进行实验。采用 PMI 作为评价指标对算法的主题表达结果进行评价，分别选择每个主题单词分布中的前 5、前 10 和前 20 个单词对 PMI 值进行计算。OSNTR 算法与

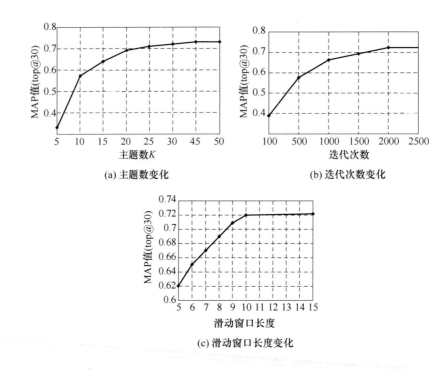

(a) 主题数变化   (b) 迭代次数变化

(c) 滑动窗口长度变化

图 1-3   OSNTR 在不同参数变化下的搜索性能

对比算法在每个数据集上的实验结果如表 1-3 所示。

表 1-3   OSNTR 算法与对比算法的 PMI 值对比

数据集	K	20			30			50		
	算法	前 5	前 10	前 20	前 5	前 10	前 20	前 5	前 10	前 20
数据集 1	LDA	2.28	1.80	1.48	2.33	1.84	1.49	2.32	1.83	1.51
	TOT	2.33	1.86	1.67	2.51	2.23	1.78	2.46	2.14	1.73
	STC	2.43	2.26	1.74	2.63	2.44	1.82	2.59	2.42	1.79
	BTM	2.45	2.25	1.75	2.62	2.47	1.83	2.63	2.45	1.82
	WNTM	2.47	2.28	1.76	2.63	2.48	1.84	2.64	2.44	1.80
	OSNTR（提出的）	2.60	2.39	1.85	2.69	2.46	1.88	2.70	2.46	1.81
数据集 2	LDA	2.26	1.79	1.45	2.31	1.82	1.46	2.28	1.81	1.47
	TOT	2.38	1.87	1.68	2.52	2.23	1.72	2.46	2.18	1.72
	STC	2.47	2.24	1.71	2.62	2.39	1.83	2.61	2.32	1.78
	BTM	2.44	2.23	1.73	2.63	2.36	1.85	2.64	2.37	1.82
	WNTM	2.53	2.38	1.78	2.68	2.42	1.82	2.68	2.41	1.81
	OSNTR（提出的）	2.59	2.36	1.82	2.73	2.45	1.84	2.74	2.44	1.83

数据集	K	20			30			50		
	算法	前5	前10	前20	前5	前10	前20	前5	前10	前20
数据集3	LDA	2.23	1.76	1.43	2.32	1.83	1.47	2.30	1.81	1.48
	TOT	2.32	1.85	1.65	2.48	2.22	1.74	2.44	2.13	1.72
	STC	2.42	2.25	1.71	2.53	2.40	1.78	2.52	2.39	1.74
	BTM	2.44	2.23	1.72	2.59	2.44	1.85	2.60	2.43	1.83
	WNTM	2.46	2.39	1.76	2.63	2.41	1.84	2.64	2.40	1.78
	OSNTR（提出的）	2.58	2.37	1.83	2.75	2.45	1.89	2.75	2.42	1.86
数据集4	LDA	2.26	1.79	1.45	2.31	1.82	1.46	2.28	1.81	1.47
	TOT	2.38	1.87	1.68	2.52	2.23	1.72	2.46	2.18	1.72
	STC	2.43	2.26	1.78	2.63	2.34	1.86	2.61	2.34	1.84
	BTM	2.44	2.23	1.73	2.64	2.37	1.88	2.62	2.35	1.86
	WNTM	2.65	2.43	1.79	2.68	2.38	1.84	2.69	2.37	1.83
	OSNTR（提出的）	2.64	2.46	1.87	2.79	2.51	1.93	2.79	2.48	1.85

可以看出 TOT 算法的 PMI 指标高于 LDA 算法的 PMI 指标值,这说明 TOT 算法相比 LDA 算法能够更好地表达在线社交网络数据的主题语义。TOT 算法不仅建模主题单词分布,同时还建模了主题时间分布,引入时间信息可以提高在线社交网络短文本的语义表达效果。STC 算法的 PMI 指标高于 LDA 算法和 TOT 算法,这是因为 STC 算法可以发现每个词的稀疏编码表示,从而克服短文本的语义稀疏性。BTM 算法的 PMI 值优于 LDA、TOT 和 STC 算法,表明通过设定双词共享同一主题可以生成更密集的语义空间,可以有效地克服短文本的语义稀疏性,生成高质量的语义表示。相比 BTM 算法,WNTM 算法生成的语义表示具有更高的 PMI 值,这是因为 WNTM 算法通过利用单词共现关系对短文本进行聚合,以此来克服短文本的稀疏性。

本章提出的基于时空主题模型的在线社交网络文本信息表达算法(OSNTR)在数据集1、数据集2、数据集3和数据集4上的 PMI 值均优于对比算法,这是因为 OSNTR 算法在建模文本主题的同时,建模了时间特征与时空区域特征。通过 OSNTR 算法生成的主题语义表示是文本、时间以及空间因素共同作用下的一种混合分布,因此具有更好的语义一致性。OSNTR 算法引入了双词特征,通过建模双词模式进一步提高了语义表达的效果。

OSNTR 算法与对比算法在不同主题数下的 PMI 值情况。当主题数 K 等于 30 时,OSNTR 算法与对比算法均取得了最佳的性能。一方面,如果主题数量太少,算法无法获取丰富的语义,因此在主题数较少的情况下 PMI 值较低。如果主题数量达到一定值,增加主题数量将使得语义更加稀疏,而对比算法 LDA 与 TOT 中并没有缓解语义稀疏性,因此随着主题数增加,其语义表达效果变差,LDA 与 TOT 的 PMI 值有所降低。由于提出的

OSNTR 算法可以缓解短文本的语义稀疏性，即使主题数增加，依然可以取得较高的 PMI 值。

3. 实验二：OSNTR 算法的主题-单词分布与时间信息表达

（1）主题-单词分布

主题-单词分布的语义一致性可以描述算法的语义表达能力。主题-单词分布的语义一致性越强，则算法对数据的表达能力越强。为了进一步评价 OSNTR 算法的语义表达能力，对生成的主题-单词分布进行分析。选择主题及其主题单词分布，并列出每个主题单词分布中前 10 个单词来评价主题的语义一致性。不同主题下的实验结果分别如表 1-4 和表 1-5 所示。

在主题单词分布中单词与主题的相关性可以分为三类，一类是与主题具有很强相关性的强相关性单词，一类是与主题具有一定相关性的弱相关性单词，第三类则是与主题没有关联关系的非相关性单词。对不同相关性的单词采用不同的表现形式。对与主题具有强相关性的单词用正常字体表示，对弱相关性的单词用斜体表示，对非相关性单词采用下划线进行表示。

在主题单词分布中，与主题相关性高的单词越多，且排序越靠前，表明算法的语义表达能力越强。通过 OSNTR 算法得到的主题单词分布中的前 10 个词均与其主题具有相关性，且只有少数几个单词与主题具有弱相关性。相比之下，对比算法中均含有一些与主题不相关的单词。LDA、TOT 和 BTM 算法的主题单词分布中含有"局部""中心"和"连续"等非相关性单词；LDA、TOT、STC 和 WNTM 的结果中含有"关注""公布"和"转载"等非相关性单词；LDA、TOT、STC 和 BTM 的结果含有"公司""检查"和"居民"等非相关性单词。

在 OSNTR 算法生成的主题-单词分布中，大部分与主题具有强相关性的单词均比与主题具有弱相关性的单词排序靠前。在 OSNTR 算法的主题-单词分布中，"滨海新区"排在第 2 位，该单词虽然在对比算法的主题-单词分布中均有出现，但是均排名靠后，在 LDA、TOT、STC、BTM 和 WNTM 中分别排名第 7、第 9、第 4 和第 3。相比对比算法，OSNTR 算法不仅具有最多的语义相关性单词，且语义相关性单词排序更为靠前，因此 OSNTR 算法生成的主题-单词分布具有较好的语义一致性，可以较好地对社交网络数据进行表达。

表 1-4　数据集 2 中"暴雨"主题的前 10 个词

算法	主题单词分布前 10 个单词
LDA	暴雨、水位、被淹、局部、*长江*、气象台、武汉、*南京*、连续、日
TOT	暴雨、湖北、*南京*、洪水、水位、内涝、气象台、*七月*、大雨、中心
STC	暴雨、湖北、武汉、洪水、气象台、救灾、*风险*、雷雨、积水、*道路*
BTM	暴雨、强降水、水位、湖北、*停*、雨、群众、*应急*、水、连续
WNTM	暴雨、湖北、强降水、积水、洪水、*河流*、武汉、水位、转移、*安全*
OSNTR（提出的）	暴雨、武汉、雷雨、被淹、洪水、防汛、水位、强降水、积水、救灾

表 1-5 数据集 3 中"疫苗"主题的前 10 个词

算法	主题单词分布前 10 个单词
LDA	疫苗、父母、孩子、预防、*关注*、*药品*、免疫、*失去*、*学校*、*儿子*
TOT	疫苗、批次、父母、*男童*、孩子、接种、*公布*、*关注*、*转载*、注射
STC	疫苗、孩子、批次、接种、*编号*、转载、关注、*药品*、注射、幼儿
BTM	疫苗、孩子、山东、接种、批次、编号、毒性、*药品*、注射、预防
WNTM	疫苗、接种、孩子、批次、*编号*、毒性、*查*、*药品*、免疫、山东
OSNTR（提出的）	疫苗、山东、接种、孩子、过期、毒性、*非法*、注射、疾病、批次

（2）时间信息表达

通过 OSNTR 算法可以获取主题-时间贝塔分布。通过观察主题-时间分布，可以得到主题随时间的热度变化趋势，以及在同一时间下不同主题的热度。

可以看到主题 1 和主题 2 的热度持续时间主要集中在事件的前期，这是因为事件刚发生时，人们往往关注事件发生地点和事件现场的损失情况。主题 3 和主题 4 则热度分布较为均匀，这是因为用户在整个事件中持续关注伤亡情况和消防战士的救援情况。主题 5 的热度持续事件集中在事件的后期，其峰值出现在归一化时间 0.68 左右，对应的时间为 2015 年 8 月 18 日。主题时间分布的概率密度取值与主题的真实热度相吻合，OSNTR 算法通过将时间信息映射到主题语义空间上，对时间信息与语义信息进行了有效关联。基于主题时间分布可分析主题随时间的热度变化情况，以及在同一时间下不同主题的热度情况，从而实现了对在线社交网络信息的有效表达。

4. 实验三：OSNTR 算法与对比算法的搜索准确性对比

为了进一步评价 OSNTR 算法的语义表达和建模能力，将 OSNTR 算法及对比算法生成的语义表示用于搜索任务，输入查询语句，搜索与之相关的在线社交网络消息，通过比较算法在搜索任务上的准确性来评价 OSNTR 算法的语义表达能力。当输入查询语句搜索在线社交网络消息时，对查询语句与每个待搜索消息的相似度进行排序，返回搜索结果。根据 OSNTR 算法生成的主题-单词分布和主题-时间分布，可计算得到每个待搜索消息生成该查询语句的概率，该概率可以看作两者之间的相似度，概率值越大表明待搜索消息与查询语句越相似。每个待搜索消息与查询语句的相似度可通过式（1-17）计算得到：

$$\mathrm{Score}_m = P(\boldsymbol{Q}/\theta_m^w, \theta_m^t) = \prod_{n=1}^{N} P(w_n/\theta_m^w) P(w_n/\theta_m^t)$$

$$= \prod_{n=1}^{N} \sum_{k=1}^{K} (\varphi_{k,w_n} \theta_{m,k}^w)(\psi_{k,t_n} \theta_{m,k}^t) \tag{1-17}$$

在式（1-17）中，$\boldsymbol{Q} = \{w_1, w_2, \cdots, w_n\}$ 是输入的查询语句，θ_m^w, θ_m^t 分别是第 m 条在线社交网络消息的文本的主题分布与时间的主题分布，φ 和 ψ 分别是主题-单词分布和主题-时间分布。

对于对比算法 STC，由于通过该算法可以直接获取文档的表示，因此可计算查询语句与待搜索项之间的余弦距离来计算两者之间的相似度。对于其他对比算法，均以每条待搜索项生成查询语句的概率作为两者之间的相似度。基于文档主题分布 θ_i 和主题单词分布 φ，查询语句与每条待搜索项之间的相似度可利用式（1-18）计算得到：

$$\mathrm{Score}_m = P(Q/\theta_m) = \prod_{n=1}^{N} P(w_n/\theta_m) = \prod_{n=1}^{N} \sum_{k=1}^{K} (\varphi_{k,w_n} \theta_{m,k}) \tag{1-18}$$

将 OSNTR 算法与对比算法的主题数均设置为 30。为了评价搜索效果，使用 MAP 和 NDCG 作为评价指标。在计算 MAP 指标值时，将其 R 值分别设置为 5、10、20 和 30，即对前 R 个搜索结果进行评价。在计算 NDCG 指标值时，将其 n 值分别设置为 5、10、20 和 30。MAP@R 和 NDCG@n 的实验结果分别如图 1-4 和图 1-5 所示。

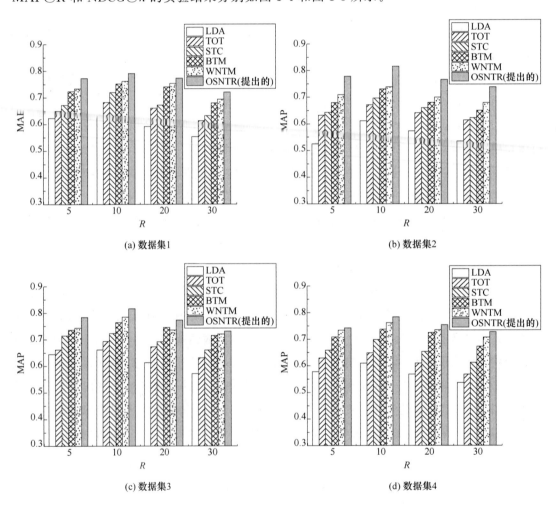

图 1-4　OSNTR 算法与对比算法在 4 个数据集中的 MAP 值比较

对图 1-4 中的实验结果进行分析，在 4 个在线社交网络数据集上的 MAP@5、MAP@10、MAP@15 和 MAP@20 指标中，提出的 OSNTR 算法均取得了最高的 MAP 值。相比

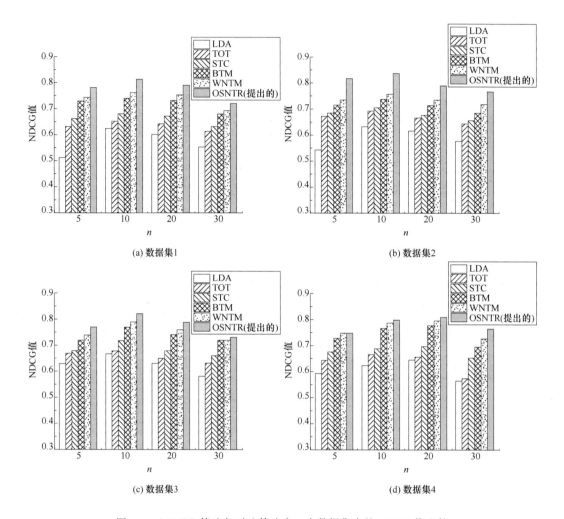

图 1-5 OSNTR 算法与对比算法在 4 个数据集中的 NDCG 值比较

对比算法,OSNTR 算法得到的语义表示可获取更准确的搜索结果。OSNTR 算法在数据集 2 上的搜索准确率优势更为明显,这是因为数据集 2 是通过"暴雨"作为关键词进行爬取的数据集,而"暴雨"通常只发生在雨季,因此该数据集具有明显的时空特性。OSNTR 算法由于融合了时空信息对在线社交网络消息的语义进行表达,因此在时空敏感的数据集下的优势更为突出。

对图 1-5 中的 NDCG 值进行分析,OSNTR 算法在 4 个在线社交网络数据集上的 NDCG@5、NDCG@10、NDCG@15 和 NDCG@20 指标下均取得了最高值,这是因为相比对比算法,OSNTR 算法不仅引入了双词特征提高语义表示质量,还同时利用了时间信息和空间信息,将其用于在线社交网络搜索时可以获得更高的 NDCG 值。

为了比较 OSNTR 算法及对比算法在搜索任务上的表现,分别对 OSNTR 算法及对比算法在 4 个数据集上的 MAP 值和 NDCG 值进行平均,根据 MAP 值和 NDCG 值,对本章提出的 OSNTR 算法与对比算法的搜索性能从高到低依次排序,可以得到如下排序结果:

OSNTR＞WNTM＞BTM＞STC＞TOT＞LDA。LDA 方法表现最差,这是因为当将其应用于在线社交网络短文本数据集时会因为语义稀疏性而导致其性能较差。TOT 算法相比 LDA 算法在 4 个数据集上平均 MAP 值和 NDCG 值分别提升了 9.21% 和 8.43%。TOT 算法与 LDA 算法的区别是 TOT 算法在对文本的主题进行建模时引入了时间信息,TOT 算法生成的主题语义表示是文本和时间共同作用得到的,时间信息对于高质量的语义表示起到了重要作用。

从表 1-6 可以看出 STC 算法的性能优于 LDA 和 TOT 算法,这是因为该算法结合了稀疏编码和概率主题建模,能够表示获取的潜在语义信息。BTM 和 WNTM 算法在一定程度上克服了在线社交网络短文本的语义稀疏性,其中 BTM 算法通过构建双词,并建模双词特征增加了语义空间的密度,WNTM 算法则通过词共现关系对短文本进行聚合。相比对比算法,本章提出的 OSNTR 算法获得了更优的搜索性能。相比对比算法 LDA、TOT、STC、BTM 和 WNTM,OSNTR 算法在 4 个数据集上的 MAP 值分别平均提升了 30.94%、19.90%、14.91%、7.53% 和 5.25%,在 4 个数据集上的 NDCG 值分别平均提升了 31.05%、20.91%、16.07%、7.79% 和 5.07%。相比对比算法,OSNTR 算法取得了最高的搜索准确率。

表 1-6　OSNTR 算法与对比算法的 MAP 值和 NDCG 值

算法	4 个数据集下的平均 MAP 值				4 个数据集下的平均 NDCG 值			
	$R=5$	$R=10$	$R=20$	$R=30$	$n=5$	$n=10$	$n=20$	$n=30$
LDA	0.592	0.628	0.586	0.550	0.566	0.635	0.620	0.565
TOT	0.645	0.675	0.647	0.605	0.652	0.669	0.649	0.613
STC	0.672	0.711	0.669	0.632	0.671	0.694	0.677	0.648
BTM	0.713	0.747	0.724	0.683	0.719	0.748	0.737	0.693
WNTM	0.732	0.764	0.732	0.701	0.736	0.770	0.756	0.710
OSNTR （提出的）	0.774	0.805	0.771	0.733	0.775	0.812	0.793	0.743

1.3.8　OSNTR 算法的复杂度分析

以下对本章提出的 OSNTR 算法的时间复杂度和空间复杂度进行分析,并将其与主题模型 LDA 和 BTM 的时间复杂度和空间复杂度进行对比。

（1）时间复杂度

LDA 模型的时间复杂度为 $O(N_{iter}MKl)$,其中 N_{iter}、M、K 和 l 分别表示迭代次数、文档数、主题数和文档的平均长度。BTM 模型的时间复杂度为 $O(N_{iter}KN_B)$,其中 N_B 是整个语料库中双词的数量,$N_B=Ml(l-1)/2$。OSNTR 算法的时间复杂度为 $O(N_{iter}K(M\overline{N}_m^b+1))$,其中 $\overline{N}_m^b$ 是文档中的双词的平均数量,OSNTR 算法的时间复杂度可表示为 $O(N_{iter}KN^B)$,OSNTR 算法的时间复杂度与 BTM 模型的时间复杂度相同,为 LDA 模型的（$l-$

1)/2 倍。

（2）空间复杂度

LDA 模型的空间复杂度为 $MK+WK+Ml$。BTM 模型的空间复杂度为 $K+WK+N^B$。对于 OSNTR 算法，需要存储的变量包括：每个时空区域 r 中分配给主题 k 的单词数量（RK）、每个单词 w 分配给主题 k 的次数（WK）、主题时间 Beta 分布的两个参数（K）、每个双词的主题分布以及每个时间主题分布（$2N^B$）。

在 OSNTR 算法采样过程中，需要对每个双词的主题进行采样，在采样双词的主题的同时，需要同时记录时间信息，上述操作需要存储的变量数为双词的总数的两倍。此外，在实际应用中，时空区域数量远远小于单词的数量，因此时空区域数量 RK 可以忽略不计，因此 OSNTR 算法需要存储的变量的总数为 $WK+K+2N^B$，相比 BTM 模型需要额外存储 N^B 个变量。OSNTR 算法和 LDA 模型之间的空间复杂度比较可以等价为变量 $Ml(l-1)/2$ 和 MK 之间的比较。考虑到在线社交网络文本通常较短，l 取值较小，因此，可以认为 OSNTR 算法与 LDA 模型的空间复杂度近似相等。

1.4　基于目标注意力机制的在线社交网络图像信息表达算法（IROA）的提出

本节提出一种基于目标注意力机制的在线社交网络图像信息表达算法（IROA），基于爬取的在线社交网络图像数据，利用结构推理网络 SIN 提取了图像中存在的多个目标特征，并将目标特征作为指导信息，计算每个目标特征与图像多个显著性区域的注意力分布，建立目标注意力机制，并基于目标注意力机制对社交网络图像进行表达。该算法可以提高图像特征的质量，使其更利于在线社交网络中的图像搜索。

1.4.1　IROA 算法的研究动机

每个图像包含多个显著性区域，而目标特征仅与图像的部分区域相关。在基于目标注意力机制的在线社交网络图像信息表达算法（IROA）中构建了视觉目标注意力机制，将图像区域和目标特征之间的关系引入图像特征的生成过程中，获得更细粒度的图像特征。

1.4.2　IROA 算法描述

我们建立的目标注意力机制将原始图像划分为不同区域，通过目标与图像区域的相关性，实现目标特征指导下的图像特征生成。对图像特征进行表示，并选择其最后一个池化层的输出作为原始图像特征。将图像的大小调整为 224×224 像素，获取具有维度 $D_v\times R$ 的原始图像特征，其中 $D_v=512$，表示特征向量的维度。$R=7\times7$ 是图像区域的数量。将图像 V_I 的每个目标特征和区域特征矩阵输入神经网络中，并使用 softmax 函数生成不同图像区域下的注意力分布，计算如式（1-19）和式（1-20）所示：

$$I_t = \tanh[W_{v_I} v_I ; (W_{o_t} o_t + b_{o_t})] \tag{1-19}$$

$$p_t^I = \mathrm{softmax}(W_{p_t^I} I_t + b_{p_t^I}) \tag{1-20}$$

其中[；]表示图像特征矩阵和目标特征向量的级联，即将目标特征向量附加到该图像特征矩阵的每一列，在 p_t^I 中的元素表示在给定的目标 o_t 上，每个图像区域的注意概率。基于注意力分布 p_t^I，通过式(1-21)获取与目标 o_t 相关的新图像向量 v_t：

$$\hat{v_t} = \sum_{i=1}^{R} p_{t,i}^I \cdot v_i \tag{1-21}$$

采用 softmax 函数对其进行类标预测，通过交叉熵对其分类损失进行评估。真实类标和预测类标之间的分类损失可通过式(1-22)计算得到：

$$J = \sum_{n=1}^{N} \sum_{l=1}^{L} L_{nl} \cdot \log \hat{L}_{nl} \tag{1-22}$$

其中，N 表示数据集中的图像数，L 表示类标的数量，L_{nl} 和 $\hat{L}_{nl}$ 分别是图像的真实类标和预测类标。

1.4.3 IROA 算法的实现步骤

基于目标注意力机制的在线社交网络图像信息表达算法（IROA）的实现步骤如下所示。该算法以 VGG-19 模型为基础，通过提取目标特征，计算每个目标特征在不同图像区域的注意力分布，实现基于目标注意力机制的在线社交网络图像信息表达。

算法 1-2　基于目标注意力机制的在线社交网络图像信息表达算法

输入：社交网络图像训练集，原始图像特征向量维度 D_v，图像区域数 R，目标特征维度 D_o。

输出：新的图像特征

（1）对社交网络图像训练集数据进行预处理，设定图像统一的像素值

（2）对每张社交网络图像训练集中的图像执行下列步骤：

① 采用 SIN 网络提取图像中的目标特征

② 采用 VGGNet-19 对图像特征进行表示，并选择其最后一个池化层的输出作为原始图像特征，每张图像特征由 R 个区域特征 v_i 组成

③ 对每个目标特征 o_t 与图像区域特征 v_i 特征进行级联

④ 计算图像针对不同目标的注意力分布

⑤ 计算得到目标指导下的图像特征

（3）对网络权值进行更新

（4）输出新的图像特征

1.4.4 IROA算法实验结果与分析

1. 实验设置

本节采用的图像数据来源于4个社交网络安全事件数据集,根据每个社交网络消息中的图像URL对图像进行爬取和筛选。为了保证不同事件中的图像数量均衡,在每个事件的图像数据中随机挑选了2 000张图像作为实验所用社交网络图像数据集,并将其中1 800张图像作为训练集,剩余的200张作为测试集。获取了8 000张在线社交网络图像作为实验数据。将IROA算法和对比算法得到的图像特征用于搜索任务,通过比较各算法间的搜索准确性来衡量不同算法的图像表达能力。选择归一化折扣累积增益值(NDCG)和平均准确率均值(MAP)作为评价指标。

2. IROA算法与对比算法在社交网络图像数据集中的搜索实验

以搜索测试集中的图像作为搜索实例进行搜索,分别选取搜索列表中的前5、前10、前15和前20个搜索结果,计算基于目标注意力机制的在线社交网络图像信息表达算法(IROA)与对比算法的搜索NDCG值,实验结果如表1-7所示。

表1-7 IROA算法与对比算法在社交网络图像数据集中NDCG值比较

算法	NDCG@5	NDCG@10	NDCG@15	NDCG@20
Corr-LDA	0.561	0.582	0.578	0.562
VELDA	0.624	0.642	0.603	0.591
VGG-19	0.723	0.766	0.731	0.712
IROA（提出的）	0.772	0.796	0.754	0.741

在社交网络图像数据集中的搜索任务上,IROA算法相比对比算法VGG-19、VELDA和Corr-LDA的NDCG@5、NDCG@10、NDCG@15和NDCG@20值均有较大的提高。对上述NDCG值进行平均可以发现,IROA算法的搜索NDCG值相比对比算法VGG-19、VELDA和Corr-LDA,分别平均提升了35.47%、25.71%和5.49%。实验结果表明提出IROA算法可以更好地提取图像的关键特征。为了进一步评价IROA算法与对比算法对于社交网络图像的表达能力,选取平均准确率均值(MAP)作为评价指标,选取搜索列表中的前5、前10、前15和前20个搜索结果计算IROA算法与对比算法的MAP值,实验结果如图1-6所示。

IROA算法与VGG-19取得的MAP值明显高于对比算法VELDA和Corr-LDA的MAP值。实验结果表明,相比主题模型采用深度神经网络模型对社交网络图像进行表达,能够更细致地刻画图像特征。通过图1-6还可以看出提出的IROA算法相比VGG-19取得了更高的搜索MAP值。实验结果表明,采用目标特征对图像的特征生成进行指导可以过滤图像中的噪声,有助于提升图像的特征质量。综合DCG值和MAP值可以看出,提出的基于目标注意力机制的在线社交网络图像信息表达算法 IROA 具有更强的图像表达能力。

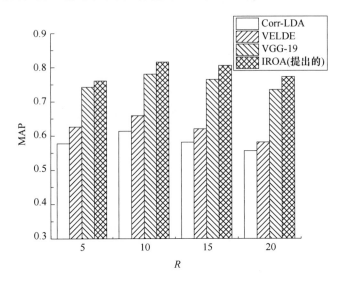

图 1-6　IROA 算法与对比算法在社交网络图像数据集上的 MAP 值比较

第2章 跨媒体社交网络内容获取与处理

2.1 引 言

社交网络作为当今社会重要的公共信息发布平台,包含了大量的来自社会各界用户所发布的信息,其中包括国外国内新闻等重要信息。随着社交自媒体时代的到来,借助发达的互联网媒体,社交网络已经成为广大用户发表各自所看所听所想内容信息的集散地,这些信息通过文本、图像等跨媒体形式在社交网络空间乃至互联网空间中广泛传播。因此,对跨媒体社交网络安全话题内容获取与处理是进行社交网络分析,并针对社交网络中目标话题内容进行匹配搜索,尤其是针对社交网络文本、图像等跨媒体安全话题内容进行匹配搜索的基础。

社交网络内容获取需要通过模拟登录、页面获取、页面结构分析、任务调度、数据格式化等步骤。需要参考社交网络区别于传统在线媒体的关注与转发机制,需要利用社交网络规则下的用户属性来锁定目标安全话题内容,并在社交网络文本内容、图像内容、评论信息的框架下保存当前目标内容。同时,依据社交网络时间戳和用户签到信息来获取社交网络内容对应的时间和空间地理位置信息。该策略需要在给定目标安全话题内容信息的关键词和时间范围,通过社交网络搜索引擎收集相关的社交网络内容。

为了实现跨媒体社交网络安全话题挖掘与搜索的最终目的,需要对所获取的社交网络数据内容信息进行相关处理。因此,在进行跨媒体社交网络内容获取的同时需要进行社交网络话题分析,并从跨媒体的角度针对所获取数据进行初步挖掘,进行相关安全话题目标下的匹配与搜索测试。针对所获取的社交网络数据内容信息进行处理的目的主要是对社交网络中的跨媒体信息进行语义关联分析,构建用于深度语义学习和表示学习所需要的关联标记。在针对目标话题信息,尤其是社会或国家安全相关的话题信息进行获取过程中,进行跨媒体数据信息相关性分析作为对社交网络安全话题信息内容的初步处理可以提高后续的跨媒体数据信息预处理和目标安全话题搜索的效率。

以新浪微博为例来实现跨媒体社交网络内容的获取,并针对跨媒体社交网络内容数据的关联分析问题,本章提出了一种基于自注意力(Self-Attention)机制的跨媒体社交网络内容关联分析算法(SSCM)和一种社交网络深度学习搜索特征抽取与匹配算法(DCNN-CSTRS),后者用于验证社交网络安全话题跨媒体内容关联分析效果,并将该算法应用于社交网络内容匹配与搜索。跨媒体社交网络内容获取与处理框架如图 2-1 所示,框架分为三个主要部分:跨媒体社交网络内容数据获取与预处理,跨媒体社交网络内容关联分析和社交网络深度学习搜索特征抽取与匹配。跨媒体社交网络内容数据获取与预处理作为数据来源接口为跨媒体社交网络内容关联分析提供数据支持,社交网络深度学习搜索特征抽取与匹配作为跨媒体社交网络内容关联分析的实际应用,通过具体搜索过程来验证关联分析的有效性。

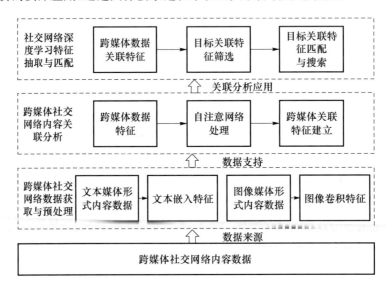

图 2-1　跨媒体社交网络内容获取与处理框架图

跨媒体社交网络内容数据获取与预处理,将所获取的社交网络文本数据信息和图像数据信息分别进行文本嵌入特征表示和图像卷积特征表示,为进行跨媒体社交网络内容关联分析和社交网络深度学习搜索特征抽取与匹配大规模批量运算做准备。

跨媒体社交网络内容关联分析部分基于自注意力(Self-Attention)机制,分别面向文本嵌入特征表示和图像卷积特征表示进行文字关键语义和图像关键语义的分析处理。该部分出发点是针对社交网络文本内容信息和图像内容信息,分别进行语义关联学习,并抽取文本中特定词汇和图像中局部像素所表达的关键语义,结合社交网络内容信息所固有的数据特性来解决社交网络内容语义稀疏性问题,同时针对跨媒体社交网络内容数据预处理中构造的跨媒体特征表示进行重构。社交网络深度学习搜索特征抽取与匹配部分对跨媒体社交网络内容关联分析下构建的跨媒体社交网络内容关联特征表示进行了重构,在重构特征所构成的特征空间中进行了基于深度卷积神经网络社交网络安全话题搜索。

通过跨媒体社交网络内容关联分析和社交网络深度学习搜索特征抽取与匹配,我们提出了一种基于自注意力(Self-Attention)机制的跨媒体社交网络内容关联分析算法(SSCM)和一种社交网络深度学习搜索特征抽取与匹配算法(DCNN-CSTRS),用于解决跨媒体社交网络内容在其独有数据特性下的跨媒体数据信息关联分析与匹配问题。通过跨媒体社交网络内容关联分析和社交网络深度学习搜索特征抽取与匹配,弥补跨媒体社交网络内容的语义稀疏性,在特征关联的基础上突破跨媒体语义鸿沟,最终实现了针对目标内容的跨媒体社交网络内容匹配与搜索。

2.2 跨媒体社交网络内容数据获取与预处理

依据网络爬虫理论对社交网络平台的跨媒体数据信息进行获取,本节以新浪微博作为社交网络数据来源和具体实例展开。首先,构建了用户—智能体(User-Agent,UA)代理资源池。在用户—智能体资源池中建立进行代理访问的虚拟身份,在新浪微博提供的可靠权限下进行身份确认。然后,确立了目标话题内容资源选定方案和资源筛选方案。以新浪微博为代表的社交网络平台以用户为核心,因此在当前步骤下以用户节点为切入,由点及面地进行了资源覆盖并实施了可靠的可迭代递归方案以确保资源覆盖的广泛性和深入性。除此之外,建立了针对资源获取前的初步筛选判断,对新浪微博中具有特殊影响力的"大V"用户、"僵尸用户"和进行恶俗营销用户等相关信息资源进行筛选过滤。最后在新浪微博官方提供的用户接口上建立了面向目标安全话题跨媒体数据资源进行实质获取。跨媒体数据信息获取分为两个阶段。

第1阶段为跨媒体数据信息获取阶段,对跨媒体内容信息、时间信息、位置信息、用户信息、转发信息和评论信息以及其他统计信息进行获取。接着对所获取的信息进行初步格式化处理:对内容信息中的特殊表情符号进行文本化转化,对特殊标记符号进行过滤等;对时间信息进行统一格式优化;对位置信息进行精确化处理,其中包括用户使用移动互联网设备的签到信息以及用户主动提交的位置信息,还对空缺信息进行缺省化处理;对转发信息和评论信息分别进行原始内容整合,识别转发和评论过程中涉及的用户节点关联,存储到用户信息中。针对所获得信息按字段分布进行了对象简谱格式(JavaScript Object Notation,JSON)化处理与保存。

第2阶段为扩展信息获取阶段,针对所获取的内容信息区分为文本数据信息内容和图像内容链接,对图像链接所指向的图像内容进行直接获取。针对4个大类的社交网络话题信息进行了数据获取,时间跨度为2009年9月2日至2016年9月7日,获取的信息统计如表2-1所示。

表 2-1 社交网络话题跨媒体内容信息获取统计

话题类别	文本信息数量	图像信息数量
类别 1	32 751	35 403
类别 2	53 749	66 792
类别 3	36 632	23 581
类别 4	39 014	28 523

我们针对所获取的社交网络安全话题跨媒体数据进行了可计算化处理,即构造了用于大规模计算的高维向量特征表示。针对对象简谱格式化所保存的社交网络文本内容数据

信息进行了分词、去停用词、去无实意虚词和去低频词及高频词等自然语言预处理操作,对所得到的有用信息进行了词嵌入映射,并定义一条微博文本信息在经过自然语言预处理后为有用词的集合,则一条微博的嵌入表示为所包含有用词相应嵌入表示的有序集合,即得到了微博文本高维向量表示。对社交网络图像内容数据信息进行了基于 VGG-16 网络的特征提取,在此过程中以话题语义作为标签构成了面向安全话题的跨媒体社交网络内容特征表示,为进一步跨媒体语义关联和面向内容信息处理的特征搜索提供计算处理。

2.3　跨媒体社交网络内容关联分析算法的提出

本章提出的基于自注意力(Self-Attention)机制的跨媒体社交网络内容关联分析算法(SSCM),基于自注意力机制进行了社交网络安全话题语义挖掘,对社交网络安全话题下的文本数据内容与图像信息内容之间的语义关联进行了探索。跨媒体社交网络内容关联分析算法(SSCM)立足于社交网络独有的数据特性,针对社交网络文本数据信息和图像数据信息的语义稀疏性,充分考虑了社交网络媒体与传统出版媒体和在线网页媒体在数据来源和数据质量上的差别。分别从跨媒体社交网络内容关联分析算法(SSCM)的研究动机和提出过程的角度进行了阐述。

2.3.1　跨媒体社交网络内容关联分析算法研究动机

跨媒体社交网络内容关联分析是跨媒体社交网络内容搜索的必要工作,本节的贡献在于提出了跨媒体社交网络内容关联分析算法(SSCM),利用自注意力(Self-Attention)机制探索语义稀疏的社交网络文本内容信息和图像内容信息,挖掘了能够表达与目标安全话题语义相符合的文本词汇与图像像素区域,并在相同语义下构建它们的特征匹配。在此基础上,跨媒体社交网络内容关联分析算法(SSCM)的目的为实现社交网络安全话题语义分布下的跨媒体内容信息的特征关联,以用户所发布内容为核心的社交网络形成了以文本内容信息和图像内容信息为主体的关注、评论与转发机制。通过分别对文本媒体信息与图像媒体信息等内容信息进行深度语义学习与搜索语义特征关联处理,建立跨媒体内容数据信息关联融合机制,在数据获取层面为打破跨媒体数据信息在异构特性上的语义鸿沟奠定基础,从内容信息角度实现对社交网络中的内容进行语义融合处理并构建面向这些内容的语义搜索特征。

2.3.2　跨媒体社交网络内容关联分析算法的形式化定义

为了实现在社交网络中针对相关文本内容信息和图像内容信息进行关联分析处理,并构建跨媒体社交网络内容的信息关联,我们提出了基于自注意力机制的跨媒体社交网络内容关联分析算法(SSCM),算法框架如图 2-2 所示。我们提出的跨媒体社交网络内容关联分析算法(SSCM)首先对原始社交网络目标安全话题下的原始文本媒体形式数据和原始图像媒体形式数据分别进行自然语言文本嵌入特征表示和图像深度特征表示。社交网络自然语言文本嵌入特征表示和图像深度特征表示在语义标记下,针对不同媒体形式分别进行了表示关联特征学习,并建立跨媒体之间的关联特征表示。因此,跨媒体社交网络内容关联分析算法(SSCM)通过面向跨媒体的自注意力机制进行跨媒体语义关联和特征表示重构,以实现后续的社交网络安全话题跨媒体内容信息匹配搜索。

将跨媒体数据定义如式(2-1)所示:

$$P=\{C_1,C_2,\cdots,C_d\},1\leqslant d\leqslant D \tag{2-1}$$

其中,C 为与目标话题相关的社交网络文本信息内容和图像信息内容的统一表示,D 为所定用数据域中的话题数量。进一步定义社交网络文本信息内容和图像信息内容的统一表示如式(2-2)所示:

$$C_d=\{t_1,t_2,\cdots,t_m,v_1,v_2,\cdots,v_n|l_d\} \tag{2-2}$$

其中,t_m 表示在第 d 个话题下的第 m 个文本话题内容,同理,v_n 为在第 d 个话题下的第 n 个图像话题内容,t_m 和 v_n 拥有相同的语义话题标签 l_d。经过预处理阶段,获得了社交网络话题下的文本内容嵌入表示和图像深度特征表示,并作为用于在后续过程中语义关联学习下进一步大规模复杂计算的接口。令 $\boldsymbol{X}_d$ 为监督学习下关于第 d 个话题跨媒体预处理的表示特征,定义如式(2-3)所示:

$$\boldsymbol{X}_d=\{\boldsymbol{x}_t^{d,1},\boldsymbol{x}_t^{d,2},\cdots,\boldsymbol{x}_t^{d,m},\boldsymbol{x}_v^{d,1},\boldsymbol{x}_v^{d,2},\cdots,\boldsymbol{x}_v^{d,n}|\boldsymbol{y}_d\} \tag{2-3}$$

其中,$\boldsymbol{x}_t^{d,m}$ 为第 d 个话题下的第 m 个文本内容信息的自然语言嵌入特征,同理,$\boldsymbol{x}_v^{d,n}$ 为第 d 个话题下的第 n 个图像内容信息的深度特征,另外,它们拥有共同的语义标签向量 $\boldsymbol{y}_d$。

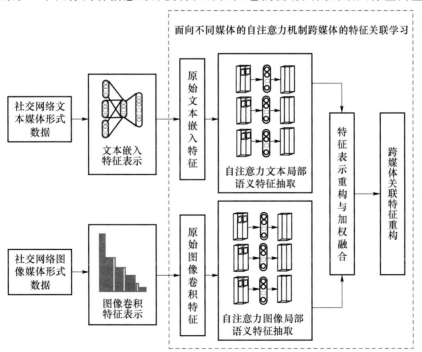

图 2-2　基于自注意力机制的跨媒体社交网络内容关联分析算法框架图

为了进一步进行相关性最大化学习,同时对表示特征进行挖掘以提取对媒体特征敏感的局部特征,在有监督学习机制下,通过进一步分割并分析不同媒体形式中语义表达相近的部分。以社交网络文本内容信息为例,文本特征进一步分割如式(2-4)所示:

$$\boldsymbol{x}_t^d = \{\boldsymbol{b}_t^{d,1}, \boldsymbol{b}_t^{d,2}, \cdots, \boldsymbol{b}_t^{d,k}\} \tag{2-4}$$

社交网络图像内容信息的深度特征进一步分割如式(2-5)所示:

$$\boldsymbol{x}_v^d = \{\boldsymbol{b}_v^{d,1}, \boldsymbol{b}_v^{d,2}, \cdots, \boldsymbol{b}_v^{d,k}\} \tag{2-5}$$

其中,$\boldsymbol{b}_t^{d,k}$ 和 $\boldsymbol{b}_v^{d,k}$ 分别为社交网络内容中第 d 个目标话题对应文本内容信息的嵌入特征和图像内容信息深度特征的第 k 个分割块特征。通过特征分割将相同目标话题下的文本嵌入特征和图像深度特征分割为数量相同的特征块。

构造面向跨媒体信息的分析过程如下。定义针对文本嵌入特征和图像深度特征分割块的分析过程如式(2-6)和(2-7)所示:

$$S_t^d(\boldsymbol{x}_t^d; \boldsymbol{\theta}_t) = \{\boldsymbol{b}_t^{d,1}, \boldsymbol{b}_t^{d,2}, \cdots, \boldsymbol{b}_t^{d,k}\} \tag{2-6}$$

$$S_v^d(\boldsymbol{x}_v^d; \boldsymbol{\theta}_v) = \{\boldsymbol{b}_v^{d,1}, \boldsymbol{b}_v^{d,2}, \cdots, \boldsymbol{b}_v^{d,k}\} \tag{2-7}$$

其中,$\boldsymbol{\theta}_t$ 和 $\boldsymbol{\theta}_v$ 分别为对应的参数矩阵,处理过程分别缩写为 S_t^d 和 S_v^d。

如图 2-2 所示,对经过分割处理的社交网络文本内容信息嵌入特征和图像内容信息深度特征进行自注意力的局部语义提取,通过面向文本媒体形式函数 f_t 和 g_t,面向图像媒体形式的函数 f_v 和 g_v,将原始表示特征转换为表示子空间的特征表示,以文本媒体形式为例,函数 f_t 和 g_t 的定义如式(2-8)和式(2-9)所示:

$$f_t(\boldsymbol{b}_t^{d,k}) = \boldsymbol{w}_t^f \boldsymbol{b}_t^{d,k} \tag{2-8}$$

$$g_t(\boldsymbol{b}_t^{d,k}) = \boldsymbol{w}_t^g \boldsymbol{b}_t^{d,k} \tag{2-9}$$

图像媒体形式的函数 f_v 和 g_v 的定义如式(2-10)和式(2-11)所示:

$$f_v(\boldsymbol{b}_v^{d,k}) = \boldsymbol{w}_v^f \boldsymbol{b}_v^{d,k} \tag{2-10}$$

$$g_v(\boldsymbol{b}_v^{d,k}) = \boldsymbol{w}_v^g \boldsymbol{b}_v^{d,k} \tag{2-11}$$

其中,$\boldsymbol{w}_t^f$ 和 $\boldsymbol{w}_t^g$ 是对应于文本媒体形式语义探索函数 f_t 和 g_t 的参数向量;$\boldsymbol{w}_v^f$ 和 $\boldsymbol{w}_v^g$ 是对应于图像媒体形式进行语义探索函数 f_v 和 g_v 的参数向量。如上述内容,两种媒体形式的文本嵌入特征和图像深度特征分别被切割成固定大小的 k 块,第 i 个块和第 j 个块文本嵌入特征之间的关注度计算如式(2-12)所示:

$$\beta_t^{d,i,j} = \frac{\exp(f_t(\boldsymbol{b}_t^{d,i})^{\mathrm{T}} g_t(\boldsymbol{b}_t^{d,j}))}{\sum_{j=1}^{K} \exp(f_t(\boldsymbol{b}_t^{d,i})^{\mathrm{T}} g_t(\boldsymbol{b}_t^{d,j}))} \tag{2-12}$$

第 i 个块和第 j 个块图像深度特征之间的关注度计算如式(2-13)所示:

$$\beta_v^{d,i,j} = \frac{\exp(f_v(\boldsymbol{b}_v^{d,i})^{\mathrm{T}} g_v(\boldsymbol{b}_v^{d,j}))}{\sum_{j=1}^{K} \exp(f_v(\boldsymbol{b}_v^{d,i})^{\mathrm{T}} g_t(\boldsymbol{b}_v^{d,j}))} \tag{2-13}$$

以文本嵌入特征为例,式(2-12)中 $\beta_t^{d,i,j}$ 表示与文本嵌入分割特征中第 j 个特征块相对于第 i 个特征块的注意参数。图像深度特征中的 $\beta_v^{d,i,j}$ 是图像深度分割特征中第 j 个特征块相对于第 i 个特征块的注意参数。对于第 i 个文本嵌入特征分割块的输出特征表示,也就是相对应的语义子空间的特征输出如式(2-14)所示：

$$o_t^j = \sum_{j=1}^{K} \beta_t^{d,i,j} h(b_t^{d,j})$$ (2-14)

对应的图像媒体形式同理，相对应语义子空间的特征输出如式(2-15)所示：

$$o_v^j = \sum_{j=1}^{K} \beta_v^{d,i,j} h(b_v^{d,j})$$ (2-15)

关于话题 d 的文本最终特征表示为 $S_t^d = \{o_t^1, o_t^2, \cdots, o_t^k\}$，图像最终特征表示为 $S_v^d = \{o_v^1, o_v^2, \cdots, o_v^k\}$。至此，已获得关于话题的跨媒体最终特征表示，为进一步进行社交网络安全话题内容搜索提供了语义空间，同时为目标安全话题内容匹配提供了基础。在目标话题标签下，采用监督学习的机制构建媒体间相似度损失来指导最终生成的特征表示，如式(2-16)所示：

$$L_{sim} = \sum_{i=1}^{I} \sum_{j=1}^{J} (\| y_t^i - y_v^j \|_2 - \| S(x_t^i; \theta_t) - S(x_v^j; \theta_v) \|_2)$$ (2-16)

其中，y_t^i 为文本媒体形式嵌入特征相对于第 i 个话题的语义标签，y_v^j 为图像媒体形式深度特征相对于第 j 个话题的语义标签，以 One-Hot 向量的形式表达。当两种媒体形式所对应的话题相同时，即 $i=j$ 时，则 $\| y_t^i - y_v^j \|_2 = 0$。

2.4　社交网络深度学习搜索特征抽取与匹配算法的提出

本节提出一种社交网络深度学习搜索特征抽取与匹配算法(DCNN-CSTRS)，对跨媒体社交网络内容关联分析算法(SSCM)所重构的跨媒体社交网络关联特征，针对查询目标进行进一步相关内容筛选和匹配。在有效利用跨媒体社交网络内容重构关联特征的基础上，利用深度学习算法从信息搜索的角度对社交网络内容特征进行处理。对社交网络深度学习搜索特征抽取与匹配算法进行了阐述。跨媒体社交网络内容关联分析算法(SSCM)如下所示。

算法 2-1　跨媒体社交网络内容关联分析算法

输入：社交网络文本媒体形式数据和图像媒体形式数据

输出：重构的跨媒体社交网络关联特征

(1) 对社交网络文本媒体形式数据和图像媒体形式数据进行预处理，获得相应的文本嵌入特征表示和图像卷积特征表示

(2) 依据语义映射关系读取相同语义标签下的文本嵌入特征表示和图像卷积特征表示

(3) 读取文本嵌入特征表示，以及图像卷积特征表示

(4) 在有监督机制下进行特征表示重构与加权融合训练，并计算损失

(5) 依据损失值和跨媒体关联重构特征的关联性进行参数更新

(6) 重复步骤2至步骤5直至算法收敛

（7）保存训练好的算法，并对所获取的目标社交网络内容进行跨媒体内容关联

（8）返回重构的跨媒体社交网络关联特征

2.4.1 社交网络深度学习搜索特征抽取与匹配算法研究动机

传统信息搜索算法框架受制于内容信息索引和匹配机制的运算局限性，在大规模数据信息下的索引机制和匹配运算呈现了低效率的现状。另外，在社交网络内容数据特性的影响下，社交网络内容数据信息呈现了语义稀疏性，直接影响传统信息搜索算法在社交网络内容信息搜索上的效率。本节提出的社交网络深度学习搜索特征抽取与匹配算法（DCNN-CSTRS），利用深度学习算法的优势，构建了社交网络内容搜索特征并利用特征对于目标相关的内容进行搜索特征构建和筛选，即利用深度学习算法代替了传统信息搜索的索引机制。

本算法在搜索特征构建和筛选的基础上有效利用了与查询内容不相关内容特征，在配对模式（Pair Wise）特征的机制下进行了社交网络内容匹配，充分发挥了深度学习对内容特征的感知能力，通过有效的运算来提高社交网络内容搜索效率。另外，算法（DCNN-CSTRS）从现有算法所忽略的局部语义特征出发来构建搜索特征并进行搜索筛选和匹配，更好地适应了社交网络内容信息固有的数据特性和内容的语义稀疏性。

2.4.2 社交网络深度学习搜索特征抽取与匹配算法的形式化定义

算法（DCNN-CSTRS）通过深度学习中的深度卷积神经网络，从重构得到的跨媒体社交网络内容关联特征层面上对社交网络内容信息进行了特征抽取与匹配。算法框架图如图2-3所示。社交网络深度学习搜索特征抽取与匹配立足于跨媒体搜索特征公共语义空间，从搜索特征表示上跨过了具体媒体形式对所构建的社交网络内容表示特征进行匹配，从跨媒体社交网络内容关联特征入手，基于自注意力机制构建了跨媒体社交网络内容关联特征。图2-3中，通过卷积运算和池化运算构建了紧致的对应于原始内容的深度学习搜索特征，社交网络深度学习搜索特征抽取与匹配算法（DCNN-CSTRS）从宏观算法论的角度阐述面向社交网络内容信息特征表示的处理过程。由于在具体实现过程中，实际的社交网络内容信息来自文本和图像两种不同媒体形式，运算过程中针对图中所展示的关联重构特征参数依据具体媒体形式的不同进行了改变，并得到了理想的结果。

社交网络深度学习搜索特征抽取与匹配算法（DCNN-CSTRS）由基于深度学习的搜索特征抽取和基于深度学习的内容匹配两部分组成。基于深度学习的搜索特征抽取包括通过卷积运算抽取的局部搜索特征，并利用这部分局部搜索特征进行与目标相关的搜索特征筛选，再依据查询内容区分相关内容特征和非相关内容特征。在这个过程中借助非线性映射，在softmax分类器上进行与搜索特征相关的内容筛选。

基于深度学习的内容匹配在有监督学习机制下，通过搜索特征筛选与查询目标内容相

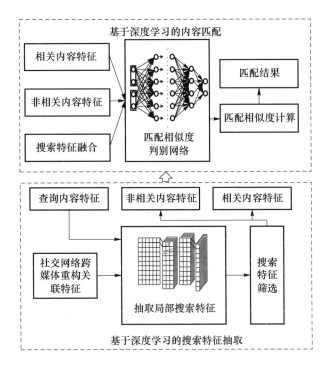

图 2-3　社交网络深度学习搜索特征抽取与匹配算法框架图

关的正例内容特征和不相关反例内容,两部分内容的语义特征同时构成了配对模式(Pair-Wise)特征。通过配对模式(Pair-Wise),将对于查询内容的相关内容特征和非相关内容特征构建正例和反例相对应的训练集。与传统有监督训练算法的不同点在于,将计算所得正例内容特征与查询内容特征的匹配相似度、反例内容特征与查询内容特征的匹配相似度与基于交叉熵损失函数相结合,对正例内容的相关概率和反例内容的非相关性概率进行评价,目的是使得算法对内容特征的相关性更加敏感。

　　基于深度学习的内容匹配延续了跨媒体社交网络内容关联分析的深度学习特征表示在跨媒体内容信息处理上的思路,通过调整具体运算过程中的超参数,如卷积和尺寸和池化尺寸等超参数,来适应不同媒体形式的输入特征。通过参数控制,在特征融合阶段构造了尺寸相同的融合特征。结合查询内容特征和相关内容特征、非相关内容特征的处理,基于社交网络内容特征表示算法根据不同媒体形式进行参数变化以构造相同尺寸的融合特征。

　　以下对社交网络深度学习搜索特征抽取与匹配算法(DCNN-CSTRS)进行直观描述,对所涉及的运算过程进行形式化定义,定义的社交网络内容特征信息如式(2-17)所示:

$$\boldsymbol{M}=<\boldsymbol{V}_1, \boldsymbol{V}_2, \cdots, \boldsymbol{V}_p>\in \mathbb{R}^{p\times d}, \boldsymbol{V}\in \mathbb{R}^d \qquad (2\text{-}17)$$

其中,$\boldsymbol{M}$ 为输入的社交网络内容信息特征表示,由 p 个特征向量 $\boldsymbol{V}$ 有序构成。

　　利用深度学习中的卷积神经网络在搜索特征抽取中局部语义特征表示,针对所输入的跨媒体重构关联特征进行局部搜索特征抽取,该过程形成了相应的局部搜索特征。这些局部搜索特征和对应所包含的语义来自社交网络文本内容中的特定词汇和图像内容中表达了目标话题的像素块。为了提取这些局部搜索特征和相对应的特征模式并生成最终的紧致特征表示,对局部搜索特征抽取中的运算进行了定义。定义面向社交网络内容信息特征表示进行卷积运算的卷积核为 $f \in \mathbb{R}^{m \times n}$,卷积核与数据特征在卷积运算" $*$ "下得到运算结果向量,运算过程定义如式(2-18)所示:

$$C\_F = \boldsymbol{M} * \boldsymbol{f} = \sum_{i=1}^{i+m-n} \sum_{j}^{p} \boldsymbol{V}_j * \boldsymbol{f} \tag{2-18}$$

其中,C_F 是社交网络内容信息特征表示的卷积运算输出。在具体运算中,针对社交网络文本内容形式和图像内容形式的不同,来调整卷积核尺寸以保证构造的输出特征尺寸相同。卷积运算接上最大池化层简单定义为 $\boldsymbol{F}_p = \mathrm{Maxpool}(C\_F)$,输出最终的深度表示特征 $\boldsymbol{F}_p$。

基于改进的交叉熵定义社交网络深度学习搜索特征抽取与匹配算法(DCNN-CSTRS)的损失函数如式(2-19)所示:

$$L(n;\boldsymbol{\theta}) = -\frac{1}{n} \sum_{i=1}^{n} P(q,d+)\log(S(q,d)) + P(q,d-)\log(1-S(q,d)) \tag{2-19}$$

其中,$\boldsymbol{\theta}$ 为模型中需要进行优化的参数集合;符号 $d+$ 为与查询内容特征 q 相匹配的相关内容特征,$d-$ 为与查询内容特征 q 不相匹配的非相关内容特征;函数 $P(q,d+)$ 为相关内容特征 $d+$ 在结果序列中排在非相关内容特征 $d-$ 之前的概率评价,同理,函数 $P(q,d-)$ 为非相关内容特征 $d-$ 在结果序列中排在相关内容特征 $d+$ 之前的概率评价。以 $P(q,d+)$ 为例,定义如式(2-20)所示:

$$P(q,d+) = \frac{h_{q,d+}}{h_{q,d+} + h_{q,d-}} \tag{2-20}$$

其中,$h_{q,d+}$ 和 $h_{q,d-}$ 分别是在结果列表中正例内容所占相关和非相关内容在结果列表中所占比例。模型的损失函数中关键部分为相似度函数 $S(q,d)$,定义如式(2-21)所示:

$$S(q,d) = \begin{cases} \mathrm{Pr}(q), & \mathrm{nlargest}(\mathrm{Pr}(q)) = d+ \\ 0, & \mathrm{nlargest}(\mathrm{Pr}(q)) = d- \end{cases} \tag{2-21}$$

其中,函数 nlargest()返回与参数提供概率相匹配的一项,若该项为正例内容特征,则返回参数提供的概率,否则返回 0。输入参数 $\mathrm{Pr}(q)$ 定义如式(2-22)所示:

$$\mathrm{Pr}(q) = \frac{\exp(\boldsymbol{\theta}_i^{\mathrm{T}} \boldsymbol{F} u_p)}{\sum_{k=1}^{K} \exp(\boldsymbol{\theta}_k^{\mathrm{T}} \boldsymbol{F} u_p)} \tag{2-22}$$

其中,$\boldsymbol{F} u_p$ 为融合后的匹配特征。

社交网络深度学习搜索特征抽取与匹配算法(DCNN-CSTRS)如下所示。

算法 2-2 社交网络深度学习搜索特征抽取与匹配算法

输入:跨媒体社交网络内容重构关联特征

输出:排序后的匹配结果列表

（1）以批处理形式输入查询内容的特征表示和对应的社交网络内容特征

（2）加载预训练好的卷积运算抽取局部搜索特征的网络参数

（3）卷积运算抽取局部搜索特征

（4）通过搜索特征对输入的社交网络内容特征进行筛选

（5）记录当前批次中的筛选结果

（6）重复步骤2至步骤5，直至处理完所有批次

（7）整合所有批次筛选结果

（8）以批处理形式输入融合后的搜索特征和对应的配对模式特征

（9）加载预训练好的匹配相似度判别网络参数

（10）通过匹配相似度判别网络进行匹配特征融合

（11）通过融合匹配特征计算查询内容与社交网络内容之间的匹配相似度

（12）记录当前批次中的匹配相似度

（13）重复步骤10至步骤12，直至处理完所有批次

（14）整合所有批次结果并返回匹配结果列表

2.5　实验结果与分析

2.5.1　跨媒体社交网络内容关联分析算法实验与分析

为了验证跨媒体社交网络内容关联分析算法（SSCM）在社交网络安全话题跨媒体内容关联分析上的有效性，采用了常用于验证尺度不变特征变换（Scale-Invariant Feature Transform，SIFT）的匹配率（Matching Rate）作为指标，我们对提出的跨媒体社交网络内容关联分析算法（SSCM）所重构的社交网络安全话题下的跨媒体特征表示进行实验分析。评价指标计算如式（2-23）所示：

$$\text{matching\_rate} = \frac{\text{matches}}{\min(v_t, v_i)} \tag{2-23}$$

其中，matches 为高维特征表示的匹配特征点数量。v_t 和 v_i 是所选择的特征点。需要特别说明的是匹配率是对不同媒体形式表示特征在相同查询内容语义分布下的评估。基于跨媒体社交网络内容关联分析算法（SSCM）在目标查询内容语义分布下的表示特征是影响最终搜索结果跨媒体匹配的重要媒介。通过匹配率可以验证基于跨媒体社交网络内容关联分析算法（SSCM）在跨媒体特征表示上的有效性。我们所采用数据集中的数据为采集自新浪微博跨媒体数据，如表 2-1 所示。在此基础上为了不失一般性，针对跨媒体社交网络内容关联分析算法（SSCM）的实验引入了公共跨媒体数据集 Wikipedia 和 NUSWIDE。另外，为了保证数据集之间平衡性，我们从表 2-1 所描述的数据中提取并构造了训练集和验证

集。实验所采用数据的具体描述如表 2-2 所示。

表 2-2　社交网络深度学习搜索特征抽取与匹配数据集描述

	训练集数 据数量	验证集数 据数量	分类 数量	图像特征 描述	文本特征 描述
新浪微博 数据集	113 502	48 644	5	4 096 维 深度特征	6 000 维 嵌入特征
Wikipedia 数据集	2 173	693	10	4 096 维 深度特征	5 000 维 嵌入特征
NUSWIDE 数据集	8 000	1 000	350	4 096 维 深度特征	5 000 维 嵌入特征

如表 2-4 所示,提取的新浪微博数据构建训练集和验证集的分类数量相对比表 2-1 的所表述的安全事件话题类别不同,原因是在如表 2-4 中所描述的数据集中多构建了一类与安全事件话题无关的数据类别作为反例。实验中所选用的对比算法为 JFSSL、DCCA、CMDN、ACMR 和 CMGAN。实验过程根据匹配率(Matching Rate)的定义通过分别在新浪微博数据集、Wikipedia 数据集和 NUSWIDE 数据集上进行,从文本到图像和图像到文本两个角度进行匹配。实验结果如图 2-4～图 2-9 所示。

如图 2-4 所示,跨媒体社交网络内容关联分析算法(SSCM)在取到 4 个以上特征点时,匹配率优于其他对比算法,并在总体匹配率水平上优于其他对比算法 0.1～0.25 个值,说明了跨媒体社交网络内容关联分析算法(SSCM)在文本到图像特征关联上的有效性。当所取特征点范围在 4 个以下时说明未能匹配到有效的文本到图像的关联特征点。但是这一缺陷并未影响到跨媒体社交网络内容关联分析算法(SSCM)的总体水平。

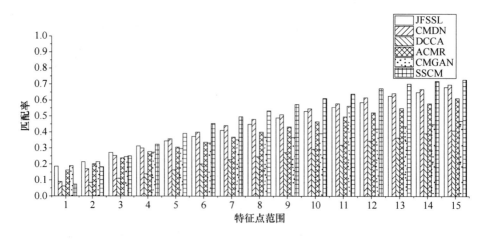

图 2-4　文本到图像特征匹配率在新浪微博数据集上的评价

图像到文本特征匹配率在新浪微博数据集上的评价体现了与图 2-4 相似的数值分布,不同的是相对于文本到图像特征匹配率,当特征点范围取值大于 3 的时候跨媒体社交网络

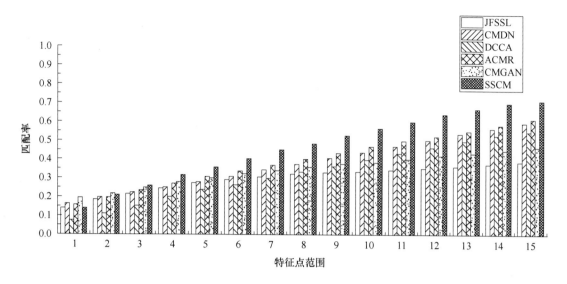

图 2-5　图像到文本特征匹配率在新浪微博数据集上的评价

内容关联分析算法(SSCM)便开始发挥优势。另外,所选取对比算法在图像到文本特征匹配任务上匹配率相对于文本到图像特征匹配任务波动较大,使得提出的跨媒体社交网络内容关联分析算法(SSCM)优于其他算法。出现这个现象的原因是,图像到文本特征匹配任务的特征点选择相对于文本到图像特征匹配的特征点选择更加不均衡。

跨媒体社交网络内容关联分析算法(SSCM)和所选取的对比算法在文本到图像特征匹配率在 Wikipedia 数据集上的评价总体水平上高于在新浪微博数据集上的评价。原因是 Wikipedia 数据集中的跨媒体特征分布更加规律。在文本到图像特征匹配率在 Wikipedia 数据集上的评价上,跨媒体社交网络内容关联分析算法(SSCM)在总体评价水平上优于所选取对比算法。

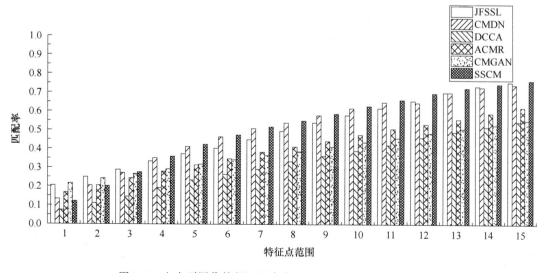

图 2-6　文本到图像特征匹配率在 Wikipedia 数据集上的评价

图像到文本特征匹配率在 Wikipedia 数据集上的评价印证了文本到图像特征匹配率在 Wikipedia 数据集上的评价,同时也体现了图像到文本特征匹配率在新浪微博数据集上评价所表现的趋势,使得 4 个结果之间相互得到了印证。在 Wikipedia 数据集上图像到文本特征匹配率结果中,跨媒体社交网络内容关联分析算法(SSCM)在总体水平上优于所选取的其他对比算法 0.1~0.25 个值。

跨媒体社交网络内容关联分析算法(SSCM)在 NUSWIDE 数据集上文本到图像特征匹配率评价整体优于所选取的对比算法。通过实验结果可观察到,当所选取特征点数量处于由少变多的过渡阶段跨媒体社交网络内容关联分析算法(SSCM)匹配率较低,然后随着特征点选取数量的增加匹配率而逐渐上升。另外,在 NUSWIDE 数据集上在所选取对比方法匹配率评价整体优于其在 Wikipedia 数据集上,原因在于 NUSWIDE 数据集上文本内容长度较短且语义表述明确,文本内容本身还充当了文本内容和图像内容的语义标签。在这种情况下所构造的高维文本语义特征具有良好的分布性质。

在特征点选择过程中,所选择的特征点具有一定代表性,当特征点数逐渐上升,使得语义特征的代表性由残缺逐渐转向完整,从而使得对文本内容语义分布具有完整体现。这也是跨媒体社交网络内容关联分析算法(SSCM)出现波动的原因。文本内容的数据性质和语义代表性使得所选取的对比算法性能能够较充分发挥,是在 NUSWIDE 数据集上所选取对比算法匹配率评价相对较优的原因。

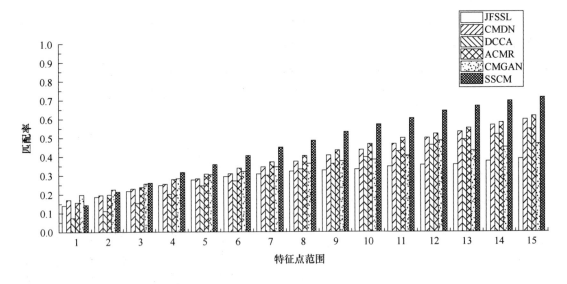

图 2-7　图像到文本特征匹配率在 Wikipedia 数据集上的评价

图像到文本特征匹配率在 NUSWIDE 数据集上的评价。在 NUSWIDE 数据集上图像到文本特征匹配率评价的数值分布与其在新浪微博数据集和 Wikipedia 数据集上的数值分布的变化趋势相类似。得益于在 NUSWIDE 数据集上文本内容的数据性质,以及 NUSWIDE 数据集的语义关联关系,跨媒体社交网络内容关联分析算法(SSCM)取得了相比于在社新浪微博数据和 Wikipedia 数据上较高的匹配率评价。虽然在 NUSWIDE 数据

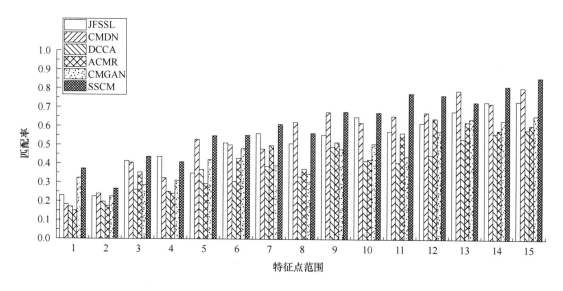

图 2-8 文本到图像特征匹配率在 NUSWIDE 数据集上的评价

集上文本内容短小且语义明确,但是还是无法避免文本内容语义特征与图像内容语义特征分布不均衡的情况。从图像内容到文本内容的匹配率评价在 NUSWIDE 数据集上进一步放大了文本内容语义特征与图像内容语义特征分布不均衡的特点,使得传统算法难以发挥其性能,从而在图像到文本语义特征匹配评价上数值较低。

通过跨媒体社交网络内容关联分析算法(SSCM)提取的跨媒体语义空间表示特征和对比算法进行比较,所取得的评价类似于图像 SIFT 特征匹配评价。跨媒体社交网络内容关联分析算法(SSCM)侧重于语义分析和表示,作为可构造的中间结果,相似性匹配的特征表示是关键的。通常,当匹配特征点量的评估范围正变化时,所有选择对比算法的匹配率评估值逐渐增加。跨媒体社交网络内容关联分析算法(SSCM)在前 1 个到前 3 个匹配特征的范围的评价值较低。这种情况的原因是局部语义单元由构造表示向量中的特征点组成,需要更多的特征点来构造需要表达的语义特征。当特征点的数量大于 3 时,跨媒体社交网络内容关联分析算法(SSCM)的优势开始显现。

2.5.2 社交网络深度学习搜索特征抽取与匹配算法实验与分析

以新浪微博作为具体社交网络实例,所采用数据为表 2-1 所描述的跨媒体社交网络内容数据集,跨媒体社交网络内容关联分析算法(SSCM)构建了脱离媒体形式的社交网络内容特征表示。数据集中将 4 类安全事件话题内容视为正例,并包含与这 4 类安全事件话题无关的反例内容,数据的 70% 用作训练集,另外 30% 用作验证集。指标 NDCG 评价前 k 个搜索结果的相关性,通过计算搜索结果 NDCG 评价的平均值,对结果列表相对于查询内容的整体相关性进行评价。

实验选用 BM25,DSSM,CLSM 和 Architecture-Ⅱ 作为对比算法。BM25 是一种进行搜索操作的函数集,搜索过程依赖于每个文档中的特征向量。搜索结果的排名忽略了查询

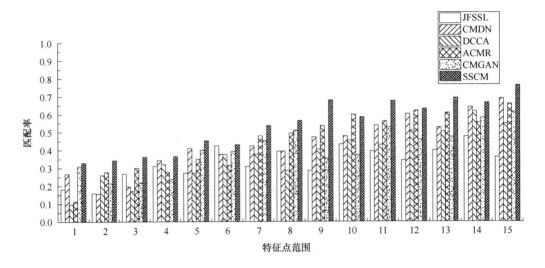

图 2-9　图像到文本特征匹配率在 NUSWIDE 数据集上的评价

与文档之间的相互关系。DSSM 是一种基于深度神经网络模型的信息搜索方法,通过构建连续语义空间提取高维信息表示,从而实现查询特征与目标特征语义相似性计算。CLSM是一种基于卷积神经网络的潜在语义模型,用于通过构建低维语义向量表示来进行内容搜索,是 DSSM 算法的一种变型。Architecture-Ⅱ算法建立在特征之间的交互空间上。它具有特征融合的特性,为每个特征的个性化抽象保留了空间。

　　以 BM25,DSSM,CLSM 和 Architecture-Ⅱ 作为比较算法在 4 个评价指标下,即NDCG,MAP,Precision 和 ERR 进行了实验分析。首先,从相应的安全话题事件中随机选定 1 000 条内容作为查询,分别对表 2-1 中所描述的 4 类安全相关事件相关话题内容进行搜索评价。根据具体搜索结果计算了排在前 5、前 10、前 15 和前 20 的搜索结果相对应的NDCG@k、MAP@k 和 Precision@k 评价值。图 2-10 展示了搜索结果的 ERR 评价。

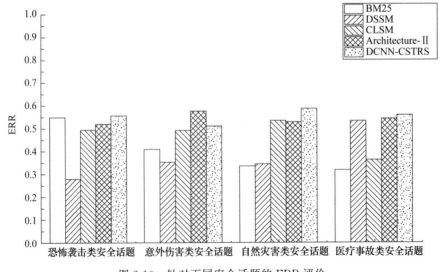

图 2-10　针对不同安全话题的 ERR 评价

我们将社交网络深度学习搜索特征抽取与匹配算法(DCNN-CSTRS)与对比算法在新浪微博数据集上针对不同安全话题进行了实验,并通过 NDCG 对实验结果进行了评价。社交网络深度学习搜索特征抽取与匹配算法(DCNN-CSTRS)对于所选的 4 类安全话题,社交网络深度学习搜索特征抽取与匹配算法(DCNN-CSTRS)在搜索结果排名在前5、前10、前15 和前 20 的位置上的搜索结果 NDCG 评价优于所选取的其他算法,相对于对比算法体现了优势,并在总体效果上高于所选取的对比算法。

基于深度学习的搜索算法相对于传统 BM25 算法表现得更好。出现这种现象的原因是,基于传统 BM25 算法专注于特征本身,并将内容特征作为独立的个体进行处理,进而在特征表示构建上忽略了原始语义的关联性。社交网络深度学习搜索特征抽取与匹配算法(DCNN-CSTRS)还优于其他基于深度学习的搜索算法。这些基于深度学习的搜索算法是在全局语义分析的基础上进行设计并通过全局语义特征表示来进行内容特征匹配运算,形成的语义空间适应于粗粒度的完成语义内容,从而对社交网络内容的语义稀疏性缺乏适应性。

社交网络深度学习搜索特征抽取与匹配算法(DCNN-CSTRS)基于从原始内容的局部语义特征来搜索与目标安全主题相匹配的内容特征,更加能够适应以新浪微博为代表的社交网络内容信息的语义特征。在 NDCG 和 MAP 评价指标下,验证了将社交网络深度学习搜索特征抽取与匹配算法(DCNN-CSTRS)应用于搜索匹配的结果排序时,该算法对关键匹配位置结果能够有效反馈,即可以为用户提供有效的支持。表 2-3 展示了针对不同安全话题的 MAP 搜索结果评价。

社交网络深度学习搜索特征抽取与匹配算法(DCNN-CSTRS)在意外伤害类事件话题上的 NDCG,MAP 和准确率上的评价更好,原因是其对以新浪微博为实例的社交网络内容进行局部语义挖掘并以此为依据进行匹配和搜索。通过对微博内容的局部语义挖掘,能够对分布在文本语义特征中的关键语义进行学习,并构造紧致的语义特征表示,这个过程对于应对充满语义噪声的社交网络内容相对有效,更加适合于处理具有语义稀疏性的社交网络内容特征。对比算法从全局语义出发,语义挖掘的粒度相对较粗。社交网络深度学习搜索特征抽取与匹配算法(DCNN-CSTRS)针对局部语义的挖掘与学习同样促进了全局语义特征的学习与表示。此外,微博内容的数据特性,也是社交网络内容的共有数据属性,造成了特征表达的语义稀疏性。因此,微博乃至社交网络内容搜索策略的性能取决于处理内容的稀疏语义特性和对其的适应能力,需要针对这种稀疏性进行有针对性的处理,这也是社交网络深度学习搜索特征抽取与匹配算法(DCNN-CSTRS)的优势所在。

在选取对比算法中,DSSM 算法和 CLSM 算法分别借助深度神经网络和深度卷积神经网络进行全局语义特征非线性映射,将局部语义特征融合到全局语义特征表示中,使得两种算法在针对相同安全话题内容的搜索评价结果上相差不多。通过训练深度神经网络和深度卷积神经网络,能够对安全话题语义要素进行有效处理,从而能够使得 DSSM 算法和 CLSM 算法的网络结构对目标安全话题语义特征进捕捉。意外伤害类安全话题微博文本的数据特性包含大量语义要素,通过预训练深度神经网络和深度卷积神经网络,可以对此类话题语义要素所包含的语义特征进行有效处理,并获得适当的语义特征表示。

基于深度卷积神经网络对这些词汇在嵌入语义空间下的特征进行处理,获得了针对基于局部语义挖掘的特征表示,并进一步进行筛选和匹配,得到的实验结果较其他对比算法在搜索评价指标上均有所提高。

表 2-3　针对不同安全话题的 MAP 搜索结果评价

(a) 针对恐怖袭击类安全话题的 MAP 搜索结果评价

评价指标		BM25	DSSM	CLSM	Architecture-II	DCNN-CSTRS
MAP	@5	0.603 2	0.611 6	0.672 6	0.694 4	0.696 1
	@10	0.618 2	0.627 0	0.653 8	0.679 5	0.685 7
	@15	0.600 7	0.653 3	0.646 7	0.668 9	0.711 5
	@20	0.648 9	0.665 7	0.671 4	0.688 9	0.703 0

(b) 针对意外伤害类安全话题的 MAP 搜索结果评价

评价指标		BM25	DSSM	CLSM	Architecture-II	DCNN-CSTRS
MAP	@5	0.643 3	0.710 0	0.639 2	0.710 0	0.776 6
	@10	0.597 5	0.589 9	0.654 0	0.716 2	0.731 1
	@15	0.589 9	0.696 1	0.668 7	0.685 9	0.728 8
	@20	0.573 6	0.707 5	0.688 8	0.601 5	0.721 4

(c) 针对自然灾害类安全话题的 MAP 搜索结果评价

评价指标		BM25	DSSM	CLSM	Architecture-II	DCNN-CSTRS
MAP	@5	0.559 6	0.658 3	0.664 2	0.696 1	0.710 0
	@10	0.613 2	0.654 8	0.663 1	0.708 1	0.708 5
	@15	0.638 8	0.652 7	0.669 5	0.697 4	0.691 2
	@20	0.627 8	0.665 2	0.672 5	0.670 5	0.698 2

(d) 针对医疗事故类安全话题的 MAP 搜索结果评价

评价指标		BM25	DSSM	CLSM	Architecture-II	DCNN-CSTRS
MAP	@5	0.538 8	0.558 7	0.592 6	0.626 8	0.678 3
	@10	0.599 5	0.605 5	0.624 2	0.629 2	0.684 6
	@15	0.605 3	0.629 0	0.636 3	0.659 2	0.677 5
	@20	0.607 6	0.636 0	0.646 6	0.651 7	0.676 5

实验结果的 MAP 评价与 NDCG 的评价具有相似的数值变化趋势。但是,由于 MAP 评价指标与 NDCG 评价指标的侧重点不同,基于深度卷积神经网络对这些词汇在嵌入语义空间下的特征进行处理,获得了针对基于局部语义挖掘和探索的特征表示并进行筛选和匹

配,得到的实验结果较其他对比算法在搜索评价指标上均有所提高。

图 2-11 中展示了匹配结果数量在前 5、前 10、前 15 和前 20 个排名准确率在不同安全话题中的分布情况。在不同的安全话题中包含不同的语义内容信息,通过不同的局部语义,即分散在微博内容中具有代表性的词汇或者词组决定整段微博内容的具体语义信息。准确率评价数值受到不同内容的语义特征分布影响呈现了不同的变化趋势,如图 2-11 所示,社交网络深度学习搜索特征抽取与匹配算法(DCNN-CSTRS)在新浪微博数据集上的 4个安话题话题内容的匹配评价结果在整体水平上好于所选用的其他对比算法,在总体效果上,高于所选取的对比算法。社交网络深度学习搜索特征抽取与匹配算法(DCNN-CSTRS)和所选取的其他对比算法在针对意外伤害类安全话题的匹配准确率评价上获得了最好的结果。

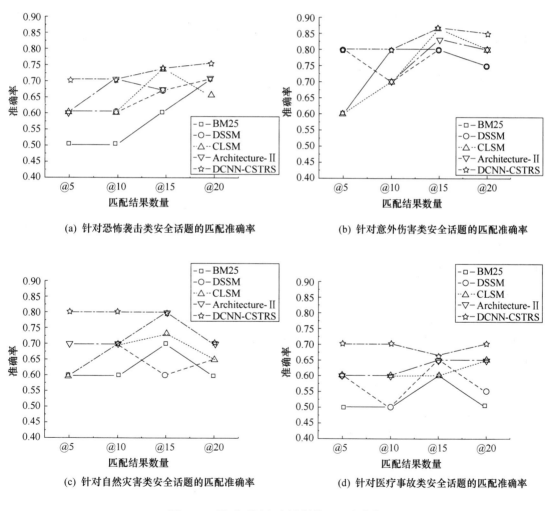

图 2-11 针对不同安全话题的匹配准确率

图 2-11 展示了当满足搜索要求时,当前内容排名倒数的期望在恐怖袭击类安全话题、自然灾害类安全话题和医疗事故类安全话题内容上的评价结果。社交网络深度学习搜索

特征抽取与匹配算法(DCNN-CSTRS)在 ERR 评价指标上优于其他对算法,总体效果上高于对比算法。但是在意外伤害类安全话题上社交网络深度学习搜索特征抽取与匹配算法(DCNN-CSTRS)在 ERR 评价指标上评分略低于 Architecture-Ⅱ。这种现象表明,社交网络深度学习搜索特征抽取与匹配算法(DCNN-CSTRS)在搜索过程中能够满足查询第一个内容的排名位置低于 Architecture-Ⅱ。社交网络深度学习搜索特征抽取与匹配算法(DCNN-CSTRS)表现出了更好的性能。另外 CLSM 在恐怖袭击类安全话题和意外伤害类安全话题上表现更好,这两种算法在 NDCG 和 MAP 两个评价指标上也有类似的情况。原因是恐怖袭击类安全话题和意外伤害类安全话题的相关内容在表达上相对局限,语义特征相对集中使得基于卷积神经网络的全局语义搜索算法在搜索评价上体现了优势。

我们从所选取对比算法的角度结合社交网络数据特性进行了以下分析。BM25 基于传统匹配策略无法捕获新浪微博社交网络内容的语义局部特征,对信息内容的语义稀疏性未能有效适应,因此在实验中体现出了劣势。DSSM 和 CLSM 是基于深度学习语义表达的特征匹配算法,模型非常重视上下文全局特征的提取,但是侧重于提取内容整体的全局语义特征。这两种算法由于写作的随意性,内容长度限制和用户表达习惯所造成的社交网络内容语义稀疏性,在新浪微博内容上的实验效果评价不占优势。Architecture Ⅱ 提出了一种基于特征组合的匹配算法,该特征组合的弱点对于新浪微博内容的语义稀疏时的噪声没有很强的鲁棒性。

在以新浪微博为具体实例的社交网络内容下,将社交网络深度学习搜索特征抽取与匹配算法(DCNN-CSTRS)进行训练,可以从相关的安全主题中捕获有效的局部语义特征。实验表明,社交网络深度学习搜索特征抽取与匹配算法(DCNN-CSTRS)利用特征向量的固有特性,对新浪微博内容中与安全主题相关的内容进行局部语义特征过滤和匹配。该策略有效地适应了新浪微博为具体实例的社交网络的数据特征。

社交网络内容在内容长度有限、用户表达随意等特性下构成了内容语义在特征表达上的稀疏问题。社交网络深度学习搜索特征抽取与匹配算法(DCNN-CSTRS)根据基于深度卷积特征构建的局部语义特征来匹配搜索社交网络内容。该算法旨在解决依赖内容特征特别是语义特征的社交网络内容搜索问题。作为信息搜索的重要基础,语义匹配是内容搜索最关键的依据。社交网络深度学习搜索特征抽取与匹配算法(DCNN-CSTRS)在局部语义特征匹配上能够适应社交网络内容数据特性进行匹配和搜索。

第3章 在线社交网络跨媒体信息主题表达

3.1 引　　言

随着社交网络内容的急剧增加,研究在线社交网络跨媒体主题表达算法对于短文本建模、精准搜索以及主题聚类等具有重要意义。基于获取的在线社交网络的跨媒体信息,通过相关的算法对其进行处理和分析,得到有用的文本信息、图像信息以及挖掘其内容所表达的主题,能够为在线社交网络跨媒体搜索提供数据和底层的支持。

社交网络内容十分简短嘈杂,且存在社交网络上下文稀疏性问题,如何有效地解决社交网络上下文稀疏性问题是一个备受关注的挑战;社交网络主题随时间动态变化,如何有效地建模社交网络主题随时间的变化情况,并有效地对主题进行动态表达也是一个重要的挑战。

动态主题模型(DTM)利用时间信息和用户的空间信息来实现社交网络文本的表达。上述方法通过引入社交关系,例如关注关系、内部偏好来改进社交网络主题表达的性能。上述方法需要耗费大量的计算资源,且容易产生过拟合现象。

社交网络的内容也包含了海量的图像信息,对社交网络文本伴随的图像进行主题表达能够有效地提高在线社交网络搜索的性能。基于深层语义的方法主要是基于深度学习方法。然而,这些方法虽然在图像表达上有一定的效果,但面对社交网络图像的复杂环境会遭遇严峻的挑战。主题模型方法存在生成信息弱相关问题,且无法获取到图像深层次的特征。而基于深度学习方法忽略了图像信息的某个中心特征,不能较好地区分复杂图像场景。因此,为了解决上述问题需要研究一种有效的图像主题表达方法。

为了实现在线社交网络跨媒体信息主题表达,本章提出了基于动态自聚合主题模型的在线社交网络文本主题表达算法(SCTE)和基于互补注意力机制的在线社交网络图像主题表达算法(CAIE)。在线社交网络跨媒体信息主题表达算法框架图如图 3-1 所示。该算法由基于动态自聚合主题模型的在线社交网络文本主题表达算法(SCTE)和基于互补注意力机制的在线社交网络图像主题表达算法(CAIE)两部分构成。

基于动态自聚合主题模型的在线社交网络文本主题表达算法(SCTE)利用构建的动态自聚合主题模型(SADTM)对社交网络文本主题进行建模,有效地解决社交网络上下文稀疏性问题。通过将长文本看作是无序的短文本的分片,SADTM 模型在没有任何外部语料

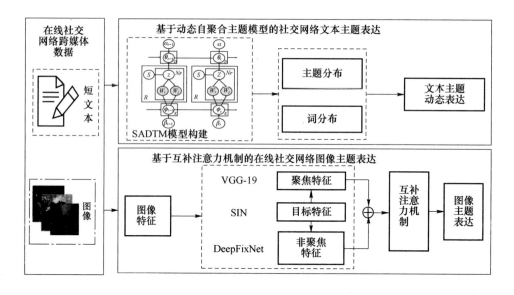

图 3-1　在线社交网络跨媒体信息主题表达算法框架图

库下,能够自适应地聚合短文本为长文本。通过利用先前的主题分布和词分布,获取当前时间片的主题分布和词分布,实现在线社交网络流数据主题的动态表达。

　　基于互补注意力机制的在线社交网络图像主题表达算法(CAIE)利用图像的聚焦特征和非聚焦特征的互补性对图像特征进行表达,将目标特征混合到聚焦特征和非聚焦特征来指导和增强图像特征学习,并基于聚焦特征和非聚焦特征建立互补注意力机制,进而提高图像特征的学习效果。融合学习到的聚焦特征和非聚焦特征,实现在线社交网络图像信息的主题表达。

3.2　SCTE 算法的提出

　　基于动态自聚合主题模型的在线社交网络文本主题表达算法(SCTE)能够有效地解决社交网络上下文稀疏性问题,并基于先前主题分布和词分布来捕获当前的主题分布和词分布,实现在线社交网络文本主题的动态表达。

3.2.1　SCTE 算法的研究动机

　　基于动态自聚合主题模型的在线社交网络文本主题表达算法(SCTE)通过建立动态自聚合主题模型(SADTM),自聚合短文本为长文本,并通过捕获在线社交网络主题的变化,实现在线社交网络文本主题的动态表达。该算法的目标是建模微博流数据的主题动态变化,并有效地解决社交网络上下文稀疏性问题。SCTE 根据其自身的生成过程构建长文本(在下文中长文本也称之为聚合文档),每个聚合文档由一组可观测且无序的短文本分片构成,且聚合文档与短文本之间的分配关系是未知的。SCTE 算法在没有任何外部语料库下,能够自适应地聚合短文本为长文本,进而解决社交网络上下文稀疏性问题。为了捕获社交网络流数据主题的动态变化,通过利用先前的主题分布和词分布来推导当前时间片的主题分布和词分布。

3.2.2 动态自聚合主题模型(SADTM)的建立

动态自聚合主题模型(SADTM)将每个长文本看作由短文本片聚合而成。在长文本中,每个短文本是可观测的,而短文本的分配分布关系是未知的。短文本被表示成$\{R, S\}$,其中,短文本 R 是无序且可观测到的,聚合文档 S 是未知的。引入动态狄利克雷多项分布来建模社交网络主题的动态性,通过联合先前时间片的主题分布和新到来的流数据来建模当前的主题分布。

假设不同的时间片下,社交网络主题动态变化,时间片可以形式化表示为$\{\cdots, T-2, T-1, T, \cdots\}$,时间片的间隔可以被设置为一天、一周或一个月等。社交网络的主题分布表示为 $\theta_{t,k}$,词分布表示为 $\phi_{t,v}$。为了进一步解决社交网络上下文稀疏性问题,通过直接建模词对以生成更多的词共现信息。其中,词对是从相同主题生成的两个独立的词。在时间片 t,通过 SADTM 模型来捕获主题的多项分布 $\theta_{t,k}$ 和词分布 $\phi_{t,v}$,并通过采样过程来计算主题分布 $\theta_{t,k}$ 和词分布 $\phi_{t,v}$。动态自聚合主题模型(SADTM)采用的主要变量或标号如表 3-1 所示。

对于当前的时间片 t,通过当前的词分布 $\phi_{t,v}$ 来采样词对 (w_i, w_j),并推断当前的主题分布 $\theta_{t,k}$。动态自聚合主题模型(SADTM)的模型图如图 3-2 所示,其中阴影部分表示可以观测到的值。

表 3-1 SADTM 模型中使用的变量或标号

变量或符号	含 义
D	原始文档数量
N_r	词对数量
R	短文本数量
K	主题数量
B_w	词对集合
ϕ	词分布
θ	主题分布
S	聚合文档数量
z	主题
α	主题持续性
β	词的持续性
$N_{t,d,k}$	在聚合文档中,词对分配给主题 z 的数量
$N_{R,k}$	在短文本 R 中,词对分配给主题 z 的数量
N_R	在短文本中词对的总数

从图 3-2 可以看出,相邻时间片的主题分布构成了依赖关系,后一个时间片的主题分布依赖于先前时间片的主题分布。如果在 t 时刻到来的数据没有改变,那么 t 时刻的主题分布将与 $t-1$ 时刻的主题分布一致,只有当主题有新变化时,SADTM 模型能够动态地捕获当前的最新的主题分布。

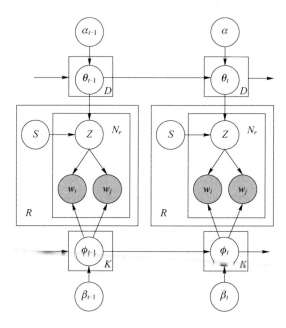

图 3-2　动态自聚合主题模型(SADTM)的模型图

利用先前的主题分布和当前的狄利克雷先验构建一个新的狄利克雷先验。具体实现通过构建准确值集合来完成,准确值的形式化表示为 $\alpha t = \{\alpha_{t,k}\}_{k=1}^{Z}$,基于该表示,令当前的主题分布 $\theta_{t,k}$ 依赖于先前的主题分布 $\theta_{t-1,k}$。SADTM 模型中的准确值 $\alpha_{t,k}$ 表示主题的持久性,即当前时间 t 的主题 z 与先前时间 $t-1$ 主题相比的显著性。由于主题分布是共轭先验,利用吉布斯采样算法来推断主题分布,如式(3-1)所示:

$$P(\Theta_t \mid \Theta_{t-1}, \alpha_t) \propto \prod_{k=1}^{Z} \theta_{t,k}^{(\alpha_{t,k}\theta_{t-1,k})-1} \tag{3-1}$$

通过先前时间片 $t-1$ 的词分布 ϕ_{t-1} 推断当前时间片 t 的词分布 ϕ_t。其中,$\beta_{t,z}$ 表示词的持续性,即在当前时间片词 w 分配给主题 z 与在先前时间片相比的持续性,如式(3-2)所示:

$$P(\varphi_t \mid \varphi_{t-1}, \beta_t) \propto \prod_{v=1}^{V} \theta_{t,v}^{(\beta_{t,z}\varphi_{t-1,v})-1} \tag{3-2}$$

假设在 $t-1$ 时刻,主题分布和词分布是已知的,动态自聚合主题模型(SADTM)建模当前的主题分布和词分布依赖于先前的主题分布 θ_{t-1} 和词分布 ϕ_{t-1}。对于 $t=0$ 初始时刻,分别设置主题分布和词分布的初值为 $\theta_{0,k}=1/K$ 和 $\varphi_{0,v}=1/V$。

由于 SADTM 模型中涉及多个隐变量和未知参数,因此,需要对隐变量和未知参数进行推导。采用吉布斯采样算法来推导隐变量和未知参数。吉布斯采样算法的核心思想是交替估计后验采样的随机变量,其中,每个随机变量基于其他随机变量的分配进行采样。

在动态自聚合主题模型(SADTM)中,利用吉布斯采样算法交替采样聚合文档分配 S 以及主题 Z,得到如式(3-3)所示的条件分布:

$$P(s=d \mid s^{\neg R}, z, \varphi_{t-1}, \theta_{t-1}, B_w, \alpha_t) \propto \frac{\prod_{k=1}^{K} \prod_{n=1}^{N_{Rk}} (N_{t,d,k}^{\neg R} + n + \alpha_t, k\theta_{t-1,k} - 1)}{\prod_{n=1}^{N_R} (N_d^{\neg R} + n + K\alpha_t, k\theta_{t-1,k} - 1)} \quad (3-3)$$

其中,$N_{R,k}$ 表示在短文本 R 中词对分配给主题 Z 的数量,$N_{t,d,k}$ 表示在聚合文档 d 中词对分配给主题 Z 的数量。$N_d = \sum_{k=1}^{K} N_{t,d,k}$ 表示在聚合文档 d 中词对的总数量,N_R 表示在短文本 R 中词对的总数量,$\neg R$ 表示除去短文本 R 的计数。

利用链式规则采样主题 z_{d_i},得到如式(3-4)所示的条件分布:

$$P(z_{d_i}=k \mid s, z^{\neg di}, \varphi_{t-1}, \theta_{t-1}, B_w, \alpha_t, \beta_t) \propto \frac{(N_{t,d,k}^{\neg di} + \alpha_t, k\theta_{t-1,k})}{(N_d^{\neg di} + K\alpha_t, k\theta_{t-1,k})}$$
$$* \frac{(N_{k,w_i}^{\neg di} + \beta_t, k\varphi_{t-1,ui})(N_{k,w_j}^{\neg di} + \beta t, k\varphi_{t-1,wj})}{(N_k^{\neg di} + V\beta_t, k\varphi_{t-1,v})(N_k^{\neg di} + V\beta_t, k\varphi_{t-1,v})}$$
$$(3-4)$$

其中,w_i 是聚合文档 d 中的第 i 个词,$N_{k,w}$ 表示词 w 分配给主题 Z 的总数量,$\neg di$ 表示不包含 z_{d_i} 的计数。

利用最大联合似然方法,可以获取到 $\alpha_{t,k}$ 和 $\beta_{t,k}$。通过使用定点迭代方法来计算最大联合似然,$\alpha_{t,k}$ 和 $\beta_{t,k}$ 的计算分别如式(3-5)和式(3-6)所示:

$$\alpha_{t,k}^{new} = \alpha_{t,k} \frac{\varepsilon(N_{d,k} + \alpha_{t,k}\theta_{t-1,k}) - \varepsilon(\alpha_t, k\theta_{t-1,k})}{\varepsilon(N_d + K\alpha t, k\theta t - 1, k) - \varepsilon(K\alpha t, k\theta t - 1, k)} \quad (3-5)$$

$$\beta_{t,k}^{new} = \frac{\sum_{k=1}^{K} \beta_{t,k}\varphi_{t-1,v}[\varepsilon(N_{k,v} + \beta_{t,k}\varphi_{t-1,v}) - \varepsilon(\beta_t, k\varphi_{t-1,v})]}{\sum_{k=1}^{K} \varphi_{t-1,v}[\varepsilon(N_k^{\neg di} + V\beta_{t,k}\varphi_{t-1,v}) - \varepsilon(V\beta_t, k\varphi_{t-1,v})]} \quad (3-6)$$

其中,$\varepsilon(x) = \frac{\partial \log \Gamma(x)}{\partial x}$ 表示 Digamma 函数。

3.2.3　在线社交网络文本主题表达

在完成多次迭代并趋于稳定后,通过学习到的相关参数可以估计主题分布 $\theta_{t,k}$ 和词分布 $\phi_{t,v}$,主题分布和词分布分别如式(3-7)和式(3-8)所示:

$$\theta_{t,k} = \frac{N_{d,k} + \alpha_t, k\theta_{t-1,k}}{N_d + K\alpha_t, k\theta_{t-1,k}} \quad (3-7)$$

$$\varphi_{t,v} = \frac{N_{k,v} + \beta_{t,k}\varphi_{t-1,v}}{N_k^{\neg di} + V\beta_{t,k}\varphi_{t-1,v}} \quad (3-8)$$

联合式(3-7)和式(3-8),计算聚合文档 d 与主题 Z 在时间 t 的相关概率 $P(z_{di} \mid t, d)$,计算方法如式(3-9)所示:

$$P(zdi \mid t,d) = \frac{P(s_{di} = k \mid s, z^{\neg di}, \varphi_{t-1}, \theta_{t-1}, C, \alpha t, \beta_t)}{\sum_{z'di=1}^{K} P(s'_{di} = k \mid s, z^{\neg di}, \varphi_{t-1}, \theta_{t-1}, C, \alpha t, \beta_t)} \quad (3-9)$$

联合式(3-7)~式(3-9)获取的主题分布、词分布以及文档 d 与主题相关的概率,实现社交网络文本主题的充分表达。

3.2.4　SCTE 算法的实现步骤

基于动态自聚合主题模型的在线社交网络文本主题表达算法(SCTE)的实现步骤如下所示。利用在线社交网络短文本信息作为输入,采用动态自聚合主题模型(SADTM)建模短文本语义,聚合短文本为长文本来解决社交网络上下文稀疏性问题,并通过先前推测的主题分布和词分布来计算当前的主题分布和词分布。

算法 3-1　基于动态自聚合主题模型的在线社交网络文本主题表达算法

输入:主题数 K、模型超参数 α_{t-1}、β_{t-1}、短文本 R、ϕ_{t-1} 和 θ_{t-1}、迭代次数 N_{iter}

输出:微博话题分布 θ 和词分布 ϕ

(1) 更新分配给短文本中词对的总数 N_R

(2) 更新分配给主题 z 的词对数量 $N_{R,k}$

(3) 更新在聚合文档中词对分配给主题 z 的次数 $N_{t,d,k}$

(4) 重复执行式(3-4)的条件分布公式,直到趋于稳定

(5) 根据式(3-5)计算微博中主题的持续性衡量 α

(6) 根据式(3-6)计算微博中词的持续性衡量 β

(7) 根据式(3-1)和式(3-7)计算微博话题分布 θ

(8) 利用式(3-2)和式(3-8)计算主题的词分布 ϕ

(9) 利用式(3-9)计算在聚合文档 d 与主题 K 在时间 t 的相关概率

(10) 根据得到的话题分布和词分布实现在线社交网络文本主题表达

3.2.5　SCTE 算法的实验结果与分析

通过在主题建模和搜索应用任务上的多组实验来验证 SCTE 算法在主题表达上的有效性。采用多个评价指标对 SCTE 算法进行评价。

1. 实验设置

(1) 数据集

使用爬取的 200 万条新浪微博数据作为实验数据。对数据进行如下预处理:删除重复的文档;分词、去停用词;删除出现少于 8 次的词;移除小于 3 个词的文档。

（2）对比算法

采用 LDA、GSDMM、Twitter-TTM、PTM、LTM 及 DCT 等多个主流的主题建模与表达算法作为对比算法。

（3）参数设置

在实验中，对于静态主题模型如 LDA、GSDMM、PTM 和 LTM，设置超参数 $\alpha=0.1$，$\beta=0.01$，参数 κ 的值从 0 到 1 变化，π 的值从 0 到 1 000 变化。

2. 实验一：SCTE 算法与对比算法的主题一致性比较

设置主题 K 的值分别为 50 和 100，设置 C 的值分别为 5、10 和 20。利用中文维基百科文章作为辅助语料库来计算 SCTE 算法与对比算法的主题一致性（PMI-Score）。SCTE 算法与对比算法的主题一致性（PMI-Score）的比较如表 3-2 所示。

表 3-2 SCTE 算法与对比算法的主题一致性比较

算法	$K=50$			$K=100$		
	前 5	前 10	前 20	前 5	前 10	前 20
LDA	1.87	1.71	1.42	1.97	1.72	1.39
GSDMM	1.95	1.77	1.43	2.01	1.74	1.41
Twitter-TTM	2.28	1.79	1.43	2.24	1.72	1.42
PTM	2.30	1.81	1.45	2.27	1.78	1.45
LTM	2.32	1.83	1.49	2.33	1.89	1.49
DCT	2.31	1.83	1.51	2.32	1.91	1.52
SCTE（提出的）	2.34	1.88	1.53	2.37	2.01	1.55

我们提出的 SCTE 算法的主题一致性结果明显优于对比算法，这表明 SCTE 算法能够从微博短文本中学习到更一致的主题，主要原因是 SCTE 算法通过自聚合短文本为长文本，并直接建模词对共现信息，能够解决短文本上下文稀疏性问题，进而学习到更加一致的主题。LTM 算法的结果优于 LDA 和 GSDMM 算法，主要原因是 LTM 算法通过自聚合文档方式，解决了社交网络上下文稀疏性问题，使其能生成好的主题表示。

DCT 算法的主题一致性结果优于 LDA 和 GSDMM 算法，主要的原因是 DCT 能够建模时间的动态性，并在一定程度上解决了社交网络上下文稀疏性问题。与 LDA 算法相比，Twitter-TTM、PTM 及 GSDMM 算法也取得了好的主题一致性结果。LDA 算法表现最差，主要原因是 LDA 算法建模短文本时仍然按照长文本来建模，无法缓解社交网络上下文稀疏性问题。

3. 实验二：SCTE 算法与对比算法的主题分布比较

为了进一步验证 SCTE 算法在主题建模与表达上的有效性，我们从结果中随机选择两个高频，且同时出现在 SCTE 算法和对比算法结果中的主题，列出概率最大的前 10 个词来评价主题表达质量，如表 3-3 与表 3-4 所示。

从表 3-3 的实验结果可以看到，SCTE 算法的结果与"雅安地震"话题较为相关；DCT 和

LTM 算法的结果也比较接近"雅安地震"这一话题；GSDMM 算法包含了一些不相关的词，如"美食"和"麻辣"等；LDA 算法的结果包含了较多大众化的词，仅仅有部分词与主题相关，表明其主题表达的性能较差；Twitter-TTM 算法的结果优于 LDA 算法的结果，但是，其结果中仍然混杂了多个不同的主题。与其他对比算法相比，SCTE 算法能够有效地对在线社交网络主题进行表达。

表 3-3　SCTE 算法与对比算法获取的与"雅安地震"相关的前 10 个词

LDA	GSDMM	Twitter-TTM	PTM	LTM	DCT	SCTE（提出的）
地震	雅安	地震	公益	祈福	雅安	地震
雅安	公益	雅安	地震	成都	地震	灾区
贵州	美食	救援	志愿者	生命	死亡	四川
灾区	四川	汶川	祈福	时分	生命	雅安
救援	麻辣	四川	救灾	新闻	加油	救援
污染	祈福	成都	芦山县	四川省	四川	发生
环境	救灾	北川县	加油	记者	平安	芦山县
成都	芦山县	中国	生命	平安	贵州	成都
中国	加油	发生	运动	小吃	机场	中国
旅游	吸烟	捐款	火车站	雅安市	贵阳	志愿者

从表 3-4 的实验结果看出，SCTE 算法生成的结果更加接近于"交通事故"话题；LDA 算法生成的结果包含了"音乐""食物"及其他不相关的词；DCT 算法的结果与主题较为接近，但也包含了一些高频词如"青岛""乌云"等。这表明与其他对比算法相比，SCTE 算法在主题表达上获取了最好的性能，且具有显著的鲁棒性。

表 3-4　SCTE 算法与对比算法获取的与"交通事故"相关的前 10 个词

LDA	GSDMM	Twitter-TTM	PTM	LTM	DCT	SCTE（提出的）
开车	交警	司机	平安	车辆	开车	司机
提醒	汽车	发生	汽车	司机	提醒	发生
车窗	火车	车辆	提醒	交警	青岛	车辆
吸烟	手机	飞机	事故	警方	平安	受伤
现场	发生	快递	医院	蓝天	逃逸	警方
食物	平安	高速	交通	婴儿	乘客	驾驶
父母	发现	卡车	停车	哭嚎	大雨	事故
乘客	交通	驾驶	产妇	驾驶	乌云	公路
公交车	公园	男子	风景	河北	老板	超速
音乐	足球	事故	加油站	植物	公交车	车祸

4. 实验三：SCTE 算法与对比算法的主题表达质量比较

通过利用聚类纯度（Purity）和聚类熵（Entropy）来评价主题表达的质量。聚类纯度

(Purity)和聚类熵(Entropy)是两个评价聚类质量的标准方法,其中,聚类纯度(Purity)的值越高,表明其方法具有较好的性能,与之相反,聚类熵(Entropy)的结果越小,表明其具有较好的聚类结果。采用话题标签(hashtags)作为类标,选择每日出现次数是微博数据集中每日平均出现次数的两倍以上的话题标签,基于话题出现次数进行排序,选择 5 个高频且意义清晰的话题标签作为测试集的类标。随机选择 1/10 的数据移除话题标签作为测试集。SCTE 算法与对比算法的聚类纯度(Purity)和聚类熵(Entropy)实验结果分别如图 3-3(a)和图 3-3(b)所示。

从图 3-3 的实验结果可以看出,SCTE 算法在聚类纯度(Purity)和聚类熵(Entropy)上的结果均优于其他对比算法,表明 SCTE 算法能够从在线社交网络文本中准确地分析和表达主题,其主要原因是 SCTE 算法在文本聚类任务中,通过动态地自聚合短文本为长文本,能够有效地增强上下文语义信息。DCT 算法的结果优于 LTM、PTM、Twitter-TTM、GSDMM 和 LDA 算法,但是与 SCTE 算法相比其结果要差。上述的实验结果表明,在社交网络短文本流中建模主题的动态分布有助于提高主题表达的质量。LDA 算法表现最差,表明解决短文本上下文稀疏性问题有助于提高文本主题表达的性能。

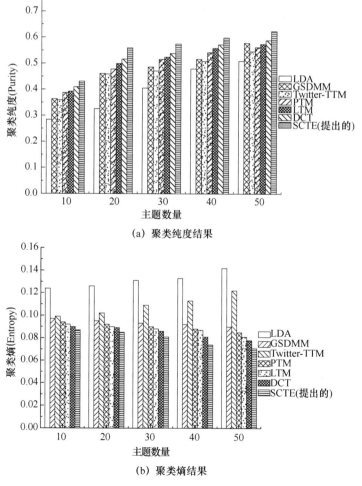

(a) 聚类纯度结果

(b) 聚类熵结果

图 3-3　SCTE 算法与对比算法的聚类结果比较

5. 实验四：SCTE 算法与对比算法的搜索性能比较

通过将主题表达的结果应用于搜索任务，能够进一步验证 SCTE 算法的主题表达性能。通过利用搜索似然模型，将 SCTE 算法应用于文本搜索任务来评价主题表达的质量。将 SCTE 算法和对比算法的主题表达结果输入似然搜索模型来进行微博搜索，通过搜索的性能来验证主题表达的质量。搜索似然模型如式(3-10)所示：

$$P(s \mid t,d) = \prod_{w \in s} P(w \mid t,d)^{n(w,s)} \tag{3-10}$$

其中，$n(w,s)$ 表示在词 w 在查询 s 中的词频，$P(w|t,d)$ 表示聚合文档 d 与搜索词 w 相关的概率。通过利用权重语言模型可以计算 $P(w|t,d)$，具体的计算如式(3-11)所示：

$$P(w|t,d) = \kappa P_C(w|t,d) + (1-\kappa)\left[\frac{Nd}{Nd+\pi}P_M(w|t,d) + \left(1-\frac{Nd}{Nd+\pi}\right)P_M(w|t,dt)\right]$$

$$\tag{3-11}$$

其中，κ 表示权重参数，π 表示狄利克雷先验，$P(w|t,d)$，$P_M(w|t,d)$ 和 $P_C(w|t,d)$ 分别表示词在聚合文档 d，短文本 d_r 和聚类词中的最大似然估计。上述参数可以通过基于 LDA 的搜索模型进行计算，计算公式如式(3-12)所示：

$$P_C(w \mid t,d) = \sum_{k=1}^{Z} P(w \mid t,d,k)P(k \mid t,d) \tag{3-12}$$

其中，$P(w|t,d,k)$ 表示在时间片 t，词 w 与主题 k 相关的概率。$P(k|t,d)$ 表示聚合文档 d 分配给主题 k 的概率。

为了评价 SCTE 算法与对比算法的微博搜索性能，采用人工标注的方法标记搜索结果，使用谷歌或者百度搜索等工具作为判断的外部工具。提取 25 天时间间隔的数据构建微博流数据场景。获取 4 个数据集：(2013 年中的)3 月 7 日、4 月 1 日、4 月 26 日、5 月 26 日。在测试集中，基于出现的次数对数据进行排序，选择前 100 个高频的主题作为查询。将上述 5 个集合作为真值(ground truths)，采用归一化折损累计增益(NDCG)、平均准确率(MAP)、召回率(Recall)和前 N 个值的准确率(P@N)等标准的信息搜索评价指标来评价搜索的性能。按 6：3：1 的比例分割数据集为训练集、验证集和测试集。最优的 κ 和 π 的取值由验证集决定。实验重复 10 次，取所有评价指标结果的平均值。

(1) 权重参数的影响

通过改变权重参数的值来分析权重参数对搜索性能的影响。实验设置权重参数 κ 的值从 0 到 1 变化。实验结果如图 3-4 所示。

当 $\kappa=0$ 时，SCTE 算法与对比算法的搜索性能一致，随着权重参数 κ 从 0 增加到 0.7，SCTE 算法和对比算法的性能快速提升。SCTE 算法的搜索性能显著优于其他对比算法，主要原因是 SCTE 算法能够生成接近于查询主题的高质量的主题表示。

当 κ 值超过 0.7 时，SCTE 算法和对比算法性能都显著下降。这是因为随着更多主题的生成，给搜索任务带来了挑战。当权重参数 $\kappa=1$ 时，SCTE 算法的表现仍然优于其他对比算法，主要原因是 SCTE 算法能够持续地为搜索任务生成一致性的主题。

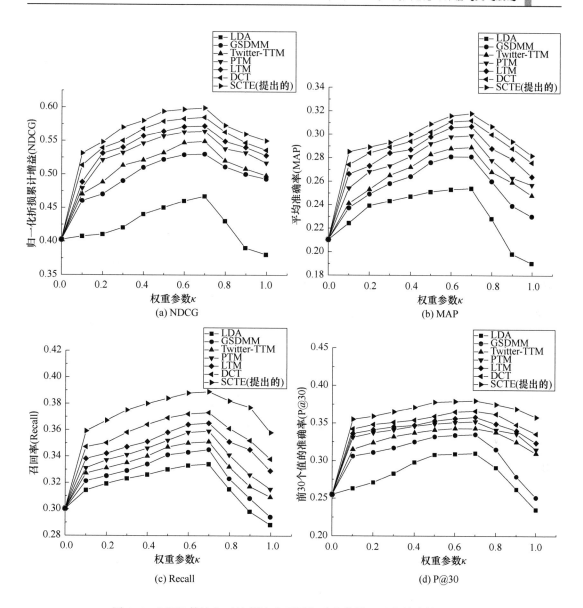

图 3-4　SCTE 算法与对比算法在不同权重参数设置下的搜索结果对比

（2）隐主题数量的影响

为了验证隐主题数量对搜索性能的影响,我们对每个查询设置隐主题数量的变化范围为 2～20,比较 4 个标准搜索评价指标的结果。不同隐主题数量的搜索实验结果如图 3-5所示。

从图 3-5 可以观察到,随着隐主题数量的增加,SCTE 算法和对比算法的搜索性能变化明显,当隐主题数量从 2 增加到 12,SCTE 算法和对比算法的搜索性能显著提升。当隐主题数量大于 12 时,SCTE 算法和对比算法的搜索性能趋于稳定。

当隐主题数量大于 12 时,SCTE 算法仍然表现出较好的性能。与 LDA、GSDMM、Twitter-TTM、PTM 和 LTM 算法相比,DCT 算法也获得了好的搜索结果。但与 SCTE 算

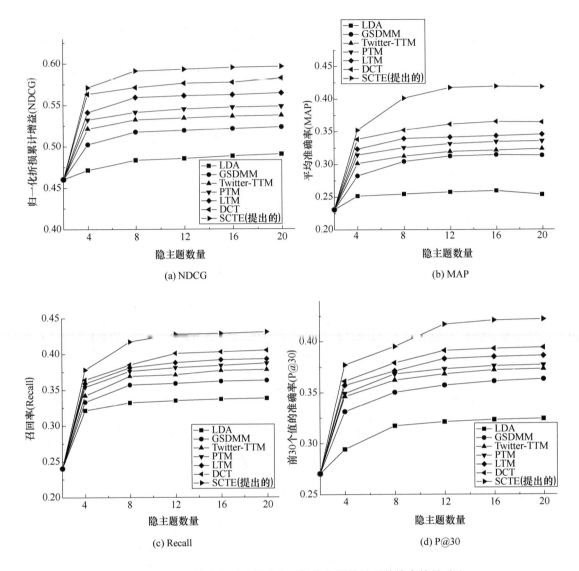

图 3-5   SCTE 算法与对比算法在不同隐主题数量下的搜索结果对比

法相比,DCT 算法的表现稍差。上述结果表明,SCTE 算法通过自聚合短文本为长文本,并动态建模主题能有效地提升主题表达的性能,进而获取了较好的搜索结果,且具有鲁棒性。在 SCTE 算法和对比算法中,LDA 算法的搜索性能表现最差,主要原因是 LDA 算法无法从微博流数据中较好地学习主题,且无法解决短文本上下文稀疏性问题。

(3)时间间隔的影响

为了验证流数据中时间间隔的影响,采用归一化折损累计增益(NDCG)、平均准确率(MAP)、召回率(Recall)及搜索返回的前 30 个结果的准确率(P@30)来验证搜索性能,数据集基于 5 个不同的时间片进行划分。不同时间间隔的搜索结果如图 3-6 所示。

SCTE 算法显著优于其他对比算法,表明在不同的时间间隔设置下,相比其他基准算法,SCTE 算法能够获取到较好的搜索性能。其他对比算法的搜索性能顺序依次为 LTM、

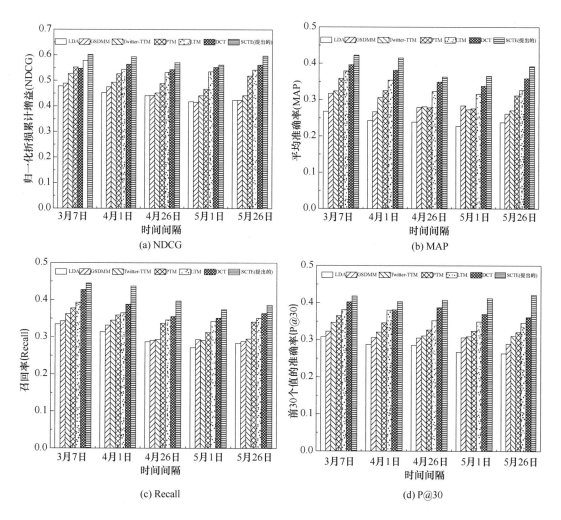

图 3-6 SCTE 算法与对比算法在不同时间间隔下的搜索结果对比

PTM、Twitter-TTM、GSDMM 和 LDA。SCTE 算法的表现优于 DCT 算法,表明 SCTE 算法聚合短文本为长文本,并捕获主题的动态变化,其性能优于直接建模动态主题算法的性能。SCTE 算法的性能优于 GSDMM 算法,表明通过建模主题的动态变化能够学习到更一致的主题。

主题模型 PTM 和 LTM 的表现优于主题模型 Twitter-TTM,主要原因是主题模型 Twitter-TTM 在主题表达的过程中要求复杂的启发式信息,且仅仅区分建模主题词和普通词,无法有效地解决社交网络上下文稀疏性问题。随着时间间隔的增加,SCTE 算法和其他对比算法的搜索性能显著下降,主要原因是用户兴趣和偏好的动态变化给搜索任务带来了挑战。SCTE 算法在所有时间片的结果仍然是最优的。

6. 实验五:聚合文档数量对 SCTE 算法性能的影响

当文档数量 D 较小时,学习到的主题的一致性较差。因此,在 SCTE 算法中,有必要验证聚合文档数量对主题表达和建模的影响。利用主题一致性(PMI-Score)作为评价指标来验证聚合文档数量变化对主题表达和建模的影响。在 PMI-Score 计算中,设置 C 的值为 10,聚合文档数量设置为 5~2 000,隐主题的数量 K 分别设置为 50 和 100,观察主题一致性 (PMI-Score)值的变化。SCTE 算法在不同的聚合文档数量下的主题一致性结果如图 3-7 所示。

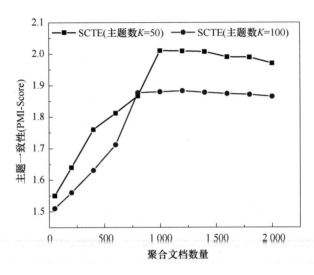

图 3-7　SCTE 算法在不同的聚合文档数量下的主题一致性结果

随着聚合文档数量从 5 增加到 1 000,SCTE 算法的主题一致性(PMI-Score)结果显著提升。随着聚合文档数量的增加,能够提供更丰富的上下文词共现信息,其性能不断增加。可以观察到 K 等于 50 的性能优于 K 等于 100 时的性能,主要原因是微博上下文缺少词共现信息,而当主题数量过多时会加剧该问题,并使得主题中混合了大量的无关话题。当聚合文档数量 D 较小时,SCTE 算法学习到的主题一致性的结果较差,这是因为当聚合文档数量较少时,即使 SCTE 算法能够在一定程度上解决微博上下文稀疏性问题,但由于聚合文档太少,仍然使得在主题表达过程中存在上下文稀疏性问题。当聚合文档 D 的数量大于 400 时,SCTE 算法获取了较好的主题一致性结果,主要原因是 SCTE 算法要求足够多的文档来确保训练过程中建模的准确性。随着聚合文档数量从 1 000 增加到 2 000,SCTE 算法的主题一致性(PMI-Score)趋于稳定,表明 SCTE 鲁棒性较好。

3.3　基于互补注意力机制的在线社交网络图像主题表达算法(CAIE)的提出

基于互补注意力机制的社交网络图像主题表达算法(CAIE),其核心思想是采用场景级与实例级的目标检测方法,获取社交网络图像的目标特征,将图像的特征区分为聚焦特征和非聚焦特征,聚焦特征用于语义信息的学习与表达,而非聚焦特征作为语义特征的补充,用于过滤掉聚焦特征提取中的噪声信息。结合引入的目标特征与图像自身的特征构建注意力机制,实现基于互补注意力机制的在线社交网络图像主题表达。

3.3.1　CAIE 算法的研究动机

通过区分建模图像的聚焦特征和非聚焦特征,并混合目标特征到图像的聚焦特征和非聚焦特征中来综合学习图像表达。通过利用目标特征能够使图像中的聚焦特征更一致,且使得非聚焦特征更远离,进而有效地解决图像表达过程中的噪声问题。为了提取高质量的目标特征,选取 SIN 网络方法来提取目标特征。在 CAIE 算法中,综合图像的聚焦特征、非聚焦特征及目标特征,建立互补注意力机制来学习图像的特征,进而能够更深刻地刻画图像本身的特征,实现在线社交网络图像主题的精准表达。

3.3.2　CAIE 算法描述

CAIE 算法将图像特征划分为聚焦特征和非聚焦特征,通过目标与图像区域的相关性,实现目标特征指导下的图像特征生成。聚焦特征主要用于提取与图像自身语义紧密相关的信息,非聚焦特征用于提取视觉上可能关注的内容,以加强聚焦特征。

将图像信息的每个目标特征和区域特征矩阵输入神经网络中,把计算得到的目标特征及图像的聚焦特征作为输入,利用神经网络中的 softmax 函数计算得到聚焦特征的注意力概率。由于 DeepFixNet 结果不完全适用于图像搜索的要求,需要在图像数据上进行优化和调整,将融合目标特征后的聚焦特征和非聚焦特征作为输出,融合公式如式(3-13)所示:

$$I = \kappa I_{\text{foc}} + (1-\kappa) I_{\text{unfoc}} \tag{3-13}$$

其中,κ 表示权重参数,用于调节聚焦特征和非聚焦特征的输出。将 κ 值设置为 0.6。通过上述融合方式,得到的新特征包含语义信息、目标信息以及注意力信息。

利用 softmax 层来调整输出向量的概率信息,训练图像检索数据集的分类网络,计算公式如式(3-14)所示:

$$Y = \arg\min_{Y} \sum_{a=1}^{A} \sum_{b=1}^{B} \log(c_{ab} + d_{ab}) + \beta \| Y \|_2^2 \tag{3-14}$$

其中,c_{ab} 是在处理第 A 个训练图像时 softmax 层生成的概率向量的第 B 个分量,d_{ab} 是二进制开关变量,当且仅当第 A 训练图像属于训练图像的第 B 类时等于 1,β 是调节参数范数的常数。

3.3.3　CAIE 算法的实现步骤

基于互补注意力机制的在线社交网络图像主题表达算法(CAIE)的实现步骤如下所示。该算法通过区分图像的聚焦特征和非聚焦特征,并引入目标注意力机制来引导聚焦特征和非聚焦特征的学习过程,实现基于互补注意力机制的在线社交网络图像主题表达。

算法 3-2　基于互补注意力机制的在线社交网络图像主题表达算法

输入:原始微博图像,特征维度

输出:融合的图像特征

(1) 预处理获取的图像信息,统一图像的分辨率和像素

(2) 获取图像的目标特征

(3) 通过 VGGNet-19 提取图像的聚焦特征

(4) 级联目标特征 Q_i 与输出的聚焦特征 I_k

(5) 计算图像针对不同目标的注意力分布

(6) 计算得到目标指导下的图像特征

(7) 通过 Deepfixnet 方法提取图像的非聚焦特征

(8) 利用与计算聚焦特征注意力分布相同的方法,计算非聚焦特征的注意力分布

(9) 融合聚焦特征和非聚焦特征图像特征

(10) 更新网络中的权值和参数

3.3.4 CAIE 算法的实验结果与分析

1. 实验设置

(1) 数据集

从每个事件的图像数据中挑选 2 500 张图像作为实验数据集,取其中的 2 000 张图像数据用于训练,其余的 500 张图像用于测试。

(2) 评价指标

为了验证基于互补注意力机制的在线社交网络图像主题表达算法的性能,将 CAIE 算法和其他对比算法的图像主题表达结果用于搜索任务,通过搜索的评价指标来验证 CAIE 算法的图像主题表达性能。分别采用归一化折损累计增益(NDCG)、平均准确率(MAP)作为评价指标。

2. 实验一:CAIE 算法与对比算法在社交网络图像数据集中的搜索实验

通过测试集中的数据进行搜索实验,选择 MAP@K 和 NDCG@K 来进行评价,MAP@K 表示搜索结果中前 K 个结果的 MAP 值,同理,NDCG@K 表示搜索结果中的前 K 个结果的 NDCG 值,其中 K 的取值分别 5、10、15 和 20。

在社交网络搜索的平均准确率 MAP 指标上,CAIE 算法显著优于其他对比算法,尤其当 K 取值为 10 时,CAIE 算法的平均准确率超过 0.8,CAIE 算法的 MAP 结果比对比算法 mmLDA、M³R、VELDA、mmETM 及 VGG-19 分别提升了 26%、19%、15%、9%和 4%。上述结果表明,基于互补注意力机制的在线社交网络图像主题表达算法(CAIE)能够有效地对图像主题进行表达,进而能够有效地提升在线社交网络图像搜索的性能。

为了进一步验证 CAIE 算法与其他对比算法的图像表达的效果,在同样数据集和参数设置下,利用 NDCG 作为评价指标来验证 CAIE 算法和其他对比算法的搜索性能,实验结果如图 3-8 所示。

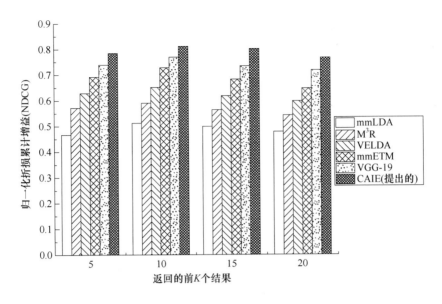

图 3-8 CAIE 算法与对比算法在新浪微博图像数据集上的 NDCG 值比较

从图 3-8 的搜索实验结果可以看到,CAIE 算法的 NDCG 值显著优于其他对比算法,VGG-19 算法搜索结果的 NDCG 值优于 mmLDA、M^3R、VELDA 和 mmETM 算法。基于传统主题模型的 mmLDA 算法获取了最差的搜索性能。实验表明,基于深度学习的算法通过对图像特征更加深入的刻画和表达,有助于提升图像主题表达的质量,进而在搜索性能上有较大的提高。而其他三种主题模型算法虽然也能够有效地完成图像主题的表达,但其仅对图像进行简单的关联和建模,无法实现细粒度的图像主题表达。

基于互补注意力机制的在线社交网络图像主题表达算法搜索结果的 NDCG 值和 MAP 值均优于 VGG-19 算法,表明 CAIE 算法通过提取聚焦特征和非聚焦特征,并通过目标特征对其进行引导,可以获取到比全局特征更加聚焦的特征,通过特征互补,使得其获得更加精细的图像特征。

3. 实验二:权重参数对 CAIE 算法主题表达性能的影响

聚焦特征和非聚焦特征融合的权重参数的变化影响着图像主题表达的性能,为了充分验证权重参数 κ 对图像主题表达的影响,通过利用新浪微博图像数据,采用 MAP 作为评价指标,验证权重参数 κ 变化对 CAIE 的性能的影响。权重参数 κ 变化范围为 $0\sim1$,K 的取值分别为 10 和 20。权重参数 κ 对 CAIE 算法主题表达性能影响的实验结果如图 3-9 所示。从实验结果可以看到,聚焦特征和非聚焦特征对图像主题表达的性能有较大影响,且在 κ 等于 0.6 时,MAP@10 和 MAP@20 的结果表现最好,表明当聚焦特征为 0.6,而非聚焦特征为 0.4 时,可以实现图像主题表达的最佳效果。

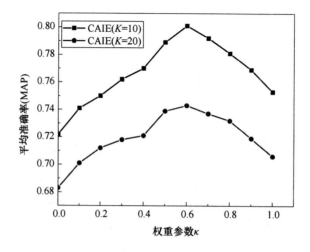

图 3-9　CAIE 算法在不同权重参数 κ 设置下的 MAP 结果比较

第4章　基于时空特性的在线社交网络跨媒体语义学习

4.1　引　　言

用户在发布微博时,除了采用文字描述外,往往伴随使用相关的图像或者视频,导致在线社交网络中存在大量的跨媒体数据。通过对在线社交网络的跨媒体数据进行语义学习,为其建立公共语义空间,是实现精准搜索必不可少的过程。不同模态特征的语义表示质量对跨媒体语义学习的效果有着较大的影响,语义表示质量越高,跨媒体语义学习的效果越好。

由于社交媒体数据的文本简短且不规则(如新浪微博中的微博长度通常短于 140 个字符),导致社交网络数据短文本存在语义稀疏性的问题。现有方法获取的文本语义表示的质量不高,在不同时空背景下的相同文字内容指代的具体含义不同,例如"车祸"在不同时间和地理位置中所指的具体车祸事件不同。此外,具有不同兴趣与背景的用户在对相同单词进行解读时,其联想到的内容也有所不同,如食品领域的从业人员与科技领域的从业人员在对"小米"进行解读时,前者的关注点在于食品"小米"的口感、烹饪方法与营养价值等,后者更倾向于了解科技公司"小米"相关的信息。

针对上述问题,本章提出了基于时空特性的在线社交网络跨媒体语义学习算法 SCSL,通过跨媒体搜索实验验证了所提出的 SCSL 算法的有效性。

4.2　基于时空特性的在线社交网络跨媒体语义学习算法(SCSL)的提出

基于时空特性的在线社交网络跨媒体语义学习算法(SCSL)利用社交网络的时空特性和用户特性建立了在线社交网络多特征概率图模型(MFPGM),用于学习高质量的文本语义表示。采用基于目标注意力机制的在线社交网络图像信息表达算法 IROA,提取图像的语义表示,采用基于获取的图像语义表示和文本语义表示,建立跨媒体语义空间,采用基于损失函数实现在线社交网络跨媒体数据的语义学习。

4.2.1　SCSL 算法的研究动机

SCSL 算法研究从提高图像特征和文本特征质量的角度出发,利用社交网络的时空特性等多种特性,研究在线社交网络跨媒体语义学习算法。为了进一步提升跨媒体语义学习的效果,除了采用高质量的文本语义表示外,还需要提高图像语义表示的质量。为了实现在线社交网络跨媒体公共语义学习,我们设计了交叉熵损失函数,构建了图像—文本关联学习网络。

4.2.2　SCSL 算法描述

基于时空特性的在线社交网络跨媒体语义学习算法(SCSL)的框架如图 4-1 所示。

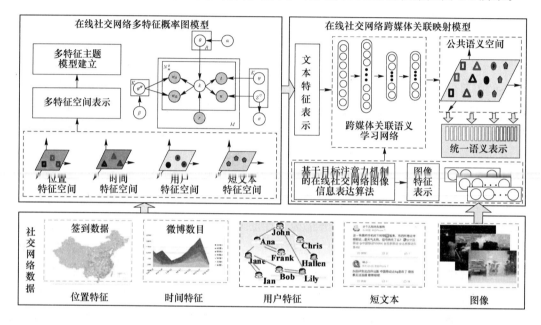

图 4-1　基于时空特性的在线社交网络跨媒体语义学习算法(SCSL)框架图

SCSL 算法包括两部分,在线社交网络多特征概率图模型(MFPGM)的建立、在线社交网络跨媒体关联学习模型的构建。

在在线社交网络多特征概率图模型(MFPGM)中,我们提出了特殊区域 R 的概念,设定同一特殊区域内的数据共享同一主题分布,通过该操作将短文本聚合为长文本,引入了双词特征,进一步提升了语义空间的密度,同时建模了时间和用户信息,利用时间和用户信息约束文本的主题语义学习过程,进一步提升在线社交网络文本的语义表示质量。

在在线社交网络跨媒体关联学习模型中,我们构建了图像—文本跨媒体关联学习网络,利用 MFPGM 模型建模得到的多特征公共语义特征,以及 IROA 算法建模得到的体现视觉显著性信息的图像特征,建立了统一的跨媒体语义关联学习损失函数,通过训练学习得到了跨媒体语义空间下的公共语义特征。

4.2.3　在线社交网络多特征概率图模型(MFPGM)的建立

给定在线社交网络跨媒体数据中的文本消息 m,采用 4 元组 (d,l,t,u) 表示,其中,d 表示短文本，l 表示位置特征，t 表示时间特征，u 表示用户特征。在线社交网络多特征概率图模型（MFPGM）同时对文本、位置、时间和用户进行建模，获取在线社交网络高质量的文本语义表示。该主题语义表示是在多种特征的共同约束下而学习到的，因此具有较高的质量。

为了进一步提升在线社交网络文本的语义表示质量，引入了双词特征增加语义空间的密度，提出了特殊区域 R 的概念，用于表示消息之间共有的公共属性。R 可以是同一作者，相同位置或相同时间片。当消息具有相同的属性时，该属性可被看作某一特殊区域，具有相同属性的消息被看作属于这一特殊区域，并共享一个共同的主题分布。通过引入特殊区域 R，可以将短文本聚合在一起，以解决语义稀疏性问题。

图 4-2 是 MFPGM 的图模型，带有阴影的圆圈中元素表示可观测变量。如图 4-2 所示，在线社交网络多特征概率图模型融合了在线社交网络消息的 4 个特征：短文本、位置、时间和用户信息，利用这些特征生成高质量的语义表示。由于短文本会导致语义稀疏性问题，采用两种策略来克服语义稀疏性。本章提出了"特殊区域 R"概念，将属于同一特殊区域 R 的短文本聚合为长文本。由于在线社交网络数据具有位置信息，信息呈现区域差异化，因此，选择位置信息"省份"作为共同特征。为了生成更加稠密的语义空间，引入双词模式，并假设在同一上下文中共同出现的双词具有相同的主题。通过双词模型挖掘更丰富的单词间关系，并生成更密集的语义空间。

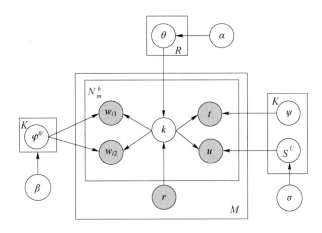

图 4-2　在线社交网络多特征概率图模型（MFPGM）

表 4-1 是在线社交网络多特征概率图模型（MFPGM）中使用的符号及其相应的含义。

表 4-1　在线社交网络多特征概率图模型（MFPGM）的符号及意义

符号	描述
r	特殊区域
k, w, b	主题、单词和双词
b_i, w_{i1}, w_{i2}	第 i 个双词和其中两个单词
t_i	第 i 个双词的时间信息
N_m^b	第 m 个消息中双词的个数

符号	描述
K,W	主题数量和单词数量
R,M	特殊区域数量、消息数量
α,β,σ	θ,φ,S 的狄利克雷先验
θ_r	第 r 个特殊区域主题的多项分布
φ^W,S^U	主题-单词分布、主题-用户分布
ψ	主题时间的 Beta 分布

1. 在线社交网络多特征概率图模型(MFPGM)的生成过程

假设存在 R 个特殊区域和 K 个主题,对于每个特殊区域,采用一个 K 维向量表示这个区域的主题分布,对于 R 个特殊区域,形成一个 $R \times K$ 的参数矩阵,表示 R 个区域的主题分布矩阵,其中每个元素 θ_{rk} 表示将主题 k 赋给区域 r 中双词次数。$\boldsymbol{\theta}_r$ 是一个 K 维向量,表示区域 r 的主题分布。矩阵 $\boldsymbol{\Phi}$ 表示词主题-单词多项分布,每个元素 φ_{kw} 表示从主题 k 生成的单词 w 的概率。矩阵 $\boldsymbol{S}$ 表示主题-用户多项分布,每个元素 r_{ku} 表示从主题 k 生成的用户 u 的概率。此外,为了表示主题-时间部分,使用符号 $\boldsymbol{\Psi}$ 表示主题-时间贝塔分布,每个时刻的取值 ψ_{kt} 表示主题 k 生成的时间戳 t 的概率,每个主题时间分布 ψ_k 的取值表随时间变化而变化。在线社交网络多特征概率图模型(MFPGM)的生成过程描述如下。

(1) 对每个聚合后文档 $r=1,\cdots,R$,根据参数 α,抽取文档的主题分布 $\theta_r \sim \text{Dirchlet}(\alpha)$。

(2) 对每个主题 $k=1,\cdots,K$,抽取主题-时间分布 $\text{Beta}(\psi_k)$,分别根据参数 β,σ 抽取主题-单词分布 $\varphi_k \sim \text{Dirchlet}(\beta)$ 和主题-用户分布 $s_k \sim \text{Dirchlet}(\sigma)$。

(3) 对文档中的每个双词 b_i:

根据以 θ_r 为参数的多项式分布,抽取双词的主题:$k \sim \text{Multi}(\theta_r)$。

根据以 φ_k 为参数的多项式分布,抽取每个单词:$w_{i1},w_{i2} \sim \text{Multi}(\varphi_k)$。

根据以 ψ_k 为参数的贝塔分布,抽取双词的时间戳。

根据以 s_k 为参数的多项式分布,抽取双词的用户信息。

2. 在线社交网络多特征概率图模型(MFPGM)的建立过程

MFPGM 中具有一个潜在变量主题 k 和 4 个参数 $\{\theta,\varphi,\psi,S\}$,每个双词的主题采样公式如下:

$$P(k_i|K_{\neg i},B,U,T,R) \propto \frac{P(K,B,U,T,R|\Theta)}{P(K_{\neg i},B_{\neg i},U_{\neg i},T_{\neg i},R_{\neg i}|\Theta)} \tag{4-1}$$

在式(4-1)中,$\neg i$ 表示该元素除外,Θ 表示所有参数。计算参数的联合概率分布,联合概率分布如式(4-2)所示:

$$P(K,B,U,T,R|\Theta) = P(K|\alpha,R)P(B|K,\beta)$$
$$\times P(U|K,\sigma)P(T|K,\psi)P(R)$$

$$= \prod_{m=1}^{M} \frac{\Delta(\overrightarrow{n_{r_m}^K} + \alpha)}{\Delta(\alpha)} \prod_{k=1}^{K} \frac{\Delta(\overrightarrow{n_k^{N^b}} + \beta)}{\Delta(\beta)}$$

$$\times \prod_{k=1}^{K} \frac{\Delta(\overrightarrow{n_k^U} + \sigma)}{\Delta(\sigma)} \prod_{i=1}^{N^b} P(t_i \mid \psi_{k_i}) \tag{4-2}$$

在式(4-2)中，$\overrightarrow{n_{r_m}^K}$，$\overrightarrow{n_k^{N^b}}$，$\overrightarrow{n_k^U}$ 分别表示 K 维、N^b 维和 U 维向量。向量的每个值分别表示在文档 m 中出现的主题 k 的数量、每个双词分配给主题 k 的次数，以及每个用户分配给主题 k 的次数。

结合式(4-1)和式(4-2)，得到式(4-3)：

$$P(k_i = k \mid K_{\neg i}, B, U, T, R) \propto \frac{n_{k,\neg i} + \alpha}{\sum\limits_{k=1}^{K} n_{k,\neg i} + K\alpha}$$

$$\times \frac{(n_{k,\neg i}^{w_{i1}} + \beta)(n_{k,\neg i}^{w_{i2}} + \beta)}{\left(\sum\limits_{w=1}^{W} n_{k,\neg i}^{w} + W\beta\right) \cdot \left(\sum\limits_{w=1}^{W} n_{k,\neg i}^{w} + 1 + W\beta\right)}$$

$$\times \frac{(n_{k,\neg i}^{u} + \sigma)}{\left(\sum\limits_{u=1}^{U} n_{k,\neg i}^{u} + U\sigma\right)} \times \frac{(1-t_i)^{\psi_{k1}-1} t_i^{\psi_{k2}-1}}{B(\psi_{k1}, \psi_{k2})} \tag{4-3}$$

迭代执行直到获取收敛结果。通过式(4-4)~式(4-6)估计参数：

$$\theta_{r,k} = \frac{n_{k,m} + \alpha}{\sum\limits_{k=1}^{K} n_{k,m} + K\alpha}, \varphi_{k,w} = \frac{n_k^w + \beta}{\sum\limits_{w=1}^{W} n_k^w + W\beta} \tag{4-4}$$

$$\psi_{k1} = \overline{t_k}\left(\frac{\overline{t_k}(1-\overline{t_k})}{r_k^2} - 1\right), \psi_{k2} = (1-\overline{t_k})\left(\frac{\overline{t_k}(1-\overline{t_k})}{r_k^2} - 1\right) \tag{4-5}$$

$$s_{k,u} = \frac{n_k^u + \sigma}{\sum\limits_{u=1}^{U} n_k^u + U\sigma} \tag{4-6}$$

式(4-5)中，$\overline{t_k}$，r_k^2 分别表示主题 k 下的时间均值和方差。

在线社交网络多特征概率图模型(MFPGM)并不能直接得到每条在线社交网络消息的文本的语义表示，因此需要基于上述参数进行推断。以 $\boldsymbol{I}_m^w$ 表示第 m 个在线社交网络消息中文本的主题分布，$\boldsymbol{I}_m^w$ 是一个 k 维的向量。每维元素表示该文本属于每个主题的概率。由于一条在线社交网络消息的文本的主题分布等价于这条消息中所有双词的主题分布，因此，假定处于时空区域 r 的消息 m 包含 B_m 个双词，可以得到消息 m 中整条文本属于主题 k 的概率：

$$P(z = k \mid m) = = \sum_{i=1}^{B_m} \frac{\theta_{rk} \varphi_{k,w_{m,i,1}} \varphi_{k,w_{m,i,2}}}{\sum\limits_{k=1}^{K} \theta_{rk} \varphi_{k,w_{m,i,1}} \varphi_{k,w_{m,i,2}}} \times \frac{n^{b,i}}{B_m} \tag{4-7}$$

其中，θ_{rk} 表示时空区域 r 下主题 k 的概率，$w_{m,i,1}$ 和 $w_{m,i,1}$ 分别表示第 m 个文档中第 i 个双词的第 1 个单词和第 2 个单词，$\varphi_{k,w}$ 表示主题 k 中单词 w 出现的概率，$n^{b_{m,i}}$ 表示第 m 个文本中

第 i 个双词出现的次数。根据式(4-7)，得到该文本属于主题 k 的概率，也即文本—主题分布 $\boldsymbol{I}_m^w$ 中第 k 个元素的取值。依次计算文本不同主题的概率，可以得到在线社交网络消息中文本的主题分布 $\boldsymbol{I}_m^w$，以及每条在线社交网络消息中文本的语义表示。

4.2.4 在线社交网络跨媒体关联映射模型的建立

为了对在线社交网络跨媒体语义进行统一的学习建模，需要建立在线社交网络跨媒体关联映射模型，构建图像—文本关联映射网络。利用在线社交网络多特征概率图模型(MFPGM)得到文本特征，利用基于注意力机制的在线社交网络图像信息表达算法 IROA 得到具有视觉显著性信息的图像特征，基于交叉熵建立统一的跨媒体语义关联学习损失函数，通过训练学习得到跨媒体语义空间下的公共语义特征。在线社交网络跨媒体关联映射模型的框架图如图 4-3 所示。

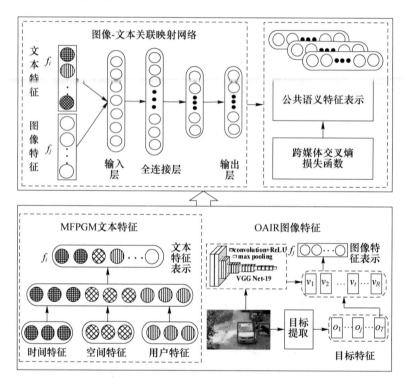

图 4-3 在线社交网络跨媒体关联映射模型的框架图

将文本特征 f_i 和图像特征 f_j 分别输入到由多个全连接层构成的图像-文本关联映射网络中，进行语义再训练。由于两个具有相似语义的样本在公共语义空间中相近，用 $<\cdot>$ 表示两个样本特征 f_i 和 f_j 的内积。内积越大，表示两个样本语义相似性越相关。样本之间的语义相似性的计算如式(4-8)所示：

$$P(s_{ij} \mid f_i, f_j) = \begin{cases} \sigma(\langle f_i, f_j \rangle), & s_{ij} = 1 \\ 1 - \sigma(\langle f_i, f_j \rangle), & s_{ij} = 0 \end{cases} \tag{4-8}$$

其中,σ 是 sigmoid 函数,f_i 和 f_j 表示同一模态内或不同模态内的任意两个样本特征。s_{ij} 表示当前输入的图像和文本的相关性信息,如果输入样本相关,则取值为 1;如果不相关,则取值为 0。

给定其特征 f 和相似度矩阵 S,为了保持公共语义特征之间的相似性以及公共语义空间的准确性,使用跨媒体关联映射损失函数对公共语义的生成进行约束。特征 f 的 negative-log 似然函数如式(4-9)所示:

$$J = -\sum_{s_{ij} \in S} \log P(s_{ij} \mid f_i, f_j) \qquad (4\text{-}9)$$

损失函数采用跨媒体数据的交叉熵误差,对在线社交网络图像-文本跨媒体数据在公共语义空间下的特征表示进行约束和学习。将式(4-8)代入式(4-9),获得交叉熵目标函数如式(4-10)所示:

$$J = \sum_{s_{ij} \in S} \left[\log(1 + \exp(\langle f_i, f_j \rangle)) - s_{ij} \langle f_i, f_j \rangle \right] \qquad (4\text{-}10)$$

对图像-文本关联映射网络的参数进行更新,直到在线社交网络跨媒体数据的交叉熵损失函数 J 收敛到最小值。

4.2.5　SCSL 算法的实现步骤

基于时空特性的在线社交网络跨媒体语义学习算法 SCSL 的实现步骤如下所示。

算法 4-1　基于时空特性的在线社交网络跨媒体语义学习算法

输入:在线社交网络文本数据和图像数据

输出:在线社交网络跨媒体数据的公共语义表示

(1) 对每条在线社交网络文本数据执行下列步骤

1) 进行数据预处理,获取时间、位置、用户与双词

2) 将上述信息输入到在线社交网络多特征概率图模型(MFPGM)

3) 迭代执行式(4-3)的采样公式,直到达到稳定状态

4) 计算在线社交网络的文本-主题分布

5) 输出文本特征

(2) 对每张在线社交网络图像执行下列步骤

1) 对图像进行预处理,统一像素值

2) 将每张图像输入到基于注意力机制的在线社交网络图像信息表达算法 IROA

3) 输出每张图像的图像特征

(3) 将获取的文本特征和图像特征输入到图像-文本跨媒体关联学习网络

(4) 最小化式(4-10)所示的在线社交网络跨媒体语义学习损失函数

(5) 输出在线社交网络跨媒体数据的公共语义表示

4.3　SCSL算法实验结果与分析

实验一对在线社交网络多特征概率图模型（MFPGM）的文本语义表示能力进行研究。为了验证基于时空特性的在线社交网络跨媒体语义学习算法SCSL的有效性，将算法学习到的公共语义表示用于跨媒体搜索任务，以搜索性能衡量算法的跨媒体语义学习能力。搜索性能越好则表示算法学习到的语义表示质量越高。实验二和实验三分别通过跨媒体搜索的平均准确率均值（MAP）与召回率（Recall），比较在线社交网络跨媒体语义学习算法SCSL与对比算法的跨媒体语义学习能力。实验四通过比较基于时空特性的在线社交网络跨媒体语义学习算法SCSL与其变型算法的跨媒体搜索性能，进一步验证了SCSL算法的有效性。

4.3.1　实验设置

（1）数据集

使用在新浪微博中爬取的数据作为在线社交网络跨媒体语义学习数据集，数据集信息如表4-2所示。

表 4-2　在线社交网络跨媒体语义学习数据集统计信息

数据集属性	数据量
微博数量	61 889
字典大小	13 639
图像数量	36 973
时间范围	2011.05.20-2013.10.23
省份数	23
用户数	20 734

以关键词代表类别，每条获取的微博消息包括以下信息：文本、用户、时间、位置（即用户所在的省）以及图像URL。针对数据集的预处理操作如下：删除重复的微博以及过长和过短的微博；对与微博文本无关的图像数据进行过滤；将句子分割成单词；删除停用词和低频词。80%的数据作为训练集，剩余20%的数据作为测试集。

（2）评价指标

为了研究在线社交网络多特征概率图模型（MFPGM）对社交网络文本的语义表示能力，选择归一化的点对互信息（Normalized Pointwise Mutual Information，NPMI）以及UMass一致性指标对生成的语义质量进行评价。

（3）对比算法

为了研究在线社交网络多特征概率图模型（MFPGM）的性能，选取已有的文本语义表示方法进行比较。为了验证基于时空特性的在线社交网络跨媒体语义学习算法 SCSL 的跨媒体语义学习能力,选用现有的跨媒体语义学习算法作为对比算法,对比算法均采用 LDA 特征作为文本特征,以 VGG 特征作为图像特征。

4.3.2　实验一:MFPGM 与对比算法的文本语义表示能力比较

在实验一中将本章提出的在线社交网络多特征概率图模型(MFPGM)与现有的文本语义表示算法进行对比。通过主题单词分布观察文本语义表示的语义一致性,采用评价指标对文本语义表示质量进行衡量。

(1) MFPGM 与对比算法的主题-单词分布比较

双词话题模型 BTM 由于建模了双词模式,可以克服在线社交网络短文本的语义稀疏性,具有较好的短文本语义表示能力。选取双词话题模型 BTM 作为对比算法,选择 MFPGM 与 BTM 的 3 个公共主题,列出主题下的前 12 个单词。通过分析单词与主题的语义一致性,比较 MFPGM 与 BTM 的语义分析建模能力。

依据单词与主题的语义相关性,将单词分为两类。一类是与主题相关的单词,对这类单词以普通字体展示;另一类是与主题不相关的单词,对这类单词用斜体加下划线形式进行展示。在每个算法生成的主题单词分布中,与主题语义相关的单词越多且排序越靠前,则说明该算法的文本语义表示能力越强,反之,则表示其文本语义表示能力越差。相比 BTM 算法,MFPGM 中主题下的单词与主题具有较好的语义一致性,表明在线社交网络多特征概率图模型(MFPGM)相比双词话题模型 BTM 具有更强的文本语义表示能力。

(2) MFPGM 与对比算法的 NPMI 值和 UMass 值比较

采用 NPMI 与 UMass 两个常用的语义一致性客观评价指标对 MFPGM 的语义质量进行评价。表 4-3 是 MFPGM 与对比算法在数据集上的 NPMI 值比较,表 4-4 展示了 MFPGM 与对比算法在数据集上的 UMass 值。

对于 NPMI 指标和 UMass 指标,TOT 均取得了比 LDA 更好的结果,这是因为 TOT 在其主题生成的过程中建模了时间特征,提高了生成的语义表示质量。BTM、UCT、WNTM 和 PTM 这类针对短文本的语义建模方法,相比 LDA 和 TOT 均取得了更高的 NPMI 值和 UMass 值,这是因为针对短文本的语义表示方法解决了短文本的语义稀疏性问题。在 BTM、WNTM 和 PTM 中,BTM 的算法性能最为稳定,说明建模双词特征有利于克服短文本语义稀疏性。UCT 相比 BTM 取得了更高的 NPMI 与 UMass 值,这是因为 UCT 同时建模了双词特征和用户特征,表明用户信息有助于提高算法的文本语义表示能力。

MFPGM 模型由于有效地解决了语义稀疏性问题,并且同时建模了在线社交网络的多种特征(时间、用户和文本),因此具有较好的文本语义表示能力,在数据集上取得了最高的 NPMI 值与 UMass 值。相比对比算法 LDA、TOT、BTM、UCT、WNTM 以及 PTM,MFPGM 在数据集上的 NPMI 值分别提升了 40.27%、35.49%、22.54%、13.78%、15.91% 以及 10.76%,UMass 值分别提升了 15.85%、12.72、7.55%、7.03%、7.04% 以及 6.63%,

NPMI 值平均提升了 23.12%,UMass 值平均提升了 9.47%。

表 4-3　MFPGM 与对比算法的 NPMI 值比较

算法	前 5	前 10	前 15	前 20
LDA	−0.041	−0.061	−0.062	−0.064
TOT	−0.038	−0.056	−0.058	−0.059
BTM	−0.036	−0.043	−0.046	−0.048
UCT	−0.034	−0.037	−0.041	−0.043
WNTM	−0.031	−0.034	−0.048	−0.049
PTM	−0.032	−0.036	−0.039	−0.043
MFPGM	−0.029	−0.030	−0.036	−0.039

表 4-4　MFPGM 与对比算法的 UMass 值比较

算法	前 5	前 10	前 15	前 20
LDA	−39.18	−244.41	−733.47	−1 369.66
TOT	−36.19	−235.76	−713.38	−1 356.41
BTM	−32.31	−220.43	−682.93	−1 341.06
UCT	−31.92	−219.56	−679.65	−1 338.93
WNTM	−31.23	−219.04	−685.76	−1 359.64
PTM	−32.45	−221.82	−659.63	−1 321.09
MFPGM	−29.36	−203.72	−613.02	−1 297.48

4.3.3　实验二:SCSL 与对比算法的 MAP 值比较

　　为了对基于时空特性的在线社交网络跨媒体语义学习算法 SCSL 的跨媒体语义学习能力进行研究,我们选取 4 种已有的跨媒体语义学习方法作为对比算法,在社交网络跨媒体数据集上进行跨媒体搜索实验,搜索类型分别为文本搜索图像(T-I)和图像搜索文本(I-T)。采用 MAP 值作为评价指标,返回结果数 K 分别为 10,30,50,实验结果如表 4-5 所示。

　　在社交网络跨媒体数据集上进行文本搜索图像的实验中,基于时空特性的在线社交网络跨媒体语义学习算法 SCSL 与对比算法相比,在不同的 K 值下均取得了最高的 MAP 值。此外,深层语义学习方法 Corr-AE、DCCA 和 SCSL 算法均比浅层语义学习方法 CCA 和 KCCA 的搜索 MAP 值高,这是由于浅层语义学习方法仅能够学习模态间的线性映射关系,而深层语义学习方法能够学习到更加复杂的跨媒体数据之间的非线性映射关系,因此深层语义学习方法具有更好的跨媒体语义学习能力。

表 4-5　SCSL 算法与对比算法的搜索 MAP 值比较

算法	文本搜索图像			图像搜索文本		
	10	30	50	10	30	50
CCA	0.298	0.351	0.308	0.317	0.366	0.319
KCCA	0.453	0.503	0.458	0.468	0.518	0.471
Corr-AE	0.596	0.646	0.602	0.592	0.639	0.596
DCCA	0.604	0.653	0.611	0.578	0.626	0.581
SCSL(本章提出的)	0.696	0.747	0.705	0.709	0.756	0.716

在浅层语义学习方法中,KCCA 算法优于 CCA 算法的搜索 MAP 值,这是因为 KCCA 算法在 CCA 算法的基础上进行了改进,通过核函数学习不同模态间的非线性映射关系,从而提升了跨媒体语义学习能力。在深层语义学习方法中,基于时空特性的在线社交网络跨媒体语义学习算法 SCSL 获得的 MAP 值最高,这是由于该算法在深度学习的基础上,改进了文本特征和图像特征的提取过程,通过建立在线社交网络多特征概率图模型,获取了高质量的文本语义表示。通过引入基于目标注意力机制的图像信息表达算法,获取了高质量的图像特征。因此,相比 Corr-AE 算法和 DCCA 算法对原始特征进行深度学习的方法,SCSL 算法能够学习到更高质量的跨媒体语义。

在图像搜索文本的实验中,与对比算法相比基于时空特性的在线社交网络跨媒体语义学习算法 SCSL 在所有 K 值下均取得了最佳的 MAP 值。DCCA 算法优于 KCCA 算法,由于 DCCA 采用深度学习的方法在公共空间中对图像特征和文本特征进行匹配,因此相比只进行浅层语义学习的 KCCA 算法,DCCA 算法可以学习到更复杂的跨媒体数据映射关系。此外,基于时空特性的在线社交网络跨媒体语义学习算法 SCSL 的 MAP 值优于 DCCA 算法,说明在深层语义学习算法中,提升单模态特征的质量可以提高跨媒体数据的公共语义学习效果。

基于时空特性的在线社交网络跨媒体语义学习算法 SCSL 在文本搜索图像和图像搜索文本两类跨媒体搜索实验中的搜索效果均显著优于其他对比算法。特别地,相比对比算法 DCCA,SCSL 算法在文本搜索图像任务中 MAP 值平均提升了 9.33%,在图像搜索文本任务中 MAP 值平均提升了 13.20%。

4.3.4　实验三:SCSL 与对比算法的召回率比较

为了验证基于时空特性的在线社交网络跨媒体语义学习算法 SCSL 的跨媒体语义学习能力,选择召回率 Recall@K 作为评价指标进一步分析 SCSL 算法的跨媒体搜索性能。将 K 值分别设置为 2、4、6、8 和 10,不同 K 值下的召回率结果如图 4-4 所示。

在图 4-4 (a) 和 4-4 (b) 中,基于时空特性的在线社交网络跨媒体语义学习算法 SCSL 相比对比算法取得了更高的召回率。分析图 4-4 所示的实验结果可知,SCSL 与对比算法的

召回率均随着 K 值的增长而增加,本章提出的基于时空特性的在线社交网络跨媒体语义学习算法 SCSL 的变化趋势最明显,随着 K 值的增加上升得最快,这说明 SCSL 算法在召回率指标上表现出了较为显著的优势。

与浅层表示学习方法 CCA 和 KCCA 相比,基于时空特性的在线社交网络跨媒体语义学习算法 SCSL 的召回率较高,这是因为 SCSL 算法是基于深度神经网络构建的,能够学习跨媒体数据之间复杂的非线性映射关系,而且 SCSL 算法同时利用了社交网络中的时空和用户等特性获取高质量的文本特征,以及利用目标注意力机制获取高质量的图像特征。

与基于神经神经网络 DNN 的跨媒体语义学习算法 Corr-AE 和 DCCA 相比,SCSL 算法具有明显的优势,这是由于在跨媒体语义学习过程中,SCSL 算法分别建立了基于时空用户特性的主题模型与基于目标注意力机制的图像特征生成方法,提升了单模态特征的语义表示质量。

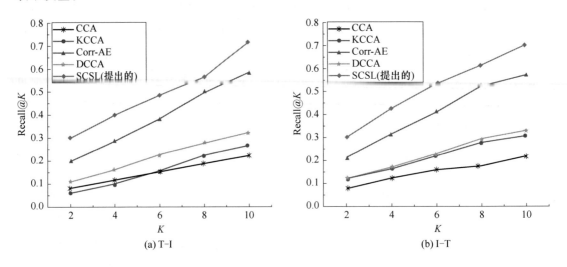

图 4-4　SCSL 算法与对比算法的 Recall@K 比较

从图 4-4 的实验结果中可以看出,无论在文本搜索图像(T-I)的任务还是在图像搜索文本(I-T)的任务中,相比现有的跨媒体语义学习算法,SCSL 算法在不同 K 值下均取得了最高的召回率。

4.3.5　实验四:SCSL 与其变型算法的比较

SCSL 算法有两种变型算法:SCSL-1 与 SCSL-2。其中,SCSL-1 表示不采用在线社交网络多特征概率图模型生成的文本特征,而直接采用 LDA 文本特征作为输入的跨媒体语义学习算法;SCSL-2 表示不采用目标注意力机制生成的图像特征,而直接采用 VGG 特征作为图像特征输入的跨媒体语义学习算法。

对基于时空特性的在线社交网络跨媒体语义学习算法 SCSL 与上述两种变型算法的跨媒体语义学习能力进行比较,将算法生成的公共语义表示应用于跨媒体搜索任务中,选择平均准确率均值（MAP）作为评价指标，K 值的设置与实验二相同，实验结果如图 4-5 所示。

从图 4-5 的实验结果可以看出，SCSL 算法在两类搜索任务中的 MAP 值均优于其变型算法 SCSL-1，这是因为本章建立的在线社交网络多特征概率图模型可克服短文本的语义稀疏性，并且融合了社交网络数据的多种特性，获取的文本语义表示包含了更多的信息，更利于学习跨媒体数据间的映射关系，从而提升了跨媒体语义学习能力。通过图 4-5 还可以看出，在 T-I 和 I-T 的两类跨媒体搜索任务中，SCSL 算法的 MAP 值均显著优于其变型算法 SCSL-2，可得到更为准确的公共语义表示。相比 SCSL 算法的变型算法，SCSL 算法具有最高的跨媒体公共语义学习能力。

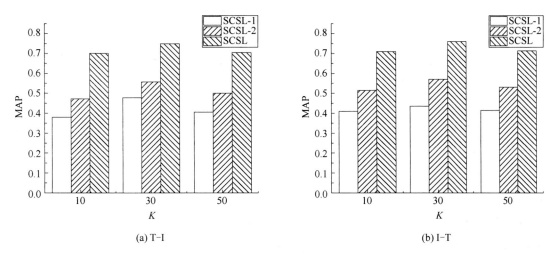

(a) T-I　　　　　　　　　　　　　(b) I-T

图 4-5　SCSL 与其变型算法的 MAP 值比较

第5章　基于强化学习的社交网络话题内容匹配

5.1　引　　言

社交网络内容搜索问题引起了信息搜索研究人员的广泛兴趣。集成了智能应用程序模块的智能移动设备在高效的移动互联网环境下,使得社交网络得到了飞速发展,并使得关于各种话题内容的信息在社交网络平台上爆炸式增长。人们通过各种社交网络平台以短文本、图像和简短视频等媒体形式对生活经验、身边故事和社会事件进行分享。在这些社交网络平台上,相应的社交网络内容信息已成为新闻和生活经验的重要来源。通过这些信息,用户对安全话题内容的看法和观点凭借话题的敏感性在社交网络中迅速传播,因此从社交网络中搜索有关安全话题有关的有用信息变得越来越重要。

社交网络中以各种数据形式存在的内容涉及用户发布在社交网络中与紧急事件或灾难事件有关的描述或讨论。从数据功能或统计特性的角度来看,这些内容信息与其他社交网络内容之间没有区别。基于用户感知效用来适当地搜索微博客内容以寻找目标主题是社交网络信息搜索领域中的热点。

社交网络内容独特的数据特性给社交网络信息搜索带来了极大的挑战,其主要原因在于社交网络内容的语义稀疏性。解决社交网络搜索问题的关键困难之一是在具有语义稀疏性的数据中准确地匹配与查询目标话题相关的信息。研究人员已经基于短文本检索算法进行了社交网络搜索。匹配过程作为搜索问题的一个重要环节是决定搜索结果与查询内容是否贴合的关键。因此,如何在充分考虑用户感知效用的同时进行社交搜索是另一挑战。

本章提出了一种基于强化学习的社交网络话题内容匹配算法(MDPMS)并用于搜索以新浪微博为实例的社交网络内容信息。MDPMS 算法中包括一种基于深度 Q 网络(Deep Q Network,DQN)的动态社交网络内容相关性评价。MDPMS 算法遵循马尔可夫决策过程(Markov Decision Process,MDP),其中我们将搜索结果的每个中间结果视为一个单独的状态,并依据 MDP 的标准强化学习算法构建了符合搜索需求的结果序列。

从信息搜索的角度来看,可以将动作值(Action Value)这一强化学习概念用作搜索结果的中间结果匹配度的评价参考。结合初步构成的结果序列特征,作为动态社交网络内容相关性评价的关键部件,根据内容特征表示序列为每个社交网络内容特征计算参考动作值。参考动作值用于选择动作：是否将当前内容作为搜索结果加入结果列表中。对于复杂的社交网络数据内容语义特征，利用特征运算将特定局部语义特征压缩为低维语义表示。

动态社交网络内容相关性评价由卷积神经网络和长短期记忆网络作为运算器，对所输入的社交网络内容特征和通过动态社交网络内容相关性评价选取相应内容作为搜索结果。运用卷积神经网络的高效特征运算针对社交网络内容构造表示特征，以及长短期记忆网络中对构造的搜索结果序列特征进行有效运算，将搜索过程的每个中间结果序列视为一个单独的状态结果进行动态相关性评价，使得所构造的搜索结果逐步与查询内容相匹配并满足用户的搜索感知效用。结合用户感知效用的概念，与传统信息搜索评价指标相结合，对基于强化学习的社交网络话题内容匹配算法（MDPMS）的搜索结果进行测评。

5.2　基于强化学习的社交网络话题内容匹配算法的提出

本章提出一种基于强化学习的社交网络话题内容匹配算法（MDPMS）并用于搜索以新浪微博为实例的社交网络中的内容信息。该算法中包括了一种动态社交网络内容相关性评价。本节从研究动机、算法形式化定义、算法设计和动态社交网络内容相关性评价几个方面对基于强化学习的社交网络话题内容匹配算法（MDPMS）进行阐述。

5.2.1　基于强化学习的社交网络话题内容匹配算法研究动机

基于强化学习的社交网络话题内容匹配算法（MDPMS）的贡献在于提出了通过动态社交网络内容相关性评价，从中间结果出发逐步构造与查询目标相匹配的搜索结果。当针对搜索结果位置选择不同社交网络内容作为结果时，构造的结果序列会发生变化，不同的结果序列在每个时间步骤下形成不同的搜索状态，最终通过强化学习算法训练以确保最终结果序列符合用户查询，并满足用户搜索效用。动态社交网络内容相关性评价用于计算动作值和利用不断改变的中间状态评估和动态强化搜索结果，通过训练深度学习算法在可变搜索状态下，动态地输出匹配相似度，并以此为依据来计算不同搜索排名位置上不同内容的排名分数，从而计算得到最终结果的搜索评价。实现了端到端的社交网络内容到符合用户搜索目标的搜索结果排名列表的映射，基于强化学习的社交网络话题内容匹配算法（MDPMS）将不同的动作值建模为强化学习后用户感知的效用，这使得搜索排名任务更加智能。

5.2.2　基于强化学习的社交网络话题内容匹配算法形式化定义

在 MDP 框架下针对社交网络话题内容匹配任务，定义搜索过程为一个五元组<S，A，O，T，R>。

状态（State）S 代表不同时间步骤下的搜索状态。将每个时间步骤下的中间结果序列视为一个对应的状态，因此，状态 S 随着时间步骤的前移在不断变化，搜索结果也随之变化。进一步地定义 S 为一个二元组，即 S＝＜D_t，P_t＞。在时间步骤 t，D_t 是前 t 个时间步骤中所选取搜索结果内容构成的中间结果，如式（5-1）所示：

$$D_t=<m_1,m_2,\cdots,m_t>=<m_{(n)}>_{n=1}^t,\ m_{(n)}\in\mathbb{R}^d \tag{5-1}$$

其中，$m_{(n)}$ 为在时间步骤 t 下的搜索结果序列中第 n 个位置上的社交网络内容特征。P_t 是为与 D_t 相对应的用户感知效用的编码表示，与 D_t 类似，P_t 定义如式（5-2）所示：

$$P_t=<p_1,p_2,\cdots,p_t>=<p_{(n)}>_{n=1}^t,\ p_{(n)}\in[-1,1] \tag{5-2}$$

其中，$p_{(n)}$ 为时间步骤 t 下的用户感知效用指标值，取值为 $-1\sim1$ 的实数标量值。$m_{(n)}$ 和 $p_{(n)}$ 通过时间步骤相互对应，在初始化阶段，即 $t=0$ 时 $D_t=\varnothing$，$P_t=\varnothing$。

动作（Action）A 代表为相应的社交网络内容选择的动作。对于每个社交网络内容只有两个动作选择：选择当前内容并将其作为搜索结果排在相应的位置上或跳过当前内容。动作 A 集合中的元素是动态社交网络内容相关性评价的中间结果，通过动作集合所构造的搜索结果序列，作为搜索结果的阶段性输出。动作 A 集合与状态 S 的相关信息进行相互作用，在算法上形成强化的效果。在时间步骤 t，定义 A 为 Act＝$\{c,k\}$，其中 c 代表选择当前内容作为对应位置的结果，k 代表跳过。时间步骤 t 下算法所做出的对应动作 $a_t=$ Act_DQN(S_t)用于决定选择或跳过 m_{t+1} 作为相应位置的搜索结果。当前时间步骤对应的社交网络内容定义为 $C_{m(at=c)}$。结合状态 S 的定义，可以将 P_t 扩展定义为 $P_t=$DQN($C_{m(at=c)}$)，即通过动态社交网络内容相关性评价对当前所选择的社交网络内容计算用户感知效用，以决定是否将其作为结果列表中的一部分。

观测（Observation）O 代表对当前搜索状态的观察。它用于记录全局状态，包括状态的变化和对当前社交网络内容的动作选择。观察 O 是对状态的 S 扩展描述，定义 O 如式（5-3）所示：

$$O=<\{S_0,a_0\},\{S_1,a_1\},\cdots,\{S_t,a_t\}>=<\{S_{(n)},a_{(n)}\}>_{n=1}^t \tag{5-3}$$

过渡（Transition）T 定义为时间步骤 t 的状态 S_t 到下一个时间步骤 $t+1$ 状态 S_{t+1} 的转换。转换过程由做出动作来触发，定义如式（5-4）所示：

$$
\begin{aligned}
S_{t+1}&=T(S_t,\text{Act\_DQN}(S_t;\boldsymbol{\theta}))\\
&=T(<D_t,P_t>,a_t)\\
&=\begin{cases}\{<D_t\oplus C_{m(a_t=c)},P_t\oplus DQN(C_{m(a_t=c)})>\} & \text{if } a_t=c\\ <D_t,P_t> & \text{if } a_t=k\end{cases}
\end{aligned} \tag{5-4}
$$

其中，函数 Act_DQN($S_t;\boldsymbol{\theta}$)在已优化参数 $\boldsymbol{\theta}$ 下，结合时间步骤 t 的搜索状态 S_t，对当前社交网络内容作出动作选择。符号 $\oplus$ 表示一个元素序列与一个单一元素的连接构成一个新的元素序列。

反馈评价（Reward）R 定义为在训练阶段一次循环中的所得搜索结果的评价。基于强化学习的社交网络话题内容匹配算法（MDPMS）将状态 S 中定义的用户感知效用通过 NDCG 进行定义，并作为反馈评价 R 的具体表示。为了体现 NDCG 的作用，将定义时间步

骤 t 下的用户感知效用 $P_t \in [-1, 1]$ 通过一个分割判别函数映射为匹配等级,并通过整数数值来表示。该过程定义如式(5-5)所示:

$$\text{rel}_t = \text{switch\_map}(P_t) \tag{5-5}$$

其中,rel_t 是相对于 P_t 正整数相关等级评价,通过函数 $\text{switch\_map}()$ 将 P_t 截断映射为相应正整数相关等级。反馈评价 R 定义为 reward,如式(5-6)所示。

$$\text{reward} = \log(\text{switch\_map}(P_1) + \sum_{i=2}^{|P_t|} \frac{\text{switch\_map}(P_i)}{\log_2(i+1)}) - \log(\sum_{i=1}^{|P_t|} \frac{2^{\text{switch\_map}(P_1)} - 1}{\log_2(i+1)}) \tag{5-6}$$

反馈评价 reward 由 NDCG 的定义改进而来。结合式(5-5)可以进一步推导式(5-6),如式(5-7)所示。

$$\text{reward} = \log(\text{rel}_1 + \sum_{i=2}^{|P_t|} \frac{\text{rel}_i}{\log_2(i+1)}) - \log(\sum_{i=1}^{|P_t|} \frac{2^{\text{rel}_i} - 1}{\log_2(i+1)}) \tag{5-7}$$

强化学习算法的训练过程使用以新浪微博为具体社交网络实例内容,并使用已点击标记(Click-Through)数据在监督学习策略下进行模型参数优化。基于强化学习的社交网络话题内容匹配算法(MDPMS)主要依靠奖励连续变化来实现强化。

5.2.3 基于强化学习的社交网络话题内容匹配算法设计

采用策略无关强化学习思路我们提出了基于强化学习的社交网络话题内容匹配算法(MDPMS),用于进行社交网络内容信息匹配与搜索,算法框架图如图 5-1 所示。

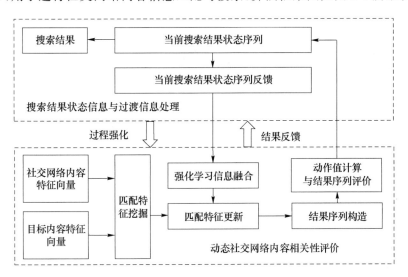

图 5-1 基于强化学习的社交网络话题内容匹配算法框架图

由于区别于传统媒体内容的复杂社交网络内容数据特性,因此本算法采用了面向内容局部特征运算的深度学习计算算法对社交网络内容的特征向量和目标内容的特征向量进行挖掘处理。随着搜索状态的不断更新,动态社交网络内容相关性评价将搜索状态更新与过渡中的强化学习信息进行融合,对挖掘的匹配特征进行更新并构造符合要求的匹配结果序列。通过动态社交网络内容相关性评价所构造的匹配结果序列进行测评,获取当前社交网络内容与目标内容的相关性,同时作为强化学习动作选择的依据反馈给搜索结果状态,进行搜索结果状态的过渡。

动态社交网络内容相关性评价的一个作用是,构造相对于人工特征更有效的深度特征,并直接对高维社交网络内容语义特征进行特征挖掘,形成深度学习特征表示。在策略无关(Off-Policy)的思想下,基于强化学习的社交网络话题内容匹配算法(MDPMS)通过动态社交网络内容相关性评价在反复搜索经验演练的基础上运行。这个过程在有监督学习下与点击标记(Click-Through)数据进行交互,数据形式定义为$\{<d_1, L_1>, <d_2, L_2>, \cdots, <d_l, L_l>\}$,其中 l 是社交网络内容列表的长度。根据强化学习的定义,MDPMS 算法中涉及的参数符号和含义如表 5-1 所示。

表 5-1　基于强化学习的社交网络话题内容匹配算法的部分参数与描述

参数符号	参数描述
ε	贪婪系数
ic	贪婪增长系数
γ	反馈评价折损系数
gt	贪婪阈值
η	学习率

贪婪系数 ε 和贪婪增长系数 ic 是保证强化学习贪婪策略的参数,贪婪策略即使目标函数取值持续保持最大的策略,通过控制贪婪系数和贪婪增长系数来实现;反馈评价折损系数 γ,是未来的经验对当前状态执行动作选择来说重要程度的衰减系数,即随着算法进行,动作选择经验使得算法确定在什么情况下做出什么样的动作选择会使得目标函数取值最大,从而逐渐忽略算法经验;贪婪阈值 gt,当贪婪系统数增长超过贪婪阈值后,算法的贪婪程度不在增加,即贪婪系数不在变大;学习率 η,为机器学习概念范围内的算法参数学习率。在此基础上,基于强化学习的社交网络话题内容匹配算法(MDPMS)描述如下所示。

每一个时间步骤下做出的动作计算瞬时反馈是下一个时间步骤进行动态社交网络内容相关性评价中运算参数更新的关键,即是相邻的时间步骤间实现搜索结果选择强化的关键,是通过更新算法定义中的状态、观测、过渡和反馈评价等信息对动态社交网络内容相关性评价进行过程强化的实际过程。动态社交网络内容相关性评价的直接目的是针对当前时间步骤下面对的社交网络内容特征向量做出动作,即"选择"或"跳过"这个内容作为搜索结果内容的一部分。动态社交网络内容相关性评价针对当前时间步骤下面对的社交网络内容特征向量做出的所有动作,直接构成了最终的搜索结果序列。

算法 5-1　基于强化学习的社交网络话题内容匹配算法

输入:用于训练的社交网络内容特征向量集合和目标内容特征向量集合

　　　等待处理的社交网络内容特征向量集合和目标内容特征向量集合

输出:搜索结果列表

(1) 载入用于训练的社交网络内容特征向量集合和目标内容特征向量集合

(2) 初始化如表 5-1 中所提到的超参数

(3) 初始化动态社交网络内容相关性评价参数矩阵

(4) 初始化算法定义中的状态、观测、过渡和反馈评价等信息

(5) 对于每一个时间步骤,若贪婪系数小于贪婪阈值,则进行步骤 5,否则进行步骤 6

(6) 随机选择一个当前内容来决定是否将内容作为搜索结果

(7) 依据动态社交网络内容相关性评价生成动作值来决定是否将内容作为搜索结果

(8) 根据步骤 6 或步骤 7 选择的搜索结果计算瞬时反馈

(9) 更新贪婪阈值

(10) 依据步骤 6 或步骤 7 更新搜索结果序列

(11) 更新算法定义中的状态、观测、过渡和反馈评价等信息

(12) 计算当前时间步骤所做出的动作计算瞬时反馈评价

(13) 依据瞬时反馈评价进行动态社交网络内容相关性评价中运算参数的更新

(14) 进行下一个时间步骤,执行步骤 4

(15) 重复步骤 4 至步骤 12,直至动态社交网络内容相关性评价中运算参数收敛并保存参数

(16) 载入等待处理的社交网络内容特征向量集合和目标内容特征向量集合

(17) 应用已经收敛的运算参数,对等待处理的社交网络内容特征向量集合进行动态社交网络内容相关性评价

(18) 依据动态社交网络内容相关性评价结果动态构造搜索结果列表

(19) 返回搜索结果列表

计算的瞬时反馈评价关系到当前时间步骤下面对的社交网络内容的动作选择,因此,每个时间步骤下搜索结果列表会根据社交网络内容的动作选择而重建。当进行到时间步骤 t 时,瞬时反馈评价计算方式如式(5-8)所示。

$$\text{reward}_t = \begin{cases} \text{reward}_{t-1} & \text{当 } t \text{ 为最后一个时间步骤时} \\ \log(\sum_{i=1}^{|P_t|} \frac{2^{\text{rel}_i}-1}{\log_2(i+1)}) - \log(\sum_{i=1}^{|P_t|} \frac{2^{\text{rel}_i}-1}{\log_2(i+1)}) + \gamma \sum_{i=1}^{t-1} \text{reward}_i & \text{否则} \end{cases} \tag{5-8}$$

若当前时间步骤为最后一个时间步骤时,瞬时反馈为上一个时间步骤的反馈评价。否则,将当前时间步骤的 reward〔计算如式(5-8)所示〕与前面所有时间步骤的反馈评价加权

求和作为最终反馈评价。当算法收敛时算法迭代结束,得到优化后的动态社交网络内容相关性评价,所产生的动作选择值是对社交网络内容特征向量与目标内容特征向量的语义特征运算得到,并且串联了基于强化学习的社交网络话题内容匹配算法(MDPMS)定义中的关键概念。该算法的目标是学习和优化动态社交网络内容相关性评价中的运算参数,以生成合适的动作值作为用户感知的评价来选择或跳过不同的社交网络内容,并构造最终搜索结果列表。为了进行算法学习和优化,算法5-1中采用均方误差作为损失函数,损失函数如式(5-9)所示:

$$L(\theta)=E\big[(Q^*(S;\theta)-Q(S;\theta))2\big] \tag{5-9}$$
$$=E\big[(r+\gamma\max\_a(\text{Act\_DQN}(S;\theta))-Q(S;\theta))2\big]$$

其中,损失函数的学习目标是使通过 $r_t+\gamma r\_\text{NDCG}(P_t\bigoplus P_{t+1})$ 计算得到的目标值 $Q*(S;\theta)$ 接近真实值。通过均方误差损失函数对目标值和真实值之间偏差的数学期望进行计算。损失函数中 γ 是控制目标值变化的反馈评价折损系数。$Q(S;\theta)$ 为对应的真实值,通过目标值与真实值的均方误差计算来用作动作值的计算评价。动态社交网络内容相关性评价通过生成动作值来选择或者跳过内容作为搜索结果列表的一部分,针对不同社交网络内容生成不同动作值作为用户感知的数值依据。动态社交网络内容相关性评价作为关键功能是分析不同社交内容的语义特征,并结合目标内容特征向量计算当前社交网络内容的动作值并构造搜索结果序列。

5.2.4 动态社交网络内容相关性评价

现有的信息搜索算法依赖于人工提取搜索特征来进行查询匹配和搜索排名。对于这些算法,搜索特征的质量直接决定了搜索算法的效率和可靠性,对人工提取过程提出了高质量的要求,并且需要大量的工作。此外,现有算法依靠查询与内容之间存在的交互作用来计算相关性分数,这个计算过程为静态的数值排名,忽略了搜索结果构造中间过程的评价和中间结果对最终结果影响。基于强化学习的社交网络话题内容匹配算法(MDPMS)结构致力于解决这个问题。作为信息搜索问题,对查询内容和目标内容进行相关性评价是获得搜索结果必不可少的过程,尤其是对具有特殊数据性质的数据网络内容。

社交网络内容的数据特性使得社交网络内容和所获得的特征表示具有语义稀疏性,也是区别于传统在线内容特征的关键点。为了在社交网络中进行内容搜索,首先需要对基于目标话题特征表达的局部语义特征进行处理。作为预处理,定义社交网络内容特征为多维特征向量,$m=<w_1,w_2,\cdots,w_p>$,其中 $w_p\in\mathbb{R}^{wd}$,每个社交网络内容特征向量的尺寸是一个固定值,w_p 为特征向量 m 在第 p 个维度上的特征。

为了学习社交网络内容特征的局部语义特征,利用面向社交网络内容特征向量和目标内容特征向量进行匹配特征挖掘,并生成紧凑的表示形式。然后将当前载入的社交网络内容特征与中间结果特征序列进行匹配结果序列评价,从而生成对当前载入的社交网络内容的动作选择,即"选择"或"跳过"该内容作为搜索结果的一部分。将所构成的中间结果序列返回给算法状态进行更新,获取评价信息,进一步强化动态社交网络内容相关性评价过程而产生更合适的动作值以构造符合目标内容的结果序列。动态社交网络内容相关性评价的框架图如图 5-2 所示。

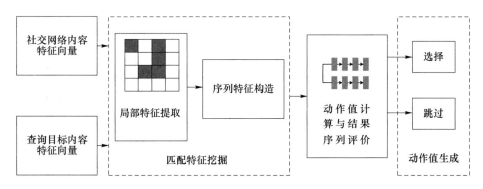

图 5-2　动态社交网络内容相关性评价框架图

将社交网络内容映射为高维特征向量,这里定义特征向量尺寸为 wd×p×1,其中 p 为内容特征向量的维度,wd 为每个维度上的特征向量维度,且二者均为经验值。与图像处理类似,在社交网络内容特征向量和查询目标内容特征向量上进行卷积和池化计算,对得到的结果进行序列特征构造,得到卷积特征表示。所采用的局部语义特征尺寸为⌈wd/2⌉×1×1 024,采用卷积运算的覆盖范围为⌈wd/2+1⌉×2×1 024。社交网络内容特征在卷积和池化计算的协同作用下获得卷积特征表示。卷积特征表示同时涉及社交网络内容特征和查询目标内容特征,合并获得的特征与搜索结果序列特征,在动作值计算与结果序列评价作用下输出对当前社交网络内容特征向量的动作值。

在动作值计算与结果序列评价中考虑了内容序列的语义和时间依赖性,并提供了社交网络内容搜索结果构造的依据。动作值计算与结果序列评价的输入序列由一系列内容特征向量的组合构成,对这些内容经过评估以构建连续的语义和时间状态。初始化时,动作值计算与结果序列评价的输入序列向量为零向量,该序列随着时间步长的增长逐渐填充内容特征的非零向量。

匹配特征挖掘的目的是提取与目标话题相关的局部语义特征并构造特征表示。定义基于卷积计算的局部特征计算过程为 $*$,社交网络内容特征为 $\boldsymbol{V}_c$,卷积运算覆盖范围为 $\boldsymbol{F}$。图 5-2 中卷积层的计算过程如式(5-10)所示:

$$\boldsymbol{S}_{\mathrm{cr}} = \sum_{i=0}^{i+\lceil \mathrm{wd}/2 \rceil - 1} \sum_{j=0}^{j+p-1} \boldsymbol{V}_{c[i:\ i+\lceil \frac{\mathrm{wd}}{2} \rceil - 1,\ j:\ j+p-1]} * \boldsymbol{F} \qquad (5\text{-}10)$$

其中,$\boldsymbol{S}_{\mathrm{cr}}$ 为输出特征向量,在社交网络内容特征为 $\boldsymbol{V}_c$ 上覆盖的范围在第一个维度上为 i 到 $i+\lceil \mathrm{wd}/2 \rceil - 1$,在第二个维度上为 j 到 $j+p-1$。

输出特征向量需要进一步进行池化运算对原始内容特征进行降维表示,定义如式(5-11)所示:

$$S_{pr} = \text{max\_pool} \sum_{i=0}^{i+\lceil wd/2 \rceil} \sum_{j=0}^{j+p-2} (\text{ReLU}(S_{cr[i:\ i+\lceil \frac{wd}{2} \rceil],\ j:\ j+p-2]} + b_{ij})) \tag{5-11}$$

其中,S_{pr}为池化层输出特征向量,激活函数采用 ReLU,b_{ij}为相应的偏置向量。基于强化学习的社交网络话题内容匹配算法(MDPMS)采用最大池化来实现池化计算,池化核的覆盖范围是在第一个维度上为 $i \sim i+\lceil$ wd/2$\rceil$,在第二个维度上为 $j \sim j+p-2$。

在学习阶段,分析社交网络内容特征向量和目标内容特征向量,以使动态社交网络内容相关性评价对目标话题内容特征表示敏感。获得的卷积特征表示为 R_{cf},与社交网络内容特征向量和目标话题内容特征向量同时相关联。利用动态社交网络内容相关性评价进行内容局部语义特征感知与计算,来处理社交网络内容特征和目标话题内容特征,目的是适应社交网络数据特性中的语义稀疏性,并充分挖掘局部语义信息。这种监督学习过程生成了社交网络内容和目标话题内容的卷积特征表示。为了提高语义信息的一致性,将动作值计算与结果序列评价用于分析社交网络内容与现有结果特征序列。动作值计算与结果序列评价的目标是产生适当的动作值,以指导强化学习算法做出适当的动作选择。

动作值计算与结果序列评价以长短记忆网络作为运算基础,定义结果序列中在时间步骤 t 下输入特征为 i_t,输出特征为 o_t,在打开的状态时,输出状态 h_t 可以接收到运算状态 c_t。当序列特征松散时,忽略上一个时间步骤 $t-1$ 的内核状态 c_{t-1}。否则,对 c_{t-1} 进行抑或融合运算。计算过程重复发挥了长短记忆网络在序列特征处理上的优势以保证动态社交网络内容相关性评价针对结果特征序列构造的有效性。将 R_{cf_t} 作为原始输入,在基于强化学习的社交网络话题内容匹配算法(MDPMS)下,该输入也随着时间步骤进行更新以实现强化学习算法的优势。动作值计算与结果序列评价计算过程如式(5-12)所示:

$$i_t = \sigma(W_{Ri}R_{cf\_t} + W_{hi}h_{t-1} + W_{ci} \circ c_{t-1} + b_i)$$
$$f_t = \sigma(W_{Rf}R_{cf\_t} + W_{hf}h_{t-1} + W_{cf} \circ c_{t-1} + b_f)$$
$$c_t = f_t \circ c_{t-1} + i_t \circ \tanh(W_{Rc}R_{cf\_t} + W_{hf}h_{t-1} + b_c) \tag{5-12}$$
$$o_t = \sigma(W_{Ro}R_{cf\_t} + W_{ho}h_{t-1} + W_{co} \circ c_t + b_o)$$
$$h_t = o_t \circ \tanh(c_t)$$

其中,符号 σ 为 sigmoid 激活函数,符号 $\circ$ 表示 Hadamard 积。W 和 b 是在相应时间步骤下的权重矩阵和偏置向量。动作值计算与结果序列评价在输出段以 softmax 作为输出层分类器来获取输出在动作选择上的概率分布。依据这个概率,动态社交网络内容相关性评价的最终输出将函数的值映射为"选择"和"跳过"的动作值分布。

5.3　实验结果与分析

我们通过实验对基于强化学习的社交网络话题内容匹配算法(MDPMS)在真实社交网络内容信息上的搜索能力进行验证与分析。为了验证基于强化学习的社交网络话题内容匹配算法(MDPMS),对算法参数的变化进行了评估和分析。并在有效参数分析的基础上对算法的搜索性能进行了评价。对基于强化学习的社交网络话题内容匹配算法（MDPMS）的参数分析,验证了强化学习在社交网络信息搜索领域应用的有效性。对基于强化学习的社交网络话题内容匹配算法（MDPMS）的搜索性能评价在 NDCG 和 MAP 评价指标上进行,并与其他信息搜索算法在社交网络内容上进行了对比。另外,针对算法的机器学习性能进行了交叉验证。交叉验证从机器学习的角度进一步验证算法的有效性和优势。

5.3.1 实验设置

实验部分采用新浪微博作为社交网络实例,并使用在新浪微博中爬取的数据作为验证基于强化学习的社交网络话题内容匹配算法（MDPMS）数据集,如表 5-2 所示。

结合每条新浪微博内容的点击标记进行有监督学习训练,并通过手工的方式对点击标签创建了话题子标签,以进一步提高评估的准确性,使用 NDCG 和 MAP 进行进一步评估。基于强化学习的社交网络话题内容匹配算法（MDPMS）归类为策略无关（Off-Policy）强化学习算法的大类。

表 5-2　基于强化学习的社交网络话题内容匹配算法算法数据信息描述

话题	数据总数量	训练集数量	验证集数量
类别 1	32 751	22 926	9 825
类别 2	53 749	37 624	16 125
类别 3	36 632	25 642	10 990
类别 4	39 014	27 310	11 704

如表 5-3 所示,通过贪婪系数 ϵ 调节基于强化学习的社交网络话题内容匹配算法（MDPMS）对新浪微博内容选取的贪婪策略,即根据已知经验选择新浪微博内容是否作为相应位置的搜索结果。初始化时,算法没有相关经验可以依据,则通过随机选取相应的动作作用于新浪微博内容。从第二次进行动作选择时,算法以贪婪系数 ϵ 的概率对下一个时间步骤相对应的新浪微博内容进行动作选择,且选择与上一个时间步骤相同的动作。

表 5-3　基于强化学习的社交网络话题内容匹配算法参数初始化赋值

参数符号	初始值
贪婪系数 ϵ	0.01
贪婪增长系数 ic	1.001
反馈评价折损系数 γ	0.1
贪婪阈值 gt	大于 0 小于 0.1 的随机实数
学习率 η	0.01

基于强化学习的社交网络话题内容匹配算法（MDPMS）通过贪婪机制学习如何针对不同的新浪微博内容选择合适的动作,随着时间步骤的推移算法可以根据新浪微博内容特征选择适当的动作来选择合适的新浪微博内容以获得更高的反馈评价分数。这样的过程使

得算法变得"贪婪",不再尝试新的动作选择。算法"贪婪"的程度由贪婪增量系数控制逐渐递增。贪婪系数在每个时间步骤都会更新,随着时间步骤每向前推移一步贪婪系数更新为 $\varepsilon=\varepsilon\times ic$。贪婪系数的数学本质为浮点型实数,且取值范围为 $0.01<\varepsilon<0.9$。

在选择新内容后将其放置在结果列表中时,算法对新的搜索状态进行评价。不断变化的反馈评价使算法能够做出符合反馈评价结果的动作选项,来选择正确的内容作为搜索结果。基于强化学习的社交网络话题内容匹配算法(MDPMS)在贪婪策略控制下达到最终状态时能够区分社交网络内容特征,即面对具体社交网络内容特征时能够明确是否将其选为搜索结果。在最终状态下,算法面对相似的内容特征时,仍有 10% 的概率尝试经验以外的另一个动作选项以探索更高的反馈评价。这样的设计这反映了一个事实,即其算法训练初期的经验更有价值。因此,通过反馈评价折损系数 γ 对累加的反馈评价进行折扣以平衡最终反馈评价。贪婪阈值 gt 设置了算法是否按照经验进行动作选择的开关,当贪婪系数 ε 大于贪婪阈值 gt 时,按照经验进行动作选择。

基于强化学习的社交网络话题内容匹配算法(MDPMS)在强化学习框架下以获得更高的反馈评价进行训练,并根据动作值和反馈评价进行动态社交网络内容相关性评价参数更新而实现了算法强化。在训练阶段,反馈评价是来自所有不同阶段结果的反馈,算法将从这些反馈评价中调整各种微博内容的动作选择策略,以获得更好的最终反馈评价。在每个时间步骤中,会针对特定的社交网络内容生成一个动作值来指导内容选择,并获得较高的反馈评价。当最终搜索结果构造完成时,算法对每个时间步骤产生反馈评价基于反馈评价折损系数加权求和。

5.3.2　基于强化学习的社交网络话题内容匹配算法有效性分析

我们针对基于强化学习的社交网络话题内容匹配算法(MDPMS)训练过程中的参数变化进行了实验和评价,以保证在搜索实验中的有效性。动作定义为"选择"和"跳过"来决定不同搜索状态下的社交网络内容是否作为相应位置上的搜索结果。在强化学习框架下进行有效的动作选择是基于强化学习的社交网络话题内容匹配算法(MDPMS)训练的目标也是该算法有效进行社交网络搜索应用的必要条件。分别将"选择"和"跳过"两个动作定义为数值 1 和 -1。为了使得算法定义的动作值更加直观,要对 200 个子集进行编号并逐一序列化输入到算法并将动作值求均值,不同训练阶段的平均动作值结果如图 5-3 所示。

实验选取了基于强化学习的社交网络话题内容匹配算法(MDPMS)在迭代训练 1 000 次后、1 500 次后、2 000 次后和 2 500 次后的 4 个阶段的算法模型对平均动作值进行了评价。随着数据子集的序列化输入,平均动作值在算法不同的训练阶段体现了不同的变化趋势。在所选用的 4 个训练阶段中,动作平均值均分布在正数值间,说明了算法在执行过程中面对不同的新浪微博内容做出"选择"动作的数量多于做出"跳过"动作的数量。除此之外,在算法训练过程中平均动作值在迭代 1 500 次后的结果分布范围高于迭代 1 500 次后的结果分布范围,说明算法训练从迭代 1 000 次到迭代 1 500 次的过程中,算法做出"选择"动作的数量比例有所上升。算法经过 2 000 迭代训练后动作值的波动范围开始下降,算法做出"选择"动作的数量比例开始下降。

这种趋势表明算法随着训练迭代次数的增加经历了探索新的动作选择经验和逐步变得贪婪而停止探索新动作选择经验过程。算法变得贪婪的事实意味着贪婪系数已退化为固定值。当算法训练迭代次数达到 2 500 次后平均动作值的波动中心围绕在 0.4～0.55,相对于迭代 1 000 次、1 500 次和 2 000 次时出现的波动异常点明显变少,可以推测在经历 2 500 次训练迭代后接近收敛。

定义对与查询相关新浪微博内容做出的"选择"动作和对与查询不相关新浪微博内容做出的"跳过"动作成为有效动作。针对不同的新浪微博内容做出一系列的动作组成了适当的结果列表。在所有动作中有效动作数量所占比例越高,用户感知的搜索实用评价越高。在与平均动作值评价相同的过程下,对每个输入子集下算法做出的动作中有效动作所占比例进行评价,结果如图 5-4 所示。

随着算法训练迭代次数的增加,每个输入子集中有效动作比例值分布在 0.4～0.9 波动,并且有效动作比例值波动的中心存在变化。当算法迭代次数为 1 000 次时,有效动作比例值曲线在 0.4～0.6 波动。当算法迭代次数上升至 1 500 次后,有效动作比例值曲线波动范围为 0.5～0.7,在整个训练过程中有效动作比例的平均值提升了约 10 个百分点。当算法迭代次数上升至 2 500 次后,有效动作比例值波动范围上升至 0.5～0.9。从数值分布上看有了明显提升,说明基于强化学习的社交网络话题内容匹配算法(MDPMS)在动态社交网络内容相关性评价中所选取的内容随着算法迭代次数的增加逐渐符合目标内容。

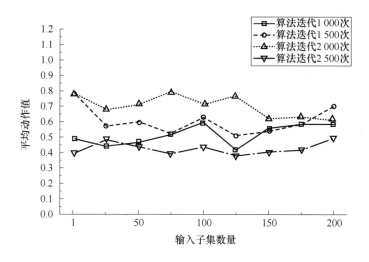

图 5-3 基于强化学习的社交网络话题内容匹配算法平均动作值评价

随着有效动作比例值趋于稳定并有所增长,MDPMS 算法从 2 000 次训练迭代至 2 500 次训练迭代中,平均动作值有所下降,说明算法做出更多"跳过"的动作来处理相应的新浪微博内容。这种情况表明基于强化学习的社交网络话题内容匹配算法(MDPMS)正在逐渐更新运算参数并接近理想的数值,可以为相应的内容选择合适的动作。基于强化学习的社

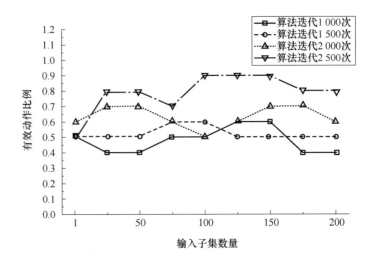

图 5-4　基于强化学习的社交网络话题内容匹配算法有效动作比例

交网络话题内容匹配算法(MDPMS)进行了有效的训练过程,使得该算法对目标内容的语义特征逐渐具有敏感性。

　　我们计算了基于强化学习的社交网络话题内容匹配算法(MDPMS)的损失函数值,并通过该算法的损失变化来进一步分析算法训练的有效性,如图 5-5 所示。在基于强化学习的社交网络话题内容匹配算法(MDPMS)通过贪婪系数控制等参数控制着对动态社交网络内容相关性评价中的运算参数进行优化,从而针对不同的新浪微博内容作出合适的动作并构造符合查询和用户感知效用的搜索结果列表。基于强化学习的社交网络话题内容匹配算法(MDPMS)算法损失值曲线显示了在不同训练阶段算法目标值变化趋势,也是对算法训练过程效果的直观反映。该算法约经过 700 次训练迭代后损失值开始降低,并在经过约 2 500 次训练迭代后损失值开始收敛。另外,算法在 1 000 次训练迭代之前损失值有所增加,这种现象与图 5-3 中的情况相对应,说明了算法在前 1 000 次训练迭代处于经验探索阶段,之后算法随着贪婪系数的增长逐渐变得贪婪并收敛。

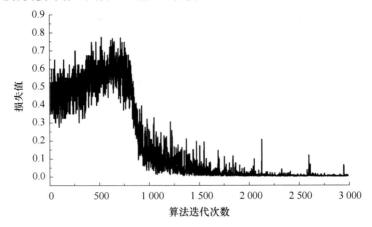

图 5-5　基于强化学习的社交网络话题内容匹配算法损失值变化

5.3.3 搜索效果实验结果与分析

基于强化学习的社交网络话题内容匹配算法(MDPMS)在监督学习下对新浪微博内容进行训练,并利用随机挑选的 2 000 条与社会或国家安全话题有关的新浪微博内容作为查询,以验证在新浪微博内容中搜索一般安全主题内容的普遍性。不同的查询导致不同的搜索结果列表排名,对查询结果计算评价指标的平均值。采用 NDCG 和 MAP 作为评价指标来评估前 n 个搜索结果排名,如表 5-4 与表 5-5 所示。

表 5-4 基于强化学习的社交网络话题内容匹配算法的 NDCG 评价

	NDCG			
	@5	@10	@15	@20
BM25	0.450	0.499	0.638	0.639
Aho-Corasick	0.508	0.698	0.515	0.546
RankNet	0.640	0.569	0.719	0.664
ListNet	0.592	0.612	0.534	0.507
DSSM	0.553	0.494	0.620	0.654
CLSM	0.601	0.681	0.666	0.661
MDPRank	0.541	0.616	0.695	0.697
MDPMS	0.688	0.703	0.674	0.843

为了验证基于强化学习的社交网络话题内容匹配算法(MDPMS)的搜索效率,我们进行了对比实验。选定的对比算法包括 BM25,Aho-Corasick,DSSM,CLSM,RankNet,ListNet 和 MDPRank。为从算法特性等方面进行实验对比,选定了 Aho-Corasick,RankNet,ListNet 和 MDPRank 算法。Aho-Corasick 是一种基于特征字典的特征集元素匹配算法;RankNet 是一种基于神经网络学习的搜索匹配算法,该算法用于使用梯度下降法通过概率损失函数训练的面向特征匹配的排名算法。ListNet 是一种基于排名概率的逐级信息搜索的搜索排序学习算法。MDPRank 是基于 MDP 的信息搜索的学习排名算法。

使用 NDCG@5、NDCG@10、NDCG@15 和 NDCG@20 对基于强化学习的社交网络话题内容匹配算法(MDPMS)和其他对比算法对新浪微博内容搜索结果的 NDCG 性能进行了评价。

基于强化学习的社交网络话题内容匹配算法(MDPMS)优于所选取的对比算法,并在搜索结果的前 5,前 10,前 15 和前 20 排名的 NDCG 评价全部优于其他对比算法,在总体效果上优于所选取的对比算法。基于强化学习的社交网络话题内容匹配算法(MDPMS)优势在于将 NDCG 融合并应于用于根据马尔可夫决策过程中的反馈评价定义中,使得在训练阶段的就以获得 NDCG 为评价的最好反馈为目标,这是基于强化学习的社交网络话题内容匹配算法(MDPMS)方能够发挥出良好搜索性能的关键要素。相反,对比算法过度依据相似性计算和模型的训练过程,并且根据相似度进行静态排序从而产生搜索结果,忽略了搜索结果的构造的过程。

通过 MAP@n 对前 n 项搜索结果的均值平均准确率进行了评价,结果如表 5-5 所示。

在搜索结果的前5,前10,前15和前20排名的 MAP 评价全部优于其他对比算法,在总体效果上优于所选取的对比算法。根据定义,相关内容在搜索结果列表中排名越高获得的 MAP 评价值越高。实验结果表明,基于强化学习的社交网络话题内容匹配算法(MDPMS)在以新浪微博为实例的社交网络安全话题搜索中取得了良好的相关性评价。

基于强化学习的社交网络话题内容匹配算法(MDPMS)区别于传统网络信息搜索算法,注重对内容语义特征挖掘与搜索结果的构造过程。BM25 算法是典型的传统信息搜索算法,但是对于社交网络内容的数据特性缺乏良好的适应性。Aho‐Corasick 算法是另一种基于特征字符匹配的传统信息搜索算法。由于传统信息搜索算法缺乏对内容本身的深层次挖掘,因此面对语义稀疏性明显的新浪微博社交网络内容未能显示出良好性能。DSSM 算法和 CLSM 算法基于深度神经网络学习语义特征表示与匹配的信息搜索算法,以通过构造潜在语义空间,并利用通用语义特征计算查询相似性来搜索目标内容。

CLSM 算法在 DSSM 算法的基础上进行了改进,将全连接神经网络替换为卷积神经网络。但是两种算法侧重于内容特征的全局语义特征学习与构建,对具有良好表达的在线信息有较好的处理结果和搜索效果,但是对于具有语义稀疏性的社交网络内容缺乏语义噪声鲁棒性。RankNet 算法和 ListNet 算法是分别基于成对学习和列表学习的信息搜索排序等级学习算法。RankNet 算法的本质是依赖带有数据标签的训练数据来进行分类排序学习的搜索模型;ListNet 算法是一种按列表学习的排名算法,该算法的训练目标是获得更好的搜索指标评价。但是,这种算法很难在没有近似值或界限的情况下执行近似优化,因为大多数搜索评价函数的计算过程为非连续的。实验所采用的另一种对比算法 MDPRank 同样是一种基于马尔科夫决策过程的信息搜索算法,但是与基于强化学习的社交网络话题内容匹配算法(MDPMS)不同的是,MDPRank 采用了策略相关(On-Policy)的策略,该算法将内容本身定义为动作,使得算法优化过程中梯度计算相对复杂。

表 5-5　基于强化学习的社交网络话题内容匹配算法的 MAP 评价

	MAP			
	@5	@10	@15	@20
BM25	0.534	0.608	0.626	0.618
Aho-Corasick	0.453	0.423	0.411	0.437
RankNet	0.610	0.627	0.648	0.650
ListNet	0.619	0.632	0.690	0.706
DSSM	0.635	0.648	0.648	0.635
CLSM	0.612	0.649	0.673	0.672
MDPRank	0.622	0.641	0.706	0.703
MDPMS	0.640	0.654	0.720	0.738

基于强化学习的社交网络话题内容匹配算法(MDPMS)的关键要素包括有效的语义分析、可执行的匹配策略和灵活的排名机制。与传统的在线信息搜索问题不同,进行针对特定话题内容的社交网络内容搜索需要从用户搜索目标出发,立足于充分的内容语义特征分

析。其中,充分的内容语义特征分析是构建社交网络特征构建的前提,也是进行进一步特征匹配计算的基础。从社交网络内容信息的数据特征出发,进行有效的语义特征挖掘也直接影响着作为输出端的搜索性能。基于强化学习的社交网络话题内容匹配算法(MDPMS)优势在于将社交网络内容信息搜索定义为一个马尔科夫决策过程,并依赖于深度学习社交网络内容挖掘,同时将社交网络内容挖掘作为动态社交网络内容相关性评价的一部分。从细节上贴合社交网络内容数据特性,从策略上通过智能算法实现与查询更贴合的搜索匹配与排序。通过面向问题细节和过程的算法设计是基于强化学习的社交网络话题内容匹配算法(MDPMS)的关键。

5.3.4 k-折交叉验证实验与分析

为了进一步从机器学习和深度学习算法角度验证基于强化学习的社交网络话题内容匹配算法(MDPMS)的有效性,我们进行了 k-折交叉验证实验。采用了 5-折交叉验证,将所使用的新浪微博数据随机划分为 5 个大小相等且无交集的子集。根据交叉验证的要求,实验经过 5 轮进行,每轮取其中一个子集作为验证集,另外 4 个作为训练集。采用准确率对实验结果进行了评价,并选用了 RankNet,ListNet,DSSM 和 CLSM4 个基于深度学习的算法作为对比算法,评价结果如图 5-5 和表 5-6 所示。

基于强化学习的社交网络话题内容匹配算法(MDPMS)在 5-折交叉验证评价准确率评价上优于其他对比算法。RankNet 算法和 ListNet 算法分别致力于从成对学习和列表学习方面进行搜索排名以解决搜索问题。这两种算法的性能在第 2 次、第 3 次和第 4 次交叉验证期间,在新浪微博内容中搜索相关目标内容时,相对于第 1 次和第 5 次交叉验证的效果更好。DSSM 算法和 CLSM 算法在最大化相关新浪微博内容点击率的基础上,从语义匹配的角度对社交网络安全话题相关内容问题进行建模。由于与传统网络搜索相比,以新浪微博为实例的社交网络的数据语义特征不同,因此这些算法无法满足社交网络的要求。

基于强化学习的社交网络话题内容匹配算法(MDPMS)采用强化学习马尔可夫决策过程来搜索与安全主题相关的内容,以构造适合于用户感知效用的搜索结果。在交叉验证过程中,基于强化学习的社交网络话题内容匹配算法(MDPMS)的评价效果表明了其在以新浪微博为实例的社交网络中进行安全话题相关的内容搜索任务的有效性。

表 5-6　基于强化学习的社交网络话题内容匹配算法交叉验证平均准确率

	准确率			
	@5	@10	@15	@20
RankNet	0.560	0.600	0.587	0.590
ListNet	0.560	0.560	0.606	0.663
DSSM	0.480	0.480	0.520	0.550
CLSM	0.560	0.560	0.546	0.560
MDPMS	0.720	0.700	0.720	0.739

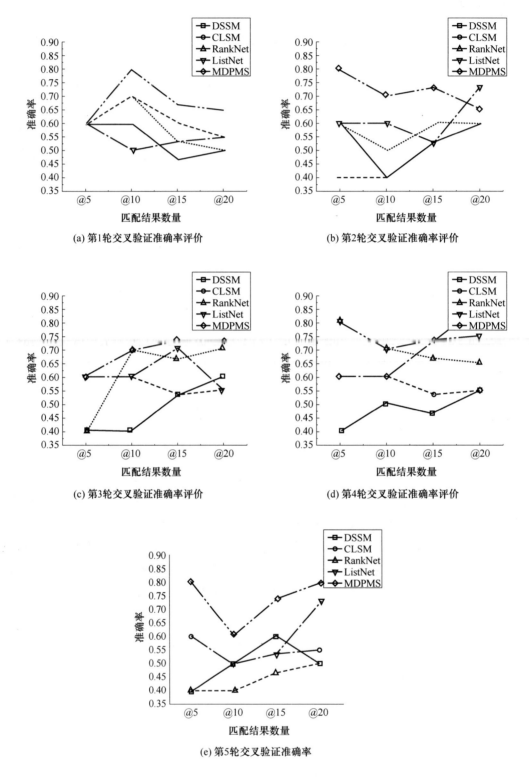

(a) 第1轮交叉验证准确率评价

(b) 第2轮交叉验证准确率评价

(c) 第3轮交叉验证准确率评价

(d) 第4轮交叉验证准确率评价

(e) 第5轮交叉验证准确率

图5-6 基于强化学习的社交网络话题内容匹配算法交叉验证准确率

第6章 基于语义学习的在线社交网络话题搜索

6.1 引　言

在线社交网络平台已经成为消息广泛传播和共享的载体,同时产生了海量的在线社交网络数据。在线社交网络中以符号"♯"表示的话题信息,由于具有对在线社交网络信息进行话题分组的功能而受到广泛的关注。作为在线社交网络消息的高度概括性描述信息,话题标签将相关的在线社交网络信息进行了聚合,通过搜索话题可以使得人们快速全面地获取与话题相关的信息。

现有的在线社交网络话题搜索方法通过在线社交网络中的相似用户或者相似消息构造候选的话题集,利用话题标签出现的频率对话题进行排序,从而实现话题的搜索。然而,仅仅使用话题标签的频率对话题进行排序的方法忽略了话题标签的语义信息,话题搜索准确率有待提升。如何构造更为精准的候选话题集值得深入研究。与查询语句具有语义相似性的在线社交网络消息中存在的话题标签以及在线社交网络中与查询用户具有相似偏好的用户所使用的话题标签,都有可能是用户想要搜索的话题。如何查找到在线社交网络中的相似消息和相似用户,从而构造更为准确的候选话题集需要进一步研究。为了实现精准的在线社交网络话题搜索,我们提出了一种基于语义学习的在线社交网络话题搜索算法(STS)。

6.2　基于语义学习的在线社交网络话题搜索算法(STS)的提出

基于语义学习的在线社交网络话题搜索算法(STS)建立基于短文本扩展的用户-标签主题模型(UHTME),通过该模型对在线社交网络多种特征(短文本、话题标签、用户)进行语义学习,基于学习得到的语义表示,生成与搜索项高度相关的候选话题集,实现搜索项与各候选话题标签的语义相似性计算,实现满足用户喜好和习惯的在线社交网络话题精准搜索。

6.2.1　STS 算法的研究动机

我们将现有的在线社交网络话题搜索算法分为三类:基于相似的在线社交网络消息的话题搜索算法、基于相似用户的话题搜索算法以及将两者相结合的话题搜索算法。基于相似在线社交网络消息的话题搜索算法以相似在线社交网络消息中的话题标签作为话题搜索的结果。为了发现相似在线社交网络消息,一些研究者使用 TF-IDF(Term Frequency-Inverse Document Frequency)或主题模型进行相似消息的查找。利用 TF-IDF 进行相似消息查找的方法没有考虑消息的语义。利用主题模型的方法虽然获取了消息的语义,但是由于短文本的语义稀疏性,通过现有主题模型方法得到的语义质量不高。因此,采用上述方法查找到的相似消息相关度低,话题搜索的准确率也受到了很大影响。此外,仅仅使用相似在线社交网络消息实现话题搜索的方法没有考虑用户的偏好,此类算法的话题搜索的准确性有待提高。

实现在线社交网络话题搜索需要解决的关键问题主要包括两个:一是如何构造与用户搜索意图相关的候选话题集,另一个是如何对候选话题集中的候选话题标签进行排序。为了实现精准的在线社交网络话题搜索,我们提出了基于语义学习的在线社交网络话题搜索算法(STS),该算法通过建立基于扩展的用户-标签主题模型 UHTME,对社交网络的多种特征进行语义学习。并基于语义学习的结果以及结合用户间显式表示与社交网络消息的向量表示,构造候选话题集。

6.2.2　STS 算法描述

基于语义学习的在线社交网络话题搜索算法(STS)框架如图 6-1 所示。该算法主要包含三部分:基于扩展的用户-标签主题模型(UHTME)的建立、基于相似用户和相似消息的候选话题集的生成以及基于语义相关性分数的话题搜索。

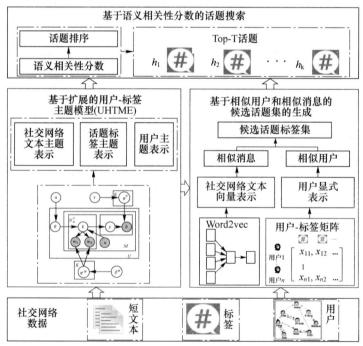

图 6-1　基于语义学习的在线社交网络话题搜索算法(STS)框架图

基于扩展的用户-标签主题模型(UHTME)构建候选话题集,进行话题搜索。对短文本进行扩展,同时引入双词话题模型,有效地克服了社交网络短文本的语义稀疏性。通过UHTME学习社交网络文本主题语义表示、主题用户表示和主题标签表示。根据主题用户表示计算用户间的隐式相似性,完成候选话题集构建。

基于相似消息和相似用户的候选话题集的生成是实现社交网络话题搜索的核心。候选话题集中的话题标签与用户的搜索意图越相关,则搜索的准确率越高。为了获取尽可能相关的候选话题标签,同时利用与搜索用户具有相似性的相似用户和与搜索项相似的相似消息,通过采集相似用户和相似消息中出现的话题标签构造候选话题集。为了查找到准确的相似用户,算法利用了用户间的隐式相似性和显式相似性。为了获取相似的社交网络消息,利用 Word2vec 得到社交网络消息的分布式向量表示,计算消息间的相似性,实现候选话题集的构建。

语义相关性分数是指用户输入搜索项后,每个候选话题标签可能被返回的概率,每个话题与搜索项之间的语义相关性分数通过用户、话题标签和文本的主题表示进行计算。通过计算语义相关性分数,并基于该分数对话题搜索结果进行排序,返回话题排序列表。

6.2.3　基于扩展的用户-话题标签主题模型(UHTME)的建立

1. 基于扩展的用户-话题标签主题模型(UHTME)的描述

基于扩展的用户-话题标签主题模型(UHTME)学习在线社交网络多种特征(如话题标签、用户和短文本)的主题语义表示,利用特征的语义表示构造候选话题集,计算候选话题与查询项的语义相关性。UHTME 的图模型表示如图 6-2 所示,在表 6-1 中列出了UHTME 中所使用的符号以及其相应的描述。

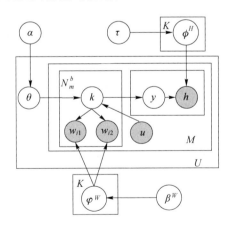

图 6-2　基于扩展的用户-话题标签主题模型(UHTME)的图模型

基于扩展的用户-话题标签主题模型(UHTME)采用了三种方法有效地克服了社交网络的短文本语义稀疏性,获取了在线社交网络多种特征(如话题标签、用户和短文本)的主题语义。三种方法分别是:采用 DREX 方法对在线社交网络进行预处理,对短文本进行扩展,引入双词话题模型 BTM 通过构造双词集合进一步提升语义空间的密度,以及设定同一用户发布的在线社交网络消息共享同一主题分布,实现对短文本的聚合。

表 6-1　基于扩展的用户-话题标签主题模型(UHTME)的符号及意义

符号	描述
u,h,w,b	分别表示用户、话题标签、单词和双词
k,y	分别是单词和话题标签的主题
U,M,W,H	分别表示用户、微博、单词和话题标签的总数
K	主题总数
$N_{m_u}^h, N_{m_u}^b$	在用户 u 发布的第 m 条微博中话题标签和双词的总数
α,β,τ	狄利克雷先验
θ	用户-主题分布
φ^W, ϕ^H	分布为主题-单词分布和主题-话题标签分布

除上述三种方法外,UHTME 还同时建模了用户、话题标签和双词。将话题标签和双词进行羊群,将每个话题标签的主题与双词的主题相对应。通过建模用户、话题标签和双词,将在线社交网络特征映射到公共的主题语义空间,获得多种特征的主题语义表示。

2. UHTME 的生成过程与推理过程

假设存在 K 个主题,每个主题包含两个多项式分布:主题-单词分布 φ^W 和主题-话题标签分布 ϕ^H,其中 W 表示单词数量,H 表示话题标签数量。当生成微博中的双词时,根据用户-主题分布分配主题,基于主题-单词多项分布 φ^W 生成两个单词。话题标签的主题依据双词的主题按均匀分布进行采样。根据采样得到的主题,基于主题-话题标签的多项分布 ϕ^H 生成话题标签。

在 UHTME 中,存在三个观测变量:用户 u、话题标签 h 和单词 w。两个潜在变量 k 和 y,分别为单词的主题和话题标签的主题。此外,还包含三个参数 θ,φ,ϕ,分别为用户-主题分布、主题-词分布和主题-话题标签分布。UHTME 的主要任务是根据观测变量 u,h,w 评估参数 θ,φ,ϕ,并推断潜在主题 k,y。利用 Gibbs 采样,对建立的基于扩展的用户-话题标签主题模型(UHTME)进行推理,UHTME 的推理过程如下:

对用户 u 发布的在线社交网络消息 m 中的第 i 个双词的主题 k 进行采样,采样公式如式(6-1)所示:

$$P(k_i \mid K_{\neg i}, Y, B, U) \propto \frac{P(K, Y, B, U \mid \boldsymbol{\Theta})}{P(K_{\neg i}, Y_{\neg i}, B_{\neg i}, U_{\neg i} \mid \boldsymbol{\Theta})} \tag{6-1}$$

式(6-1)为条件概率,计算其相应的联合概率,如式(6-2)所示:

$$P(K, Y, B, U \mid \boldsymbol{\Theta}) = P(K \mid \alpha, U) \times P(Y \mid K^w)$$
$$\times P(B \mid K^w, \beta) \times P(U) \tag{6-2}$$

基于式(6-1)和式(6-2)得到 UHTME 的采样,如式(6-3)所示:

$$P(k_i = k \mid K_{\neg i}, Y, B, U) \propto \frac{n_{u,k,\neg i}^b + \alpha}{\sum\limits_{k=1}^{K} n_{u,k,\neg i}^b + K\alpha} \times \left(\frac{n_{mu,k}^b}{n_{mu,k,-i}^b}\right)^{N_m^h}$$

$$\times \frac{(n_{k,w_{i1},\neg i} + \beta)(n_{k,w_{i2},\neg i} + \beta)}{(\sum\limits_{w=1}^{W} n_{k,w,\neg i} + W\beta) \cdot (\sum\limits_{w=1}^{W} n_{k,w,i} + 1 + W\beta)} \tag{6-3}$$

其中，$n_{u,k}^b$ 表示用户 u 的在线社交网络文本中分配到主题 k 的双词数，$n_{m_u,k}^b$ 表示用户 u 的第 m 个扩展后长文本中分配给主题 k 的双词数，$n_{k,w}$ 代表在语料库中分配给主题 k 的单词 w 的数量，$\neg i$ 表示不包含第 i 个双词。

对用户 u 发布的在线社交网络消息 m 中的第 j 个话题标签采用式(6-4)对其主题 y 进行采样：

$$P(y_j = y \mid Y_{\neg j}, K, H) \propto \frac{n_{m_u,k}^b}{N_{m_u}^b} \times \frac{n_{k=y_j,h,\neg j} + \tau}{\sum\limits_{h=1}^{H} n_{k=y_j,h,\neg j} + H\tau} \tag{6-4}$$

其中 $N_{m_u}^b$ 表示用户 u 的第 m 个社交网络消息经过扩展后的双词个数，$n_{k=y_j,h}$ 表示分配给主题 k 的话题标签数，$\neg j$ 表示不包含第 j 个双词。

对基于扩展的用户-话题标签主题模型(UHTME)进行迭代训练，直到其达到稳定状态。通过式(6-5)～式(6-7)得到 UHTME 的参数，从而学习到社交网络多种特征(用户信息、话题标签信息和单词信息)的语义表示。

$$\theta_{u,k} = \frac{n_{u,k} + \alpha}{\sum\limits_{k=1}^{K} n_{u,k} + K\alpha} \tag{6-5}$$

$$\phi_{k,h} = \frac{n_{k,h} + \alpha}{\sum\limits_{h=1}^{H} n_{k,h} + K\alpha} \tag{6-6}$$

$$\varphi_{k,w} = \frac{n_{k,w} + \beta}{\sum\limits_{w=1}^{W} n_{k,w} + W\beta} \tag{6-7}$$

利用特征的语义表示构造候选话题集，并计算候选话题与查询项的语义相关性。

6.2.4　基于相似用户和相似消息的候选话题集的生成

采集在线社交网络中的相似消息和相似用户中所使用的话题标签，构造候选话题集。

1. 在线社交网络中相似用户的查找

用户之间的相似性包含两类：隐式相似性和显式相似性。隐式相似性是通过用户的隐式表示计算得出的相似性(例如，从主题模型中获得的主题表示，通过主题表示之间的距离来计算用户之间的隐式相似性)。显式相似性是指显示地建立用户-话题标签矩阵，基于用户显式的表示方法，采用协同过滤的方法得到的用户之间的显式相似性。

为了发现相似用户，将用户间的显式相似性与隐式相似性相结合，采用典型的基于用户的协同过滤方法获得用户间的显式相似性,基于我们提出的 UHTME 模型生成的用户主题表示,计算得到用户间的隐式相似性。基于用户的协同过滤方法通过建立用户-话题标签矩阵获取用户的相似性。在用户-话题标签矩阵中的每个元素 w_{ij} 代表用户 u_i 对话题标签 h_j 的使用次数,每一行代表一个用户,通过该方法可以获得用户的显式向量表示及用户间的显式相似性。隐式相似用户和显式相似用户之间可以相互补充,从而寻找到与目标用户最相似的用户。

基于 UHTME 可以获取用户的主题表示,计算用户主题表示间的距离,从而可以得到用户间的相似性。对相似用户的发现过程采用形式化的语言进行如下描述。

假设存在用户集 $\overline{U}$ 包含 U 个用户,即 $\overline{U} = \{u^1, u^2, \cdots, u^j, \cdots, u^U\}$,通过 EUCF 和 UHTME,分别得到每个用户 u^j 的显式表示 $v_e(u^j)$ 和隐式表示 $v_i(u^j)$。通过引入余弦距离,计算出 j-th 用户 u^j 与目标用户 u^t 之间的显式相似性 s_{esu}^{jt} 和隐式相似性 s_{isu}^{jt},通过式(6-8)计算出用户间的整体相似性:

$$s_{su}^{jt} = (1-\lambda) \cdot s_{isu}^{jt} + \lambda \cdot s_{esu}^{jt} \tag{6-8}$$

通过对 s_{su}^{jt} 值进行排序,得到 Top-Y 个相似用户。相似用户的查找过程是:假定目标用户 u_6,希望找到其 Top-Y 个相似用户,表 6-2 中列出了 u_0 和 $u_1 \sim u_5$ 之间的隐式和显式相似性。设置 $Y = 2$ 且 $\lambda = 0.7$,通过用户间相似性的计算,得到用户 u_3 和 u_4 是与用户 u_6 最具相似性的两个用户,将这两个用户所使用的话题标签放入候选话题标签集合中。

表 6-2　用户 u_6 与用户 $u_1 \sim u_5$ 之间的显式和隐式相似性

相似性	u_1	u_2	u_3	u_4	u_5
S_{isu} to u_6	0.115	0.133	0.436	0.365	0.367
S_{esu} to u_6	0.143	0.166	0.382	0.371	0.355

2. 在线社交网络中相似消息的查找

基于 Word2vec 的 skip-gram 模型实现了相似在线社交网络消息的发现。skip-gram 模型包含输入层、映射层和输出层,通过该模型的三层网络可以获取每个单词的分布式向量表示。在获得在线社交网络文本中每个单词的分布式向量表示后,对每个单词的向量表示进行不加权平均,获得的平均值作为在线社交网络消息的向量表示。通过计算在线社交网络文本的向量表示间的余弦距离,获取不同文本的相似性。通过对在线社交网络消息相似值进行排序,获得 Top-X 个相似在线社交网络消息。此过程可以描述如下。

给定一个搜索项 m^t,其中包含 W 个单词 $\{w_1^t, w_2^t, \cdots, w_W^t\}$。利用 skip-gram 模型获得每个单词的向量表示 $\{v(w_1^t), v(w_2^t), \cdots, v(w_W^t)\}$,通过对词向量的平均表示,得到在线社交网络文本向量表示 $v(m^t)$。当给定在线社交网络文本集 $\overline{M}$ 时,可以获得在线社交网络文本的向量表示 $\{v(m^1), v(m^2), \cdots, v(m^i), \cdots, v(m^M)\}$。为了比较它们与目标搜索内容 m^t 的相似性,采用式(6-9)计算文本之间的余弦距离,作为在线社交网络文本之间的相似性:

$$s_m^u = \cos(v(m^i), v(m^t)) = \frac{v(m^i) \cdot v(m^t)}{\| v(m^i) \| \| v(m^t) \|} \tag{6-9}$$

在计算和排序每个在线社交网络文本 m^i 和目标内容 m^t 之间的相似性分数后,可以得到 Top-X 的相似在线社交网络文本。

对相似消息的查找过程:对于目标用户输入的搜索内容 m_0,找到与之相似 top-X 个相似在线社交网络文本。利用 skip-gram,在式(6-9)的基础上计算 m_0 和 $m_1 \sim m_{100}$ 的相似性。将 X 设置为 5,经过计算和相似性排序,发现 m_{11},m_{35},m_{52},m_{67},m_{68} 是与目标 m_0 相似性排名前 5 的在线社交网络文本,将上述 5 个文本所在的在线社交网络消息中的话题标签放入候选话题集合内。

3. STS 中候选话题标签集的获取

在发现相似在线社交网络消息和相似用户后,分别用 H_{sm} 和 H_{su} 表示相似在线社交网络消息和相似用户的话题标签。通过式(6-10)获得候选话题标签集 H_C。

$$H_C = H_{sm} \bigcup H_{su} \tag{6-10}$$

分别从相似用户的话题标签、相似用户 H_{su} 和相似在线社交网络消息 H_{sm} 中获取候选话题标签集合 H_C。

6.2.5 基于语义相关性分数的话题搜索

为了实现用户对在线社交网络话题的搜索,现有的方法大多基于话题的热度对话题进行排序,忽略了话题标签与用户的查询项之间的相似度。本章通过计算话题标签的相关性分数对话题标签进行排序实现话题的搜索。

根据用户-话题标签主题模型(UHTME),可以获取用户的主题表示、话题标签的主题表示以及单词的主题表示,基于上述主题表示可以计算得到每个话题标签的语义相关性分数,即用户在进行在线社交网络话题搜索时可能返回的话题标签的概率。

该过程可以形式化表示为:给定用户的搜索项 m,其中包含 N_m^W 个单词$\{w_1, w_2, \cdots, w_{N_m^W}\}$,根据学习到的参数 θ, φ, ϕ,计算每个候选话题标签的语义相关性分数。查询项的候选话题标签集 H_C 中的每个话题标签$\{h_1, h_2, \cdots, h_i, \cdots, h_{H_C}\}$的语义相关性分数 SRS 可用式(6-11)计算:

$$\mathrm{SRS}_{h_i} = P(h_i/m_u) = \sum_k \phi_{k,h_i} \times \theta_{u,k} (\prod_{w=1}^{N_m^W} \varphi_{k,w}) \tag{6-11}$$

其中,ϕ_{k,h_i} 表示话题标签 h_i 属于主题 k 的概率,$\theta_{u,k}$ 表示该用户被分配给主题 k 的概率,$\phi_{k,w}$ 表示每个单词属于主题 k 的概率。基于式(6-11)计算每个候选话题标签的语义相关性分数。对语义相关性分数进行排序,生成 Top-T 话题标签作为话题搜索的结果。

6.2.6 STS 算法的实现步骤

采用 UHTME 对具有用户、文本和话题标签的社交网络数据进行语义学习,获取上述特征的语义表示。采用 Word2vec 获取社交网络文本的分布式向量表示，并构建用户标签矩阵。基于语义学习的在线社交网络话题搜索算法 STS 的实现步骤如下所示。

假设存在 6 个用户 $u_1 \sim u_6$ 及其发布的 100 条在线社交网络消息中的文本 $m_1 \sim m_{100}$，u_6 为目标用户，假定用户 u_6 输入了搜索项 m_0，希望搜索到与 m_0 相关的话题标签。构建的候选话题标签来自与 m_0 具有相似语义的其他微博以及与 u_6 有相似兴趣的其他用户。选择 Top-X 相似在线社交网络消息和 Top-Y 相似用户的话题标签为候选话题标签集，计算每个候选话题标签与用户 u_6 输入的 m_0 之间的语义相关性分数，根据此语义相关性分数对话题标签进行排序，将 Top-T 话题标签作为搜索结果，返回给用户 u_6。

算法 6-1　基于语义学习的在线社交网络话题搜索算法

输入：用户 id、搜索项、相似消息数 X、相似用户个数 Y、返回项个数 T

输出：搜索结果

（1）根据用户 id 查找用户的主题分布，并计算目标用户与其他用户的隐式相似性 s_{isu}^{jt}

（2）根据用户-话题标签矩阵计算目标用户与其他用户的显式相似性 s_{esu}^{jt}

（3）计算目标用户与其他用户的整体相似性 s_{su}^{jt}

（4）对用户的相似性进行排序，返回 Y 个相似用户

（5）采集相似用户所使用的话题标签，并将其放入候选话题集

（6）利用 Word2vec 将社交网络文本进行向量化表示

（7）计算搜索项与社交网络消息的相似性 s_m^{jt}

（8）对搜索项与社交网络消息的相似性进行排序，返回 X 个相似用户

（9）采集相似在线社交网络消息中出现的话题标签，并将其放入候选话题集

（10）构建候选话题标签集

（11）根据多种特征的主题表示，计算得出的搜索项与话题标签的语义相关性分数

（12）对相关性分数进行排序

（13）将 Top-T 个话题标签返回给搜索的目标用户

6.3　STS 算法的实验结果与分析

为了验证本章提出的基于多特征的社交网络话题搜索算法 STS 的有效性，我们设置了三组实验。实验一从话题搜索准确性的角度将基于语义学习的在线社交网络话题搜索算法 STS 与现有的在线社交网络话题搜索算法进行对比。实验二对 STS 算法在参数变化下的鲁棒性进行验证。实验三对基于语义学习的在线社交网络话题搜索算法 STS 的搜索效率进行实验与分析。

6.3.1 实验设置

1. 数据集描述

从新浪微博中爬取社交网络数据集,该数据集包括用户信息、文本信息、话题标签信息。对获取的数据进行预处理:过滤掉转发微博和长度小于 5 的微博,过滤掉发表微博数量少于 3 的用户数据,对文本进行分词和去停用词。表 6-3 是数据集的统计信息。

表 6-3　在线社交网络话题搜索实验数据集统计信息

数据集属性	数据量
微博数量	67 835
话题标签数量	4 061
词汇量	101 960
用户数量	4 373

2. 评价指标

如果在返回的话题标签列表中,至少存在一个话题标签与搜索内容相匹配,则满足搜索需求的话题标签数量 M_{pr} 增加 1,否则,M_{pr} 值不变。用 M_t 表示输入的搜索项的数量,为每个搜索返回 T 个话题标签,hitate@T 用式(6-12)计算:

$$\text{hitrate@}T = \frac{(M_{pr})_{v^a}}{M_t} \tag{6-12}$$

其中,v^a 为评价结果的平均数。

如果在 Top-k 个搜索返回的话题标签中有 n 个满足搜索需求的话题标签,搜索准确率 pre@k 由式(6-13)计算:

$$\text{pre@}k = \frac{n}{k} \tag{6-13}$$

3. 参数设置

将主题数 K 设置为 50,相似的在线社交网络消息数 X 设置为 30,相似的用户数设置为 2,超参数 α, β, τ 分别设置为 1,0.01,0.01,平衡参数 λ 设置为 0.7。

6.3.2 实验一:STS 算法与对比算法的话题搜索准确性比较

将 STS 算法与对比算法在社交网络数据集中进行话题搜索实验,采用搜索准确率和点击率作为实验评价指标。STS 算法与对比算法的搜索准确率对比结果如图 6-3 所示,STS 算法与对比算法的搜索点击率对比结果如表 6-4 所示。

相比对比算法,基于多特征的社交网络话题搜索算法在 Top-1、Top-3、Top-5、Top-7 和 Top-10 上均取得了最高的话题搜索准确率。对比算法 Hashtag-LDA＋EUCF 的话题搜索准确率高于 Hashtag-LDA 算法的话题搜索准确率。Hashtag-LDA 算法在实现话题搜索算法时仅利用了用户间的隐式相似性,而 Hashtag-LDA＋EUCF 算法同时结合了用户的隐式相似性与显式相似性。

通过分析 EUCF、ECCF 与 EUCF＋ECCF 三个对比算法的话题搜索准确率可以发现，EUCF＋ECCF 算法相比 EUCF 算法和 ECCF 算法，取得了更准确的话题搜索结果，验证了将相似在线社交网络消息和相似用户进行结合的有效性。

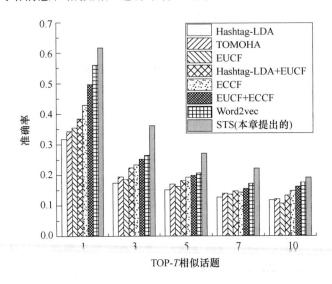

图 6-3　STS 算法与对比算法话题搜索准确率比较

对 ECCF 算法与 Word2vec 算法的话题搜索准确率进行比较可以发现，Word2vec 算法取得了更高的搜索准确率，利用在线社交网络消息间的显式相似性相比利用消息间的隐式相似性可以取得更准确的话题搜索结果。对 TOMOHA 算法与 Hashtag-LDA 算法的搜索准确率进行比较发现，TOMOHA 算法由于利用搜索项与话题之间的语义相似度对话题进行排序，相比 Hashtag-LDA 可以获取更准确的话题搜索结果，这是因为 Hashtag-LDA 对话题标签进行排序时仅考虑了话题的频率，而忽略了话题的语义。实验结果表明利用搜索项与话题之间的语义相关性，相比仅利用话题的热度更有利于提高话题搜索的准确率。

表 6-4　STS 算法与对比算法的话题搜索点击率@T 比较

话题标签数 T	Hashtag-LDA	TOMOHA	EUCF	Hashtag-LDA＋EUCF	ECCF	EUCF＋ECCF	Word2vec	STS（本章提出的）
1	0.329	0.341	0.378	0.386	0.415	0.461	0.479	0.616
3	0.391	0.422	0.449	0.451	0.483	0.517	0.542	0.667
5	0.472	0.503	0.519	0.521	0.546	0.583	0.601	0.712
7	0.494	0.524	0.535	0.543	0.569	0.602	0.626	0.743
10	0.513	0.539	0.552	0.570	0.582	0.618	0.643	0.785

比较表 6-5 所示的 STS 算法与对比算法的话题搜索点击率@1、点击率@3、点击率@5、点击率@7 和点击率@10 上的指标值可以看出，相比对比算法 Hashtag-LDA、

TOMOHA、EUCF、Hashtag-LDA＋EUCF、ECCF、EUCF＋ECCF以及Word2vec,我们提出的STS算法取得了最为准确的话题搜索点击率,这是因为STS算法同时利用了相似消息和相似用户构建了候选话题集,并且在查找相似用户时同时利用了用户间的显式相似性和隐式相似性。此外,STS算法基于查询项与话题之间的语义相关性对话题进行了排序,相比仅根据话题标签热度对候选话题进行排序,可以取得更为准确的话题搜索结果。

6.3.3　实验二:参数变化对STS算法话题搜索准确性的影响

为了进一步验证本章提出的基于语义学习的在线社交网络话题搜索算法STS中不同参数变化对话题搜索性能的影响,在STS算法的基础上提出了STS的4种变型算法,分别是:STS(M)、STS(U)、STS(UI)和STS(UI)。其中STS(M)算法表示仅利用在线社交网络消息进行话题搜索;STS(U)算法表示仅利用相似用户进行话题搜索;STS(UI)算法表示仅利用相似用户进行话题搜索,且用户间的相似性通过用户的隐式表示计算得到;STS(UE)算法表示仅利用相似用户进行话题搜索,且用户间的相似性通过用户间的显式相似性计算得到。

1. 相似消息数 _X_ 对 STS 算法话题搜索准确性的影响

为了研究相似消息数对STS算法的话题搜索性能影响,在实验二中以话题搜索点击率作为评价指标,通过实验分析STS算法与STS(M)算法随相似消息数目变化下的搜索点击率变化情况。STS(M)算法是STS的一种变型算法,该算法仅利用了相似消息的话题标签作为候选话题,没有考虑相似用户因素。将相似消息数目 X 的取值分别设置为10、20、30、40和50,分别记录STS算法与STS(M)算法在不同相似消息数下的话题搜索点击率@5和点击率@10的数值,实验结果如图6-4所示。

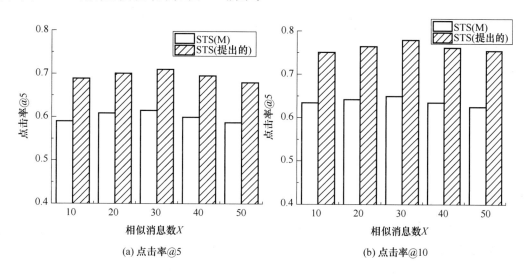

(a) 点击率@5　　　　　(b) 点击率@10

图 6-4　相似消息数对 STS 算法的话题搜索点击率影响

STS算法与STS(M)算法的话题搜索点击率@5和点击率@10的取值均随着相似消息数 _X_ 的变化而变化,两个算法的变化趋势相似,在搜索点击率@10时的变化更为明显。当相似消息数从 10 增长为 20 和 30 时,发现 STS 算法与 STS(M)算法的话题搜索点击率@5 和点击率@10 均有一定程度的提升。该实验结果表明,增加相似消息数可提高话题搜索的准确性。当进一步增加相似消息数 X 的值,将其设置为 40 和 50 时,STS 算法与 STS(M)算法的话题搜索点击率@5 和点击率@10 均有一定程度的下降。这说明当设置过多的相似消息数时会引入无关的话题标签,从而使得话题搜索的准确率降低。相比相似消息数 X 为 10、20、40 和 50 时,在相似消息数 X 等于 30 时,STS 算法与 STS(M)算法的话题搜索点击率@5 和点击率@10 均取得了最高值,这表明相似微博数 X 等于 30 时是最佳参数设置。

STS 算法相比 STS(M)算法在不同相似消息数时均取得了更高的话题搜索点击率,这说明将相似用户与相似消息进行结合可进一步提升算法的话题搜索准确性。

2. 相似用户数 Y 对 STS 算法话题搜索准确性的影响

为了研究相似用户数对提出的 STS 算法的话题搜索性能的影响,在实验二中以话题搜索点击率作为评价指标,通过实验分析 STS 算法与其变型算法 STS(U)、STS(UI)和 STS(UE)随相似用户数变化的搜索点击率变化。STS(U)、STS(UI)和 STS(UE)三种算法仅采用相似用户的话题标签作为候选话题标签,而没有采用相似的在线社交网络消息中存在的话题标签。三种算法的区别在于 STS(U)算法同时利用了用户间的显式相似性和隐式相似性查找相似用户,STS(UI)算法仅采用了用户间的隐式相似性,STS(UE)算法仅采用了用户间的显式相似性。

将相似用户数 Y 的取值设置依次设置为 1、2、3、4 和 5,分别获取 STS 算法及其变型算法 STS(U)、STS(UI)和 STS(UE)在不同相似用户数下的话题搜索点击率@5 和点击率@10 的取值,实验结果如表 6-5 所示。

表 6-5　用户因素对 STS 算法话题搜索点击率的影响

Y	点击率@5				点击率@10			
	STS(UI)	STS(UE)	STS(U)	STS	STS(UI)	STS(UE)	STS(U)	STS
1	0.517	0.522	0.537	0.668	0.557	0.564	0.572	0.731
2	0.561	0.573	0.581	0.712	0.621	0.637	0.641	0.785
3	0.553	0.563	0.577	0.706	0.611	0.626	0.634	0.774
4	0.546	0.552	0.564	0.689	0.604	0.619	0.626	0.763
5	0.484	0.491	0.51	0.645	0.538	0.541	0.559	0.709

从表 6-6 中的实验结果可以发现,STS 算法与其变型算法 STS(U)、STS(UI)和 STS(UE)随相似用户数变化的点击率变化规律相似。当相似用户数从 1 增加至 2 时,上述算法的搜索点击率@5 和点击率@10 均有一定程度的提升,这说明用户可能对相似用户所使用的话题标签感兴趣,增加相似用户的数量,可以获取更多的候选话题标签,从而可以提升话题搜索的准确性。当将相似用户数从 2 依次增加至 3、4 和 5 时,STS 算法与其变型算法 STS(U)、STS(UI)和 STS(UE)在搜索点击率@5 和点击率@10 上的取值均有一定程度的

降低,这说明太多的相似用户会引入一定的无关话题,从而为话题搜索带来噪声,降低了话题搜索的准确性。从表 6-6 可以发现 STS 算法的最佳的相似用户数为 2。

基于语义学习的在线社交网络话题搜索算法 STS 相比其变型算法 STS(U)、STS(UI) 和 STS(UE),在不同用户数下均取得了更高的搜索点击率,STS(U)算法相比 STS(UI)算法和 STS(UE)算法的话题搜索点击率更高,这说明在查找相似用户时,同时利用用户间的显式相似性与隐式相似性可取得更准确的话题搜索结果。

6.3.4 实验三:STS 算法与对比算法的搜索效率比较

研究 STS 算法的话题搜索效率,实验三对 STS 算法与话题搜索对比算法的运行时间对比。从图 6-1 的 STS 算法总体框架图可知,STS 算法的运行时间包括两部分:候选话题标签集的生成和基于语义相关性分数的话题标签搜索。从式(6-11)中可以发现,搜索时间主要受主题数量和候选话题标签集的大小影响。由于相似用户和相似在线社交网络消息的数量均会影响候选话题标签集的大小,在本节中,将分析 STS 算法在三种因素时的效率:主题数量 K、相似在线社交网络消息数量 X 和相似用户数 Y。实验结果如图 6-5 所示。

从图 6-5(a)中可以发现,STS 算法的话题搜索的时间远小于 TOMOHA 算法的话题搜索时间,在不同的主题数下平均节省 0.026 s。

由图 6-5(b)可知,STS 算法和 Word2vec 算法的运行时间相似,两者均比 EUCF＋ECCF 算法花费更少的时间,这是因为首先 Word2vec 算法时间主要消耗在查找相似在线社交网络消息中,该过程类似于在 STS 算法中生成候选话题标签集的过程。其次,EUCF＋ECCF 算法基于 TF-IDF 机制查找相似在线社交网络消息,相比 Word2vec 算法和 STS 算法中嵌入向量表示会花费更长的时间。从图 6-5(c)中的实验结果可以发现,STS 算法的运行时间略大于 Hashtag-LDA＋EUCF 方法(约 0.006 s)。

综合以上分析可以看出 STS 算法除了具有最佳的搜索准确率,相比大多数对比算法(TOMOHA,EUCF＋ ECCF)具有更高的搜索效率。

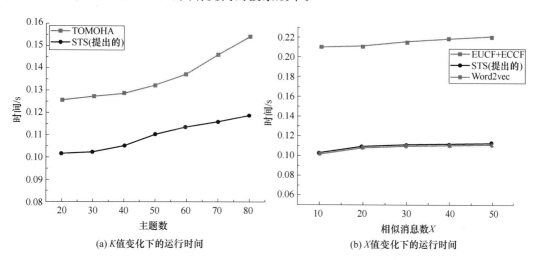

(a) K值变化下的运行时间　　　　(b) X值变化下的运行时间

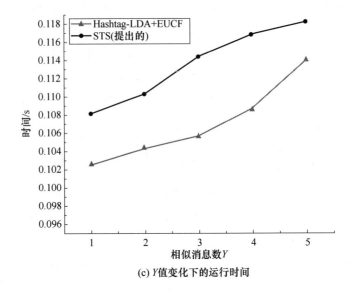

(c) Y值变化下的运行时间

图 6-5　STS算法在三种因素下话题搜索时间的对比

第7章　基于稀疏主题模型的在线社交网络突发话题发现

7.1　引　　言

随着在线社交网络用户数量的不断增长,使得每天产生海量的社交网络话题。在线社交网络曾多次成为重大突发事件(如自然灾害和重大伤亡事件)的传播和分享平台。如果能从在线社交网络中及时发现国内外的突发话题,将有助于相关部门尽早地发现事件和言论,以便及时做出响应和防范。在线社交网络内容是嘈杂和分散的,并伴随大量的无意义信息和日常的普通话题。同时,在线社交网络内容篇幅比较短且动态变化,如何从社交网络短文本中发现高质量的突发话题是具有挑战性的科学问题。

为了解决上述问题,实现在线社交网络突发话题的自动发现,本章提出基于稀疏主题模型的在线社交网络突发话题发现算法(SBTD),构建基于"Spike and Slab"先验的稀疏主题模型(SRTM)。考虑到社交网络的突发话题的特点,假设一个话题在一段时间内被广泛讨论和分享,而在其他时间段很少或者几乎没有人讨论和分享,则认为该话题是一个突发话题。SBTD算法的核心是利用词的突发性作为稀疏主题模型(SRTM)先验,通过引入二值开关变量来决定话题的来源,SBTD算法不仅能够从在线社交网络中自动发现突发话题,也能够有效地解决社交网络上下文稀疏性问题。

7.2　基于稀疏主题模型的在线社交网络突发话题发现算法(SBTD)的提出

基于稀疏主题模型的在线社交网络突发话题发现算法(SBTD),建立基于"Spike and Slab"先验的稀疏主题模型(SRTM),通过该模型建模短文本突发话题,引入词的突发性作为模型的先验,采用二值开关变量控制话题的来源,完成突发话题的自动发现,通过利用RNN和IDF来充分地学习词对的内部关系,并结合"Spike and Slab"先验优化发现的突发话题,使得发现的突发话题更加聚焦和一致。

7.2.1　SBTD算法的研究动机

突发话题发现的研究可以分为两类,一类是基于主题模型及变种方法来发现突发话题,另一类是基于聚类方法来发现突发话题。主题模型方法通过利用LDA等主题模型建模文本信息,并通过聚类等后处理步骤来发现突发话题。然而,这些方法需要烦琐的后处理过程且结果仍然不理想。基于聚类的方式聚类突发话题,这类方法利用突发词聚类来监测突发话题。然而,上述方法仍然无法解决社交网络上下文稀疏性问题,且无法实现突发话题的自动发现。另外,由于突发特征是嘈杂的且分散的,区分两个同时发生的相似的话题对于聚类方法也较为困难。

影响在线社交网络突发话题发现质量和效率的因素包括:社交网络上下文稀疏性问题、烦琐的后处理问题及短文本语义关系学习问题。因此,在实现在线社交网络突发话题发现过程中,利用 RNN 和 IDF 学习词关系,构建基于"Spike and Slab"先验的稀疏主题模型建模话题,引入词的突发性作为先验,结合二值开关变量引导话题发现的来源,实现在线社交网络突发话题的自动发现。

7.2.2　SBTD 算法描述

基于稀疏主题模型的在线社交网络突发话题发现算法(SBTD),算法框架图如图 7-1 所示。在该框架中包括 4 个过程,分别是数据预处理、基于 RNN 和逆文档频率(IDF)的词关系学习、基于"Spike and Slab"先验的稀疏主题模型(SRTM)的建立以及社交网络突发话题发现。

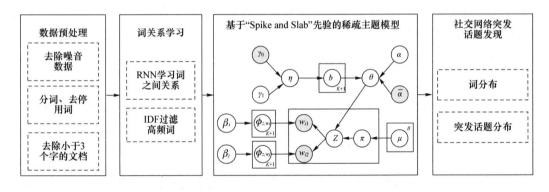

图 7-1　基于稀疏主题模型的在线社交网络突发话题发现算法框架图

数据预处理主要是将获取的社交网络数据进行数据清洗,删除获取的新浪微博数据中的重复内容,并去除噪声信息,分词、移除停用词等。

基于 RNN 和逆文档频率(IDF)的词关系学习用于完成微博文档中词对内部关系的学习。通过 RNN 来学习并存储当前词对与先前词对之间的关联关系,利用逆文档频率(IDF)来降低普通的高频词的影响。在学习的过程中,综合 RNN 学习到的词关系及 IDF 的计算结果,构建权重先验 β 加入 SRTM 模型,代替传统主题模型中的 β 先验,使得模型能够有效地学习词对间的内部关系。

基于"Spike and Slab"先验的稀疏主题模型用于建模突发话题,并从社交网络数据中自动地区分一般话题和突发话题。通过引入词的突发性作为先验,并利用二值开关变量来决定突发话题的生成。通过提取词对的生成而不是单个词的生成来学习更多的词共现信息，以解决社交网络突发话题发现过程中上下文稀疏性问题。为了进一步聚焦发现的突发话题，通过"Spike and Slab"先验来解耦发现话题的稀疏和平滑，使其能够发现更为一致的突发话题。

社交网络突发话题发现基于"Spike and Slab"先验的稀疏主题模型（SRTM）的建模结果得到社交网络突发话题分布和突发词分布，通过突发话题分布和词分布得到发现的突发话题。

7.2.3 基于 RNN 和逆文档频率(IDF)的词关系学习

采用 Elman RNN 方法来学习和记录微博中词对的关系，结合逆文档频率（IDF）来衡量每个词以降低普通词的影响。综合 RNN 和 IDF 的结果构建权重先验，加入 SRTM 模型中。基于 RNN 和 IDF 的词关系学习的框架图如图 7-2 所示。

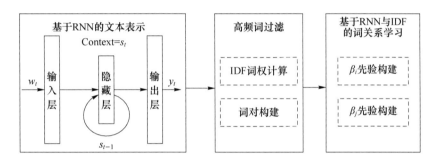

图 7-2 基于 RNN 和逆文档频率(IDF)的词关系学习框架图

7.2.4 基于"Spike and Slab"先验的稀疏主题模型(SRTM)的建立

假设突发性强的词对更加可能由突发话题产生，而突发性相对平稳或者较弱的词对更可能由一般话题产生。当突发事件或者话题出现时，词对的变化可能更加频繁或者剧烈，这些频繁出现的词对为在线社交网络突发话题发现提供了重要的依据和线索。建立基于"Spike and Slab"先验的稀疏主题模型 SRTM，该模型通过直接建模词对的生成来产生更多的词共现信息，并利用词对的突发性作为先验引导突发话题的发现，采用基于"Spike and Slab"先验的弱平滑先验来解耦发现的突发话题的稀疏和平滑。整合上述属性到主题模型中，实现突发话题的建模。与传统主题模型建模文档生成不同的是，SRTM 直接建模词对的生成，而不是单独词的生成来学习更一致性的主题。

"Spike and Slab"先验中的开关变量表明主题是否与突发话题一致，也就是下文中定义的是否为一个聚焦主题。由于"Spike and Slab"先验可能会产生空选择问题，将导致概率分布的含糊不清。通过在 SRTM 中直接引入弱平滑先验来避免概率分布的含糊不清，并简化采样过程以确保模型的稳定性。

假设词对 P 在时间 T 出现 n_w^t 次,由于词对可能被定义为普通词或者突发词,可以将词对的生成频次拆分为两个组成部分,其中 $n_{w,0}^t$ 表示由一般话题产生词对的数量,而 $n_{w,1}^t$ 表示由突发话题产生的词对的数量,得到如式(7-1)所示的形式化表示:

$$n_{w,0}^t + n_{w,1}^t = n_w^t \tag{7-1}$$

$n_{w,0}^t$ 在一段时间内几乎是恒定不变的,$n_{w,1}^t$ 则在不同的时间段内动态变化。当突发话题出现时,相关的词会在这段时间内急剧产生,$n_{w,1}^t$ 的变化较为剧烈。相反,如果没有突发话题出现时,$n_{w,1}^t$ 会趋于 0。可以利用 n_w^t 的均值来估计 $n_{w,1}^t$ 的值。在前 M 个时间段内,n_w^t 均值的计算如式(7-2)所示:

$$\overline{n_w^t} = \frac{1}{M} \sum_{M=1}^{M} n_w^{t-m} \tag{7-2}$$

利用式(7-3)可以得到 $n_{w,1}^t$ 的估计值 $\hat{n}_{w,1}^t$:

$$\hat{n}_{w,1}^t = \max\left[(n_w^t - \overline{n_w^t}), \tau\right] \tag{7-3}$$

其中,$n_{w,0}^t$ 和 $n_{w,1}^t$ 是不能被观测到的,τ 是一个相对较小的正数。

在得到 $\hat{n}_{w,1}^t$ 的值后,通过时间及频率来推导在 t 时刻词对由突发话题生成的概率,计算公式如式(7-4)所示:

$$\mu_w^t = \frac{\max\left[(n_w^t - \overline{n_w^t}), \tau\right]}{n_w^t} \tag{7-4}$$

其中,μ_w^t 表示在 T 时刻词对 P 的突发概率,表明词对 P 在 T 时刻比在其他时刻出现的更频繁,更有可能是由突发话题生成。表 7-1 列出了基于"Spike and Slab"先验的稀疏主题模型(SRTM)的变量和标号。

表 7-1 基于"Spike and Slab"先验的稀疏主题模型的变量和标号

变量和标号	含义
D, N_P	社交网络短文本数据,数据中词对的数量
K, P	数据中主题数量,提取的词对集合表示
ϕ_0, ϕ_k	话题中的一般词分布,话题-词分布
θ, b_z	突发话题分布,主题选择器
μ, z	词对的突发概率,主题分配
$\alpha, \overline{\alpha}$	稀疏主题模型的平滑先验和弱平滑先验
γ_0, γ_1	模型的两个超参数
β	基于 RNN 和 IDF 构建的权重先验
π	二值开关变量,决定突发话题的生成
A_Z	突发话题聚焦主题集合
$I[\cdot]$	示性函数

定义 7-1:主题选择器。给定短文本数据集 $D = \{d_1, d_2, \cdots, d_{N_d}\}$,主题选择器 b_z 是一个二值开关变量表示选择的主题是否与突发话题聚焦。b_z 通过伯努利分布进行采样。

定义7-2：平滑先验和弱平滑先验。平滑先验 α 是狄利克雷超参数,用于平滑主题是否被选择器选择。而弱平滑先验 $\bar{\alpha}$ 也是超参数,用于平滑主题没有被选择。由于 $\bar{\alpha} \ll \alpha$,故称 $\bar{\alpha}$ 为弱平滑先验。

定义7-3：聚焦话题。如果主题选择器 $b_z = 1$,表明话题是一个聚焦话题。对于数据集 $Az = \{z : b_z = 1, z \in \{1, \cdots, K\}\}$,定义为聚焦话题。

1. SRTM 模型建模过程

词对从话题中直接生成,而词对的突发性与话题的突发性密切相关。因此,可以定义词对为普通使用或者来源于突发话题。基于"Spike and Slab"先验的稀疏主题模型(SRTM)通过学习词对的突发性实现社交网络突发话题的建模。定义一个二值开关变量 π 来决定词来自一般话题还是突发话题。当"$\pi = 0$"表示词对来源于一般话题,"$\pi = 1$"表示词对来源于突发话题。利用词对的突发概率编码突发话题的先验,并通过带有突发概率先验 μ_w^i 的伯努利分布作为开关变量 π 的先验分布。引入分布 θ 表示突发话题分布,ϕ_k 表示突发话题中的词分布,ϕ_c 表示一般词分布。利用平滑先验和弱平滑先验解耦主题分布的稀疏和平滑。基于"Spike and Slab"先验的稀疏主题模型(SRTM)通过利用 RNN 和逆文档频率(IDF)构建权重先验 β 替换传统主题模型中的 β,进而能够有效地学习词对的内部关系。图7-3为基于"Spike and Slab"先验的稀疏主题模型(SRTM)的组成,其中阴影部分表示可以观察到的变量。

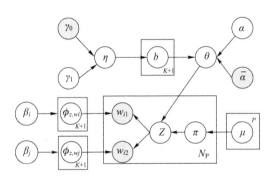

图7-3 基于"Spike and Slab"先验的稀疏
主题模型(SRTM)的组成

在时间 t,基于"Spike and Slab"先验的稀疏主题模型(SRTM)的生成过程如下。

(1) 对于 D,基于超参数 γ_0 和 γ_1 采样辅助变量 $\eta \sim \text{Beta}(\gamma_0, \gamma_1)$,基于辅助变量,利用伯努利分布采样主题选择器 $b_z \sim \text{Bernoulli}(\eta)$,基于平滑先验和弱平滑先验采样突发话题分布 $\theta \sim \text{Dir}(\vec{ab} + \bar{\alpha}\vec{1})$。

(2) 对于每个突发话题,利用基于 RNN 和 IDF 学习到的超参数 β_i 和 β_j 采样词对中的两个词分布 $\phi_{k,1} \sim \text{Dir}(\beta_i)$,$\phi_{k,2} \sim \text{Dir}(\beta_j)$,同时,采样一般词分布 $\phi_{c,1} \sim \text{Dir}(\beta_i)$ 和 $\phi_{c,2} \sim \text{Dir}(\beta_j)$。

(3) 对于每个词对 $p_i \in P$,基于估计的词的突发概率采样二值开关变量 $\pi \sim \text{Bernoulli}$

(μ_w):

如果 $\pi=0$，根据多项分布分别采样词 $w_{i,1}\sim\mathrm{Multi}(\phi_{c,1})$ 和词 $w_{i,2}\sim\mathrm{Multi}(\phi_{c,2})$。

如果 $\pi=1$，根据多项分布采样突发话题 $z\sim\mathrm{Multi}(\theta)$，并采样 $w_{i,1}\sim\mathrm{Multi}(\phi_{z,1})$ 和词 $w_{i,2}\sim\mathrm{Multi}(\phi_{z,2})$。

2. 模型的参数估计

利用吉布斯采样方法采样开关变量 π 和主题选择器 b_z。设置 $\bar{\alpha}=10^{-8}$ 和 γ_0 等于 1。采样公式分别如式(7-5)和式(7-6)所示：

$$P(\pi=0\,|\,\mathrm{rest})\propto(1-\mu_i)\frac{(n_{0,w_{i,1}}^{\neg i}+\beta)(n_{0,w_{i,2}}^{\neg i}+\beta)}{(n_{0,\cdot\cdot}^{\neg i}+W\beta)(n_{0,\cdot\cdot}^{\neg i}+1+W\beta)} \tag{7-5}$$

$$P(\pi=1,z_i=k\,|\,\mathrm{rest})\propto\mu_i\frac{(n_k^{\neg i}+b_z\alpha+\bar{\alpha})}{(n^{\neg i}+|A_z|\alpha+K\bar{\alpha})}\frac{(n_{k,w_{i,1}}^{\neg i}+\beta)(n_{k,w_{i,2}}^{\neg i}+\beta)}{(n_{k\cdot\cdot}^{\neg i}+W\beta)(n_{k\cdot\cdot}^{\neg i}+1+W\beta)} \tag{7-6}$$

其中，$\pi=\{\pi i\}_{i=0}^{N_P}$，$Z=\{zi\}_{i=0}^{N_P}$，$\mu=\{\mu i\}_{i=0}^{N_P}$。$n_{0,w}$ 表示词对分配给一般词分布的次数，$n_{0,\cdot}=\sum\limits_{w=1}^{W}n_{0,w}$ 表示词对分配给一般词分布的总数量。n_k 表示词 w 分配给突发话题的数量。$A_z=\{z:b_z=1,z\in\{1,\cdots,K\}\}$ 表示 $\vec{b}$ 的状态为"开"的集合，$|A_z|$ 表示集合 A_z 的大小，$n.=\sum\limits_{k=1}^{K}n_k$ 表示词对分配给突发话题的总数量。α 表示主题平滑先验，$\bar{\alpha}$ 表示弱平滑先验，$n_{k,w}$ 表示词 w 分配给突发话题的数量，$n_{k,\cdot}=\sum\limits_{w=1}^{W}n_{k,w}$ 表示词 w 分配给突发话题 K 的总数量，$\neg i$ 表示计数排除词对。

采样主题选择器 b_z：在采样过程中借助 η 作为辅助变量来进行计算。给定联合条件分布如式(7-7)所示：

$$P(\eta,\vec{b}_z\,|\,\mathrm{rest})\propto\prod_z P(b_z\,|\,\eta)P(\eta\,|\,\gamma_0,\gamma_1)\frac{I[Bl]\Gamma(|A_z|\alpha+K\bar{\alpha})}{\Gamma(n.+|A_z|\alpha+K\bar{\alpha})} \tag{7-7}$$

通过联合条件分布，以 η 作为条件，迭代采样主题选择器 b_z。对于超参数 α，利用带有对称高斯的 Metropolis-Hastings 分布进行采样。对于参数 γ_1，利用伽马先验进行设置。$I[\cdot]$ 表示一个指示性函数，$Bl=\{z:n_k>0,z\in\{1,\cdots,K\}\}$。

7.2.5 在线社交网络突发话题发现

利用基于"Spike and Slab"先验的稀疏主题模型(SRTM)生成社交网络突发话题分布和突发词分布。随机给每个词分配主题，在每次迭代过程中，利用式(7-5)、式(7-6)和式(7-7)采样隐变量，完成多次迭代收敛后，通过学习到的参数值估计其他未知参数。得到的突发话题分布和词分布如式(7-8)、式(7-9)及式(7-10)所示：

$$\theta_k=\frac{n_k^{\neg i}+b_z\alpha+\bar{\alpha}}{n^{\neg i}+|A_z|\alpha+K\bar{\alpha}} \tag{7-8}$$

$$\phi_{k,w_i}=\frac{n_{k,ui,1}+\beta_i}{(n_{k,\cdot}+W\beta)} \tag{7-9}$$

$$\phi_{k,w_j} = \frac{n_{k,w_i,2} + \beta_j}{(n_{k,.} + W\beta)} \tag{7-10}$$

结合式(7-9)和式(7-10),得到社交网络突发词分布:$\phi_{k,w} = [\phi_{k,w1}, \phi_{k,w2}, \cdots, \phi_{k,un}]$。

假设文档 d 包含 N_P 个词对,通过最大似然估计方法计算 $P(wd_j|d)$,如式(7-11)所示:

$$P(w_{d_j}|d) = \frac{np(w_{d_j})}{N_p} \tag{7-11}$$

其中,$np(w_{d_j})$ 是词对 P 出现在文档 d 中的频次。基于式(7-11)可以得出文档 d 中的突发话题的比例,计算公式如式(7-12)、式(7-13)及式(7-14)所示:

$$P(\pi = 1 \mid d) = \frac{1}{Np} \sum_{j=1}^{Np} np(w_{d_j}) \hat{u}_i \tag{7-12}$$

$$\hat{u}_i = P(\pi = 1 \mid d) = \frac{1}{Z_i} \mu_i \sum_{k=1}^{K} \theta_k \phi_k, w_{i,1} \phi_{k,w_{i,2}} \tag{7-13}$$

$$Z_i = \phi_0, w_{i,1} \phi_0, w_{i,2} (1 - \mu_i) + \sum_{k=1}^{K} \theta_k \phi_k, w_{i,1} \phi_{k,w_{i,2}} \mu_i \tag{7-14}$$

其中,突发话题分布 θ 和词分布 ϕ 通过模型采样计算得到。

7.2.6 SBTD 算法的实现步骤

基于稀疏主题模型的在线社交网络突发话题发现算法(SBTD)的算法步骤如下所示。

算法 7-1:基于稀疏主题模型的在线社交网络突发话题发现算法

输入:微博短文本数据、超参数 α、γ_0,迭代次数 N_l,突发话题数量 K

输出:突发话题分布 θ,突发词分布 ϕ

(1) 数据清洗与预处理(删除重复微博和广告数据、分词及去停用词,删除词少于3的微博)

(2) 计算权重先验 β

(3) 根据式(7-4)构建突发词先验

(4) 随机初始化微博数据的话题分配

(5) 对微博数据提取词对

(6) 更新词分配和主题分配计数

(7) 重复执行式(7-5)、式(7-6)和式(7-7),当运行稳定后结束

(8) 根据式(7-8)得到社交网络突发话题分布 θ

(9) 根据式(7-9)和式(7-10)得到社交网络突发词分布 ϕ

(10) 根据式(7-11)~式(7-14)得到突发话题比例

7.3 SBTD 算法的实验结果与分析

我们分别设置了4组实验来验证本章所提出的 SBTD 算法与对比算法的突发话题发

现性能,实验一验证 SBTD 算法与对比算法的突发话题发现准确度,实验二验证 SBTD 算法与对比算法的突发话题发现的话题一致性,实验三验证 SBTD 算法与对比算法的突发话题发现的新颖度,实验四验证 SBTD 算法与对比算法的话题发现质量。

7.3.1 实验设置

1. 数据集

利用爬取的 200 万条新浪微博作为实验数据,进行如下预处理:移除重复的和非中文的微博;分词、去除停用词;移除出现次数少于 8 次的词;移除少于 3 个词的文档。处理后的数据包含 40 万条微博。时间间隔按天进行设置。

2. 评价指标

突发话题发现新颖度(Novelty):在每个时间片获取的来自主题 Z 的词,并构建关键词集合,$W^{(t)}$ 和 $W^{(t-1)}$ 分别为两个相邻时间片的词对集合,突发话题新颖度的计算如式(7-15)所示:

$$\text{Novelty}(Z^{(t)}) = \frac{|W^{(t)}| - |W^{(t)} \bigcap W^{(t-1)}|}{T * K} \tag{7-15}$$

其中,$|\cdot|$ 表示数据集中的词的数量,T 表示包含在主题中的词的数量。

3. 对比算法

采用当前主流的突发话题发现算法 OnlineLDA、Twevent、BBTM、BEE 作为对比算法。

4. 参数设置

时间片设置为 1 天,设置 $\alpha = 0.1$,$\bar{\alpha} = 10^{-12}$,$\gamma_0 = 0.1$。

7.3.2 实验一:SBTD 算法与对比算法的突发话题发现准确度比较

通过利用话题发现准确度指标来验证基于稀疏主题模型的在线社交网络突发话题发现算法(SBTD)发现突发话题的性能。采用手工标注方式标注突发话题发现的准确度。具体规则如下:如果一个话题在当前时间片突然发生,而在先前的时间片没有出现,则该话题被标记为突发话题。相反,如果一个话题包含的词来自不同的主题或者日常交流,该话题被判定为一般话题。如果有超过一半的话题被标记为突发话题,则判定该话题能够被发现。利用前 K 个词平均准确度 P@K 作为评价指标评价 SBTD 算法和对比算法发现的突发话题的准确度。表 7-2 列出了 SBTD 算法和对比算法在不同 K 值设置下的突发话题发现准确度结果。

表 7-2　SBTD 算法与对比算法的突发话题发现准确度比较

	P@10	P@20	P@30	P@40	P@50
BBTM	0.720	0.724	0.732	0.728	0.724
Twevent	0.711	0.715	0.725	0.693	0.689

续 表

	P@10	P@20	P@30	P@40	P@50
OnlineLDA	0.228	0.221	0.213	0.209	0.186
BEE	0.612	0.552	0.481	0.473	0.467
SBTD(提出的)	0.803	0.808	0.822	0.825	0.829

SBTD 算法的准确率高于 0.8,显著优于其他对比算法。在 P@50 时 SBTD 算法突发话题发现的准确度比 BBTM 算法提高 10%,比 OnlineLDA 算法提高 64%,表明通过引入 RNN 先验学习词关系及引入平滑先验和弱平滑先验解耦主题的稀疏和平滑,有助于提高突发话题发现的性能。当 K 值设置为 10 时,SBTD 算法的准确率结果稍差,主要是因为主题数量太少,使得主题比较分散。

BBTM 算法也获得了较好的准确率,主要是因为 BBTM 算法通过直接建模双词的生成,能够有效地解决社交网络上下文稀疏性问题。Twevent 算法的表现优于 OnlineLDA 算法和 BEE 算法,主要原因是 Twevent 算法仅仅基于突发词聚类来发现突发话题,使得突发话题较为集中。普通的基于时间的主题模型算法 OnlineLDA 和 BEE 表现最差,主要原因是这两个算法无法建模词的突发性,且需要大量的后处理过程,其建模的结果可能混合了多个普通话题。

7.3.3 实验二:SBTD 算法与对比算法的话题发现新颖度比较

设置 T 的值为 10。不同突发话题数量设置下的话题发现新颖度的实验结果如图 7-4 所示。

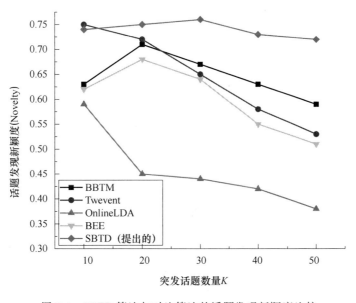

图 7-4 SBTD 算法与对比算法的话题发现新颖度比较

从图 7-4 可以看到,SBTD 算法的话题发现新颖度结果明显优于其他对比算法,尤其当 K 值较大时,表现较为明显。主要原因是 SBTD 算法通过混合词对的突发性和"Spike and Slab"先验到模型中,能够更加敏感地感知突发话题。当 K 值较小时,Twevent 算法获得了较好的性能,主要是因为该算法通过突发词聚类来发现突发话题。随着主题数 K 的增加,Twevent 算法的性能快速下降,这是因为随着主题数量的不断增加,发现的话题中混合了越来越多的噪声数据。BBTM 算法的结果显著优于 Twevent 算法,这是因为 BBTM 算法利用词对来建模突发话题,可以有效地改善处理短文本和发现突发话题的能力。

BEE 算法表现优于 OnlineLDA 算法,这是因为 BEE 算法对于监测话题的变化比较敏感,且通过后处理与增量聚类能够准确地感知突发话题的变化和新话题的出现,OnlineLDA 算法是一种基于在线推导的话题模型,在发现话题过程中通过相似度计算来发现话题,不能较好地区分突发话题和普通话题。

7.3.4　实验三:SBTD 算法与对比算法的话题发现一致性比较

利用中文维基百科作为辅助语料库,设置 N 的值为 10,K 值从 10 到 50 变化。图 7-5 所示为 SBTD 算法与对比算法在不同 K 值设置下的主题一致性(PMI-Score)实验结果。

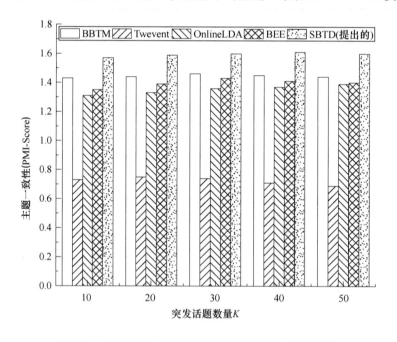

图 7-5　SBTD 算法与对比算法的话题发现一致性比较

SBTD 算法的主题一致性结果优于其他对比算法,表明其能够从在线社交网络中学习到更一致的突发话题,这是因为 SBTD 算法通过 RNN 和 IDF 构建权重先验,能够学习到一致的话题,并通过引入平滑先验和弱平滑先验能够进一步聚焦发现的话题。BBTM 算法也获取了较好的主题一致性结果,但与 SBTD 算法相比其效果稍差,主要的原因是 SBTD 算法通过引入平滑先验和弱平滑先验,能够产生更聚焦的话题。与 OnlineLDA 算法相比,

BEE算法也取得了较好的主题一致性结果,这是因为BEE算法能够在一定程度上解决社交网络上下文稀疏性问题。Twevent算法表现最差,这是因为Twevent算法仅仅通过简单的突发词聚类,混杂了噪声信息,因而生成了较少的一致性话题。

以下通过直观的定性分析来说明SBTD算法突发话题发现的有效性。从微博中选择两个热点和高频的微博话题标签:"昆明火车站事件"和"马航事件"。这两个事件分别发生于2014年3月1日和2014年3月8日。对于每个话题标签(hashtags),提取包含这些hashtags的微博,并统计词频和归一化。对于每个对比算法,选择发现的结果中最接近话题标签的突发话题。表7-4和表7-5分别列出了SBTD算法和对比算法发现的与话题标签接近的前10个词。

从表7-3的实验结果可以看到,SBTD算法的结果与话题标签内容比较接近。BBTM算法的结果也与话标签内容接近,但包含了如"亲人""进站"等不相关的词。Twevent算法包含了较多的不相关的词,如"购物""美食"及"云南"等,这表明基于突发词聚类的突发话题发现算法对噪声数据比较敏感。OnlineLDA算法的结果包含了较多大众化的词,如"情况""百货大楼""晚点"等,仅仅部分词与话题标签相关,表明其获取了较少的一致性主题。BEE算法的结果与OnlineLDA算法相似,有多个不同的主题词混杂在一起,如"进站口""手机""旅游"及"景点"等。

表 7-3　SBTD算法与对比算法发现的"昆明火车站事件"的前10个词

BBTM	Twevent	OnlineLDA	BEE	SBTD(提出的)
嫌疑人	暴力	暴力	火车站	火车站
火车站	昆明	危险	袭击	昆明
救治	砍人	昆明	进站口	遇难
警察	袭击	情况	手机	暴力
嫌疑犯	进站口	救护车	乘客	嫌疑人
新疆	恐怖	乘务员	旅游	打击
遇难	购物	警察	现场	死亡
祈祷	美食	百货大楼	景点	救治
亲人	祈祷	新疆	祈祷	紧急
进站	云南	晚点	事件	砍人

从表7-4的实验结果可以看到,SBTD算法的结果接近于话题标签的内容,取得了较好的效果。BBTM算法包含了"俄罗斯""中国"等其他不相关的词。OnlineLDA算法与BBE算法的结果包含了多个不相关的词。进一步验证了SBTD算法通过引入RNN学习词对关系,利用平滑先验和弱平滑先验解耦主题的稀疏和平滑有助于提高话题发现的质量,并使得发现的突发话题较为一致。

表 7-4　SBTD 算法与对比算法发现的"马航事件"的前 10 个词

BBTM	Twevent	OnlineLDA	BEE	SBTD(提出的)
客机	马来西亚	北京	祈祷	飞机
击落	乌克兰	入境处	马航	乘客
飞机	恐怖	乘务员	安息	马航
坠毁	贵宾厅	MH370	手机	失联
马航	航班	护照	天气	MH370
服务	天气	消息	旅游	遇难
俄罗斯	公司	日本	华为	客机
乘客	护照	马航	北京	平安
中国	艾滋病	报道	飞机	声明
平安	绝望	事件	贵宾厅	祈祷

7.3.5　实验四:SBTD 算法与对比算法在话题发现质量上的比较

采用聚类纯度(Purity)和聚类熵(Entropy)作为评价指标来验证我们提出的 SBTD 算法和对比算法的突发话题发现的质量。聚类纯度(Purity)和聚类熵(Entropy)是两个聚类质量评价方法,其中聚类纯度(Purity)的值越大,表明发现的话题质量越高,而聚类熵(Entropy)越小,表明话题发现的质量越高。

从微博数据集中筛选出高频的话题标签信息,并对筛选后的话题标签进行排序,选择 6 个话题意义明确,且为突发话题的话题标签作为聚类的类标。从数据集中随机地选择其中 1/10 的数据,并移除对应的话题标签作为实验的测试集。对于 OnlinLDA 算法和 BEE 算法,把发现的突发话题视为一个类别,同时把具体的某个微博 d 赋值给 $P(\pi==1|d)$ 的类。对于 Twevent 算法计算聚类与微博信息的 Jaccard 系数,把话题赋值给结果最大的类。设置主题数量从 5 到 30。图 7-6 和图 7-7 列出了不同主题数量设置下的聚类纯度(Purity)和聚类熵(Entropy)的实验结果。

从图 7-6 的结果可以看到,SBTD 算法在聚类纯度(Purity)结果上优于其他对比算法,表明 SBTD 算法能够更加准确地分析出突发话题。BBTM 算法也获得了好的结果,比 SBTD 算法表现稍差,主要是因为 SBTD 算法利用 RNN 先验能够提前学习到词之间的关系,并通过逆文档频率(IDF)过滤高频词,能够降低高频词对突发话题发现的影响,通过弱平滑先验能够使主题更加聚焦。与 Twevent 算法和 OnlineLDA 算法相比,BEE 算法获取了好的话题发现的质量,主要是因为 BEE 算法能够建模社交网络的时间信息,并结合增量聚类精确地描述和分析突发特征。Twevent 算法表现最差,主要是因为 Twevent 算法仅仅采用突发词信息来描述突发话题,在区分整个微博话题和具有突发特性的突发话题的相似性上存在着较大的困难。

图 7-7 是聚类熵(Entropy)结果,可以看到,SBTD 算法的聚类熵结果明显优于其他基

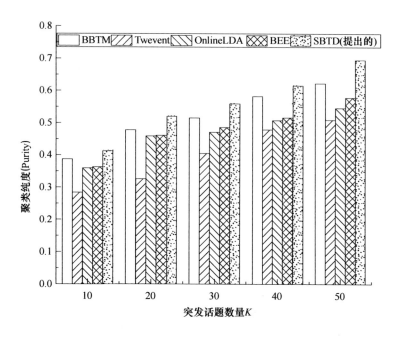

图 7-6　SBTD 算法与对比算法的话题聚类纯度比较

准算法,表明本章提出的 SBTD 算法能够更加准确地学习话题,能够较好地解释和表示话题。

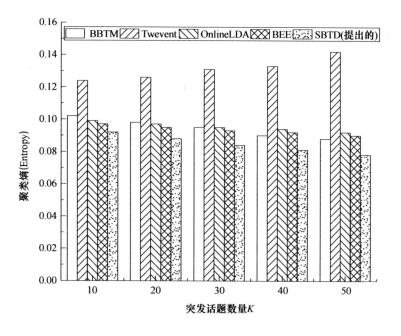

图 7-7　SBTD 算法与对比算法的话题聚类熵比较

第8章　基于用户聚合的在线社交网络
用户搜索意图理解与挖掘

8.1　引　言

在线社交网络为用户提供了轻量级的、快速的沟通和交流环境,用户能够利用社交网络平台传播和分享新闻事件、日常聊天及生活和工作状态情况。当用户从社交网络中搜索相关内容时,要求系统能够返回期望的结果,并根据其搜索意图进行推荐。为了实现上述目标,需要建立一种用户搜索意图理解的机制和算法,根据用户的信息理解和挖掘用户的搜索意图,最终返回符合用户搜索意图的搜索结果。利用在线社交网络用户和用户发布的信息,理解与挖掘用户的搜索意图对开发社交网络相关应用,如社交网络精准搜索、主题聚类和话题推荐具有重要的意义。

由于在线社交网络文本不规则并伴有大量的噪声,且存在上下文稀疏性问题,给在线社交网络用户搜索意图理解与挖掘带来了极大的挑战。在当前的用户搜索意图理解研究中,需要利用用户的隐私数据,如用户的搜索历史及访问日志等信息来进行研究,然而,用户隐私数据的获取是困难的。如何基于爬取的在线社交网络数据,从用户发布的内容中充分地理解与挖掘用户的搜索意图,降低普通词对用户搜索意图理解与挖掘的影响,并解决社交网络上下文稀疏性问题,是一个值得关注的挑战。

为了实现在线社交网络用户搜索意图的理解与挖掘,我们提出了基于用户聚合的在线社交网络用户搜索意图理解与挖掘算法(UAIU)。UAIU 算法的主要目标是利用在线社交网络用户发布的信息,有效地从社交网络短文本中挖掘和理解用户的搜索意图,并处理在线社交网络上下文稀疏性问题。为了进一步提升理解与挖掘用户搜索意图的性能,利用伯努利分布作为开关变量对通用词和主题词进行区分,从而降低社交网络中大量通用词对用户搜索意图建模性能的影响。

8.2　UAIU 算法的提出

基于用户聚合的在线社交网络用户搜索意图理解与挖掘算法(UAIU),该算法基于我们提出的在线社交网络用户聚合主题模型(UATM)建模社交网络用户生成的内容和用户关注者生成的内容,并通过聚合用户的方式来标识生成的用户搜索意图分布。为了理解与挖掘用户的搜索意图,通过聚类 UATM 生成的用户搜索意图分布和关注者的搜索意图分布,实现在线社交网络用户搜索意图的理解与挖掘。

8.2.1 UAIU 算法的研究动机

在用户搜索意图理解与挖掘研究中,主题模型作为典型的建模方法受到广泛关注。然而,传统的主题模型在处理社交网络短文本信息时,无法解决上下文稀疏性问题,难以获取较好的搜索意图理解与挖掘的结果。为了解决上下文稀疏性问题,我们提出了多种改进的主题模型方法。隐主题模型(LTM)聚合短文本为长文档,解决社交网络上下文稀疏性问题。公共语义主题模型(CSTM)从公共主题中直接过滤噪声主题和词来增强主题词共现信息。上述方法分别以不同的视角来解决社交网络上下文稀疏性问题。然而,在线社交网络上下文是嘈杂和稀疏的,伴有大量的无意义的信息,这些方法无法主动区分主题词和通用词,因此,上述方法无法降低普通词对用户搜索意图理解与挖掘的干扰。

为了实现在线社交网络用户搜索意图理解与挖掘,需要考虑如何解决在线社交网络上下文稀疏性问题,并能够有效地降低非主题词的影响,提高用户搜索理解与挖掘的质量。另外,需要考虑如何在没有用户隐私数据的情况下,利用用户发布的信息实现具有通用性的在线社交网络用户搜索意图理解与挖掘算法。因此,本章提出了基于用户聚合的在线社交网络用户搜索意图理解与挖掘算法(UAIU),该算法通过构建在线社交网络用户聚合主题模型(UATM)对用户的搜索意图进行建模,基于建模的结果构建用户意图权重表示,并通过聚类得到的权重表示,实现在线社交网络用户搜索意图理解与挖掘。

8.2.2 UAIU 算法描述

为了充分理解与挖掘用户的搜索意图,本章提出基于用户聚合的在线社交网络用户搜索意图理解与挖掘算法(UAIU),其结构如图 8-1 所示。UAIU 算法由两部分构成,分别为在线社交网络用户聚合主题模型(UATM)的构建及在线社交网络用户搜索意图理解与挖掘。在线社交网络用户聚合主题模型(UATM)通过引入 RNN 和逆文档频率(IDF),构建权重先验来学习词的内部关系,并通过直接建模用户而不是文档来解决社交网络上下文稀疏性问题,提取用户的词对来建模意图分布。通过区分建模普通词和主题词来减少用户内容中的普通词的影响。为了充分理解和挖掘用户的搜索意图,除了建模用户的搜索意图外,还引入了关注者的意图信息以获取更精确的理解与挖掘结果。

在社交网络用户搜索意图理解与挖掘中,构建了一种基于权重先验的用户搜索意图聚合表示。利用在线社交网络用户聚合主题模型(UATM)建模生成的用户搜索意图分布及关注者的搜索意图分布,通过权重参数聚合用户搜索意图,获取联合的用户意图分布,通过聚类得到用户的搜索意图,进而实现在线社交网络用户搜索意图理解与挖掘。

8.2.3 在线社交网络用户聚合主题模型(UATM)的建立

以下引入 UATM 模型的先验构建和词对提取过程,介绍 UATM 模型的生成过程,给

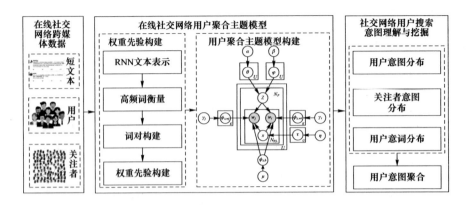

图 8-1 基于用户聚合的在线社交网络用户搜索意图理解与挖掘算法框架图

出 UATM 模型的详细推理过程。

1. 基于 RNN 和 IDF 的权重先验构建

当前的主题模型方法忽视了社交网络中词之间的内部关联关系。这种关联关系在用户搜索意图理解与挖掘中具有重要的作用。如果两个词是非常相关的,那么它们出现在相同主题的可能性较大,如果能够充分利用词之间的关联关系,可以有效地学习语义信息,进而提高在线社交网络用户搜索意图理解与挖掘的性能。利用 Elman RNN 来学习词之间的关系。Elman RNN 网络结构如图 8-2 所示。

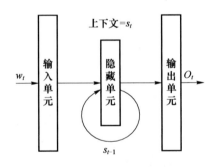

图 8-2 Elman RNN 网络结构

采用逆文档频率(IDF)来衡量每个词,计算公式如式(8-1)所示:

$$\text{IDF}_{wj} = \log \frac{|N_D|}{|d \in D : w_j \in d|} \qquad (8\text{-}1)$$

其中,$|d \in D : w_j \in d|$ 表示词 w 出现在文档中的数量。从式(8-1)可以看到,词 w_j 出现的数量越多,IDF 的结果越小。为了降低 w_j 对语义的影响,引入权重参数对其进行调节。

综合 RNN 的输出和逆文档频率(IDF)的计算结果构建了权重先验,如式(8-2)和式(8-3)所示:

$$\gamma_i = \ell \times o_i(j) \times \text{IDF}_{ui} \qquad (8\text{-}2)$$

$$\gamma_j = \ell \times o_i(j) \times \text{IDF}_{wj} \qquad (8\text{-}3)$$

其中,ℓ 是相对较小的一个正数,用于避免先验 γ 的值太小。

计算得到权重先验,替换掉原始主题模型中的超参数,使得模型学习到更一致的用户搜索意图表示。

2. UATM 模型中词对的构建与提取

为了解决社交网络上下文稀疏性问题,需要对社交网络数据抽取了词对(处于同一社交网络上下文中的两个单词构成一个词对),并设定一个词对中的两个单词具有相同的主题。

对社交网络数据进行预处理,以获取微博的所有文档信息。提取词对的计算方法如式(8-4)所示:

$$C_w = \{(w_j, w_k, \mathrm{IDF}_{wj}, \mathrm{IDF}_{wk}, o_i(j)) \mid w_j, w_k \in d, j \neq k\} \tag{8-4}$$

UATM 模型与 BTM 方法有很大的不同,主要是在提取词对的过程中引入基于 RNN 和 IDF 构建的先验知识,能够有效地学习词对间的关联关系。对于每个词对,$c \in C$,词对定义为 $C = (w_j, w_k, \mathrm{IDF}w_j, \mathrm{IDF}w_k, o_i(j))$。

3. UATM 模型的生成过程

为了推断和捕获用户的搜索意图以及关注者的搜索意图,利用吉布斯采样过程来推导用户 U 的搜索意图分布 θ_u 和用户关注者 E 的搜索意图分布 φ_u。模型中每个词对的生成来源于通用词分布 ϕ_B 或者主题词分布 ϕ_k。通过定义一个特殊的分布 x 来决定词对的生成来源。其中,对于所有的用户,$x=0$ 表示词对由普通词分布 ϕ_B 生成,而 $x=1$ 表示词对由主题词 ϕ_k 生成。对于 x 值的获取,利用分布 τ 进行采样。通过利用带有超参数 η 的分布 τ 作为先验来确定主题词的生成。

在在线社交网络用户聚合主题模型(UATM)中,利用式(8-4)来构建词对,以生成更多的词共现信息。综合 RNN 和 IDF 的结果,作为先验知识融合到模型中来充分地学习微博文本词之间的内部关系。给定微博短文本数据 $M = \{m_1, m_2, \cdots, m_{Nd}\}$,对应的提取的词对集合为 $C = \{C1, C_2, \cdots, C_N\}$,其中 $C_w = (w_j, w_k)$。UATM 模型的模型图如图 8-3 所示。

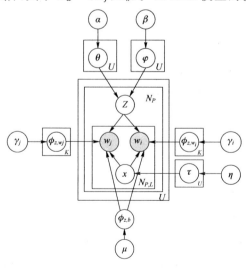

图 8-3　在线社交网络用户聚合主题模型(UATM)的模型图

UATM 模型涉及的变量或标号如表 8-1 所示。

表 8-1　在线社交网络用户聚合主题模型(UATM)使用的变量或标号

变量或标号	含义
M,N_r	数据集中文档数量和词对的数量
U,K,C_w	微博用户,主题数量,词对集合
ϕ,θ	词分布,用户搜索意图分布
φ,τ	关注者的搜索意图分布,用户特殊分布
E_u,Z	用户的关注者,主题分配
$\alpha,\beta,\gamma,\eta,\mu$	模型超参数
x	二进制开关变量
$n_{u,b},n_{u,k},n_u$	用户普通词数量,主题词数量,用户词的总数量
$s_{u,z}$	用户关注者分配给主题 z 的词对的数量

在线社交网络用户聚合主题模型(UATM)的生成过程如下。

(1) 基于超参数 μ,采样微博的普通词分布 $\phi_{u,b}\sim\mathrm{Dir}(\mu)$。

(2) 对于每个主题 $K=1,\cdots,K$,分别基于超参数 γ_i 和 γ_j,采样微博词对分布中的一个词分布 $\phi_{k,1}\sim\mathrm{Dir}(\gamma_i)$ 和另一个词分布 $\phi_{k,2}\sim\mathrm{Dir}(\gamma_j)$。

(3) 对于微博中的每一个用户 $u=1,\cdots,U$,分别基于超参数 α,β,η 采样微博中的用户搜索意图分布 $\theta_u\sim\mathrm{Dir}(\alpha)$,关注者的搜索意图分布 $\varphi_u\sim\mathrm{Dir}(\beta)$ 以及用户的特殊分布 $\tau_u\sim\mathrm{Dir}(\eta)$。

(4) 对微博中的每个词对 $c_w\in C$:

1) 利用用户搜索意图分布 θ 作为参数的多项分布,采样词对的意图分配:$z_{u,p}\sim\mathrm{Multi}(\theta_u)$。

2) 利用用户关注者搜索意图分布 φ 作为参数的多项分布,采样词对的意图分配:$z_{e,p}\sim\mathrm{Multi}(\varphi_u)$。

3) 对于词对中的每个词 $n=1,\cdots,N_{p,l}$:

利用用户特殊分布 τ_u 作为参数的伯努利分布,采样二值开关变量 $x\sim\mathrm{Bern}(\tau u)$:

如果 $x=0$,利用一般词分布 $\phi_{z,b}$ 作为参数的多项分布,分别采样两个词 $w_i,w_j\sim\mathrm{Multi}(\phi_{z,b})$;

如果 $x=1$,利用词分布 $\phi_{z,1}$ 作为参数的多项分布,分别采样一个词 $w_i\sim\mathrm{Multi}(\phi_{z,1})$ 和另一个词 $w_j\sim\mathrm{Multi}(\phi_{z,2})$。

4. UATM 模型的推理过程

在线社交网络用户聚合主题模型(UATM)中,采用吉布斯采样来推导 UATM 模型中的未知参数。吉布斯采样的核心是通过先验估计迭代采样隐变量。在采样过程中,需要积分掉用户搜索意图分布 θ、关注者的搜索意图分布 φ 及用户的词分布 ϕ,并迭代采样微博集合 M、主题 Z 和开关变量 x,根据式(8-5)采样主题 Z。

$$P(d,x,Z \mid \Phi,\Theta,\Psi,\alpha,\beta,\gamma,\eta,\mu)$$

$$= (1-\pi)P(d,x,Z \mid \Phi,\Theta,\alpha,\gamma,\eta,\mu) + \pi P(d,x,Z \mid \Phi,\Psi,\beta,\gamma,\eta,\mu)$$

$$= (1-\pi)\left(\frac{\Gamma(2\eta)}{\Gamma(\eta)^2}\right)^U \prod_u \frac{\Gamma(\eta+n_{u,b})\Gamma(\eta+n_{u,k})}{\Gamma(2\eta+n_u)} \frac{\Gamma(V\mu)}{\Gamma(\mu)^V} \prod_v \frac{\Gamma(\mu+n_{v,b})}{\Gamma(V\mu+n_b)}$$

$$\times \prod_k \frac{\Gamma(\sum_v(\gamma_i))}{\prod_v \Gamma(\gamma_i)} \frac{\prod_v \Gamma(\gamma_i+n_{k,ui}-1)}{\Gamma(\sum_v(\gamma i+n_{k,ui}-1))} \prod_k \frac{\Gamma(\sum_v(\gamma_j))}{\prod_v \Gamma(\gamma_j)} \frac{\prod_v \Gamma(\gamma_j+n_{k,v_j}-1)}{\Gamma(\sum_v(\gamma_j+n_{k,v_j}-1))}$$

$$\times \prod_u \frac{\Gamma(\sum_k(\alpha_k))}{\prod_k \Gamma(\alpha_k)} \frac{\prod_k \Gamma(n_{u,k}+\alpha_k-1)}{\Gamma(\sum_k(n_{u,k}+\alpha_k-1))}$$

$$+ \pi\left(\frac{\Gamma(2\eta)}{\Gamma(\eta)^2}\right)^U \prod_u \frac{\Gamma(\eta+n_{u,b})\Gamma(\eta+n_{u,k})}{\Gamma(2\eta+n_u)} \frac{\Gamma(V\mu)}{\Gamma(\mu)^V} \prod_v \frac{\Gamma(\mu+n_{v,b})}{\Gamma(V\mu+n_b)}$$

$$\times \prod_k \frac{\Gamma(\sum_v(\gamma_i))}{\prod_v \Gamma(\gamma_i)} \frac{\prod_v \Gamma(\gamma i+n_{k,v}-1)}{\Gamma(\sum_v(\gamma i+n_{k,v}-1))} \prod_k \frac{\Gamma(\sum_v(\gamma_j))}{\prod_v \Gamma(\gamma_j)} \frac{\prod_v \Gamma(\gamma_j+n_{k,v_j}-1)}{\Gamma(\sum_v(\gamma_j+n_{k,v_j}-1))}$$

$$\times \prod_u \frac{\Gamma(\sum_k(\beta_k))}{\prod_k \Gamma(\beta_k)} \frac{\prod_k \Gamma(s_{u,z}+\beta_k-1)}{\Gamma(\sum_k(s_{u,z}+\beta_k-1))}$$

$$(8\text{-}5)$$

其中，对于所有用户，$n_{u,b}$表示普通词数量，$n_{u,k}$表示主题词数量。$n_{v,b}$表示词V分配给普通词的次数，$n_{k,v}$表示词对C分配给主题词的次数，$n_{u,k}$表示微博分配给主题Z的数量。$n_u = n_{u,b}+n_{u,k}$，$s_{u,z}$是词对分配给用户关注者的主题的数量。

通过式(8-5)可以推导隐变量，其中$\Gamma(x)$表示伽马函数，π是权重参数，用于调整用户的搜索意图和用户关注者的搜索意图的权重表达。基于联合分布和链式法则，可以得到如式(8-6)所示的条件概率分布：

$$P(zu,b=z \mid d,x,\Phi,\Theta,\Psi,\alpha,\beta,\gamma,\eta,\mu)$$

$$\propto (1-\pi)\frac{n_{u,k}^{-i}+\alpha_k-1}{\sum_{k'=1}^K (n_{u,k}^{-i}+\alpha_k)-1} \frac{(n_{k,v_i}^{-i}+\gamma_i-1)(n_{k,v_j}^{-i}+\gamma_j-1)}{\left(\sum_{v'=1}^V (n_{k,v'}^{-i}+\gamma)-1\right)^2}$$

$$(8\text{-}6)$$

$$+ \pi\frac{s_{u,k}^{-i}+\beta_k-1}{\sum_{k'=1}^K (s_{u,k}^{-i}+\beta_{k'})-1} \frac{(n_{k,v_i}^{-i}+\gamma_i-1)(n_{k,v_j}^{-i}+\gamma_j-1)}{\left(\sum_{v'=1}^V (n_{k,v'}^{-i}+\gamma)-1\right)^2}$$

其中，$-i$表示不包含第i个微博的统计计数。

在获取到条件概率分布后，利用链式规则直接采样主题zdi，并通过推导开关变量x，得到如式(8-7)和式(8-8)所示的结果：

$$P(x=1 \mid d,x,Z,\phi,\gamma,\eta) \propto \frac{(n_{k,v_i}^{-j}+\gamma_i)(n_{k,v_j}^{-j}+\gamma_j)}{(n_k^{-j}+\gamma)^2} \frac{n_{u,k}^{-j}+\eta}{n_u^{-j}+2\eta}$$

$$(8\text{-}7)$$

$$P(x=0 \mid d,x,\eta,\mu) \propto \frac{n_{b,v}^{-j}+\mu}{n_b^{-j}+V\mu} \frac{n_{u,b}^{-j}+\eta}{n_u^{-j}+2\eta}$$

$$(8\text{-}8)$$

其中，$-j$表示不统计第j个词的计数，w_i表示微博文档中的第i个词。

在吉布斯采样的初始状态,对于每个词对随机选择一个主题,采样隐变量。完成充分的迭代后,可以得到用户搜索意图分布、用户关注者的意图分布及用户的词分布分别如式(8-9)～式(8-12)所示:

$$\theta_{u,k} = \frac{n_{u,k} + \alpha}{n_u + K\alpha} \tag{8-9}$$

$$\phi_{k,v_i} = \frac{n_{k,v_i} + \gamma_i}{n_k + V\gamma} \tag{8-10}$$

$$\phi_{k,v_j} = \frac{n_{k,v_j} + \gamma_j}{n_k + V\gamma} \tag{8-11}$$

$$\phi_{u,k} = \frac{s_{u,k} + \beta}{s_u + K\beta} \tag{8-12}$$

得到用户搜索意图的词分布,其形式化表示如式(8-13)所示:

$$\phi_k = \left[\phi_{k,v_1}, \phi_{k,v_2}, \cdots, \phi_{k,v_n}\right] \tag{8-13}$$

8.2.4　用户搜索意图理解与挖掘

本章提出的基于用户聚合的在线社交网络用户搜索意图理解与挖掘算法(UAIU),该算法通过利用用户聚合的方式来聚类用户的搜索意图。通过在线社交网络用户聚合主题模型(UATM)来建模用户的搜索意图分布和关注者的搜索意图分布,并通过搜索意图分布的结果来理解与挖掘用户的搜索意图。基于用户的搜索意图以及关注者搜索意图构建用户搜索意图的权重表示 κ 来联合挖掘用户的搜索意图,计算公式如式(8-14)所示:

$$\kappa = (1-\pi)\theta_u + \pi\varphi_u \tag{8-14}$$

得到用户的搜索意图分布,获取到最终的在线社交网络用户搜索意图。

8.2.5　UAIU 算法的实现步骤

基于用户聚合的在线社交网络用户搜索意图理解与挖掘算法(UAIU)的实现步骤如下所示。

算法 8-1：基于用户聚合的在线社交网络用户搜索意图理解与挖掘算法

输入:在线社交网络文本数据,主题数 K,超参数 α、β、η 和 μ

输出:用户搜索意图分布 θ,关注者的意图分布 φ,搜索意图权重表示 ρ

(1) 数据清洗与预处理

(2) 构建基于 RNN 和 IDF 的权重先验 β

(3) 从微博数据中提取词对

(4) 更新词分配和意图分配计数

(5) 计算用户搜索意图分布

(6) 采样用户搜索意图分布

（7）采样开关变量

（8）得到用户自身的搜索意图分布 θ

（9）得到用户关注者的搜索意图分布 φ

（10）得到意图的词分布 ϕ

（11）得到用户搜索意图的结果

（12）聚类获取到的搜索意图表示，得到最终的用户搜索意图

8.3　UAIU 算法实验结果与分析

8.3.1　实验设置

1. 数据集

使用爬取的新浪微博数据集作为实验数据，进行如下预处理：删除重复微博内容、分词并去除停用词，删除数量小于 3 的微博，删除出现次数小于 8 的词。在预处理后，微博的平均长度为 9.17 个词，得到包含 2 432 376 条微博的数据用于实验。数据集的描述如表 8-2 所示。

表 8-2　新浪微博数据集的详细描述

数据集	新浪微博
微博数量	2 432 376
用户数量	21 383
词数量	124 431
每条微博的平均长度	9.17

2. 评价指标

为了验证基于用户聚合的在线社交网络用户搜索意图理解与挖掘算法（UAIU）的性能，采用主题一致性（PMI-Score）、聚类纯度（Purity）、准确率（Precision）、归一化互信息（NMI）、调整的兰德指数（ARI）及 H-score 等多个标准的评价指标来评价 UAIU 算法理解与挖掘用户搜索意图的性能。给定聚类数量 Q 以及聚类结果输出的类别 G，设定 $A=\{a_1,\cdots,a_k,\cdots,a_Q\}$ 作为聚类的标准值，$B=\{b_1,\cdots,b_l,\cdots,b_G\}$ 作为聚类的输出结果。在上述评价指标中，主题一致性（PMI-Score）、聚类纯度（Purity）、准确率（Precision）及归一化互信息（NMI）的值越高，表示其方法具有较好的性能。

3. 对比算法

采用的对比算法为：LDA、Twitter-TTM、Twitter-BTM、PTM、CSTM 和 UCIT。

4. 参数设置

对于 LDA、Twitter-BTM、PTM 和 CSTM 算法，设置超参数 $\alpha=0.1,\beta=0.01$。由于

LDA、Twitter-TTM、Twitter-BTM、PTM 和 CSTM 算法无法建模用户关注者的意图和偏好，引入平均搜索意图分布 $\overline{\theta}_u$ 作为用户的关注者的搜索意图分布，平均搜索意图分布的计算公式如式(8-15)所示：

$$\overline{\theta}_u = \frac{1}{|E_u|} \sum_{u' \in E_u} \theta_{u'} \tag{8-15}$$

对于对比算法，采用 κ_u 进行用户聚类。设置聚类的数量等于用户主题数量，计算公式如式(8-16)所示：

$$\kappa_u = (1-\pi)\theta_u + \pi \overline{\theta}_u \tag{8-16}$$

8.3.2 实验一：UAIU 算法与对比算法的主题一致性比较

主题一致性(PMI-Score)主要基于外部语料库计算点对互信息来评价主题一致性，常用的外部语料库包括维基百科数据和百度百科数据等。利用主题一致性(PMI-Score)作为评价方法来验证 UAIU 算法的有效性。设置主题数量 K 的值分别为 50 和 100，设置 C 的取值分别为 5、10 和 20。UAIU 算法的主题一致性结果优于其他对比算法，这表明 UAIU 相比其他 6 个基准算法能够捕获更多的一致性的用户搜索意图。主要是因为 UAIU 算法中混合了多种属性和社交网络特征来建模用户的搜索意图，能够获取更多一致性的意图表示。

UCIT 算法显著优于 Twitter-BTM、Twitter-TTM 和 LDA 算法，主要是因为 UCIT 算法利用先前建模的用户意图和偏好来动态地推导用户当前的意图和偏好。CSTM 算法的主题一致性结果优于 Twitter-BTM、Twitter-TTM 和 LDA 算法，主要原因是 CSTM 算法能够区分建模主题词和噪声词，并通过过滤噪声词来生成更多的词共现信息，进而能够获取更一致的用户搜索意图信息。PTM、Twitter-TTM 和 Twitter-BTM 算法也获取了较好的主题一致性结果，主要原因是这些算法能够通过多种不同方式在一定程度上解决了社交网络上下文稀疏性问题。LDA 算法表现最差，主要原因是 LDA 算法通过建模文档主题分布，无法解决社交网络上下文稀疏性问题，进而无法学习到更多的一致性主题。

为了验证本章提出的基于用户聚合的在线社交网络用户搜索意图理解与挖掘算法(UAIU)的有效性，以下将通过实验结果定性地分析用户搜索意图理解与挖掘的一致性信息。随机选择两个包含在 UAIU 算法和其他对比算法结果中的高频主题，列出前 10 个可能的词来分析 UAIU 算法的性能。选取的两个高频主题分别为"于田地震"和"病毒灵事件"，实验结果分别如表 8-3 和表 8-4 所示。

表 8-3 UAIU 算法与对比算法获取的"于田地震"相关的前 10 个词

LDA	Twitter-TTM	Twitter-BTM	PTM	CSTM	UCIT	UAIU (提出的)
地震	震源	于田县	和田	发生	新疆	地震
发生	伤亡	全力	震感	地震	震感	震源
旅游	报告	网民	摇晃	酒店	房屋	新疆

LDA	Twitter-TTM	Twitter-BTM	PTM	CSTM	UCIT	UAIU （提出的）
救援	大枣	救援	牛肉	震感	地震	于田县
青海	资料	震源	救治	明显	声音	遇难
道路	当地	安置	地震	新疆	救治	受伤
天气	地震	现场	资源	摇晃	火车站	救援
飞机	灾区	旅游	新疆	持续	伤亡	深度
房屋	通讯	地震	强烈	居民	强烈	震感
核桃	新疆	草原	紧急	天气	宣传部	测定

从表 8-3 可以看到，UAIU 算法包含较多与主题相关的词，UCIT 算法和 CSTM 算法的结果也与主题十分接近。PTM 算法和 Twitter-BTM 算法包含一些不相关的词，如"牛肉""资源""旅游"和"草原"。LDA 算法包含较多的不相关的词，如"旅游""青海""道路"和"飞机"，仅仅有部分词与主题相关，这表明其结果与主题较低的相关性。与 LDA 算法的结果类似，Twitter-TTM 算法的结果中混合了多个不同的主题。

表 8-4　UAIU 算法与对比算法获取的"病毒灵事件"相关的前 10 个词

LDA	Twitter-TTM	Twitter-BTM	PTM	CSTM	UCIT	UAIU （提出的）
幼儿园	陕西	教师	吃药	幼儿园	ABOB	病毒灵
西安	儿童	园长	幼儿园	病毒灵	家长	ABOB
服用	ABOB	病毒灵	家长	家长	父母	幼儿园
陕西	公安	幼儿园	病毒灵	西安	病毒灵	家长
家长	幼儿园	食品	陕西	医院	基金会	孩子
英语	周边	违法	儿童	园长	托管班	服用
辅导	调查	处方药	服务	保健	教师	宋庆龄
情况	医院	回家	教室	医生	宋庆龄	莲湖区
道路	自行车	老人	疫苗	领导	工作	教育局
领导	医生	接送	父母	哭泣	卫生局	放学

从表 8-5 可以看到，UAIU 算法的结果包含较少的不相关的词，如"放学"，其他词与主题比较相关。LDA 算法生成了较多不相关的词，如"英语""辅导""情况"等。UCIT 算法的结果包含了较多的与主题相关的词，但也生成了许多普通词，如"托管班"和"工作"等。上述结果表明了本章提出的 UAIU 算法能够有效地理解和挖掘用户的搜索意图。

8.3.3　实验二:UAIU 算法与对比算法在意图理解与挖掘质量上的比较

我们采用准确率（Precision）、调整的兰德指数（ARI）、聚类纯度（Purity）及归一化互信息(NMI)等多个标准的指标来验证 UAIU 算法与对比算法的用户搜索意图理解与挖掘的质量。上述评价指标的结果越大,表明有较好的聚类性能,也就是具有较好的用户搜索意图理解与挖掘的性能。由于用户发布的内容没有标签信息,利用话题标签作为实验数据的标签信息。选择 50 个高频的话题标签作为聚类的类标,并通过改变主题 Z 的数量和前 C 个词的数量来验证 UAIU 算法和其他对比算法的性能。实验设置主题 Z 从 10 到 100 进行变化,观察 UAIU 算法与对比算法的聚类性能变化。如图 8-4 所示为 UAIU 算法与对比算法在不同主题数量情况下的用户搜索意图表示质量的结果。

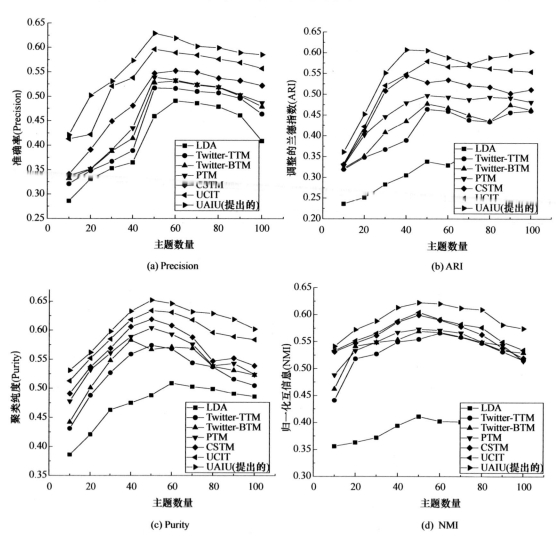

图 8-4 UAIU 算法与对比算法在意图理解与挖掘质量上的比较

随着主题数量从 10 增加到 50,UAIU 算法与对比算法的聚类的性能都快速提升。当主题数量达到 50 时,UAIU 算法与对比算法的性能都趋于峰值。当主题数量从 50 增加到 100 时,UAIU 算法与对比算法的性能都缓慢下降。随着主题数量的不断增加,生成了较多的话题,致使聚类性能下降。UAIU 算法的性能总是优于其他对比算法,且表现出较好的鲁棒性。UAIU 算法综合利用用户的搜索意图以及用户关注者的搜索意图来学习用户的搜索意图分布,引入 RNN 和 IDF 作为先验知识来学习词的内部语义关系,并区分建模普通词和主题词来降低普通词对用户搜索意图理解与挖掘的影响,能够有效地捕获更一致的用户的搜索意图分布。

UCIT 算法也取得了较好的聚类结果,但其相比提出的 UAIU 算法表现稍差,主要的原因是 UCIT 算法仅仅建模了用户和关注者的意图与偏好,但忽视了用户内容的潜在关系。LDA 算法表现最差,主要原因是 LDA 算法进行文本聚类时,直接建模文档主题并未充分考虑社交网络短文本上下文稀疏性问题,且忽视了建模过程中词的内部关系。

8.3.4 实验三:UAIU 算法与对比算法主题表示性能的比较

利用主题表示的评价指标 H-Score 来评价基于用户聚合的在线社交网络用户搜索意图理解与挖掘(UAIU)算法和其他对比算法的主题表示性能。H-Score 的值越小,表明其理解与挖掘的用户搜索意图越接近于用户人工标记的值,进而表明能够得到高质量的主题表示。图 8-5 是 UAIU 算法与对比算法在不同主题数量下的主题表示结果。

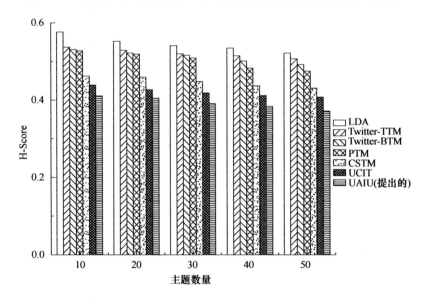

图 8-5 UAIU 算法与对比算法在不同主题数量下的主题表示比较

从图 8-5 的实验结果可以看到,在 UAIU 算法和对比算法中,本章提出的 UAIU 算法总是取得了最好的结果,这表明在 UAIU 算法获取的平均内部聚类距离最小,进而说明 UAIU 算法主题表示的性能优于其他对比算法。LDA 算法表现最差,主要是因为 LDA 算法无法产生更多的词共现信息,致使其缺少上下文语义。

8.3.5 实验四：关注者属性对 UAIU 算法性能的影响

为了进一步验证关注者的搜索意图对用户搜索意图理解与挖掘性能的影响，以下通过多组实验对其进行验证。权重参数 π 设置为 $0\sim1$ 变化，其增加值为 0.1。通过调整 π 的取值，观察 UAIU 算法和两个聚类性能最好的对比算法 UCIT 和 CSTM 的性能变化。评价指标采用准确率（Precision）、调整的兰德指数（ARI）、聚类纯度（Purity）及归一化互信息（NMI）。对于 UAIU 算法和 UCIT 算法直接通过用户关注者的搜索意图进行建模，而对于其他算法仍然通过使用平均用户搜索意图。为了实验的公平与合理，引入另外一个对比算法 UAIU-avg，也就是利用用户的平均搜索意图替换掉 UAIU 算法中原始的关注者的搜索意图进行实验。由于其他对算法获取的结果与 UCIT 和 CSTM 算法结果相近或者比 UCIT 和 CSTM 算法的结果差，故本次实验结果并未列出其他对比算法的结果。UAIU 算法与对比算法在不同权重参数下的聚类性能结果如图 8-6 所示。

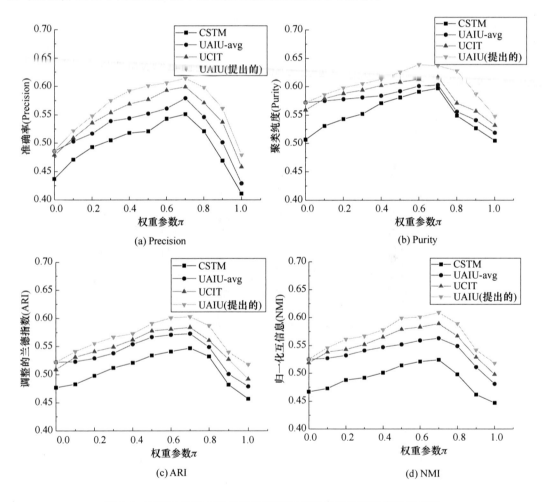

图 8-6　UAIU 算法与对比算法在不同权重参数下的聚类性能对比

当权重参数 $\pi=0$ 时,UAIU 算法与对比算法都表现得较差,主要是因为用户关注者的搜索意图或者平均搜索意图没有被引入。随着权重参数 π 从 0 增加到 0.7,UAIU 算法和对比算法的性能显著提升,当 $\pi=0.7$ 时,UAIU 算法和对比算法的性能趋于最高值。对于 UAIU 和 UCIT 算法,越来越多的用户关注者的搜索意图的权重被赋予,而在 CSTM 和 UAIU-avg 算法中给予了更多的平均搜索意图的权重。

当权重参数 $\pi>0.7$ 时,UAIU 算法和对比算法的性能快速下降,主要原因是更多的用户关注者的搜索意图被生成,混淆了用户自身的搜索意图,给用户的搜索意图理解与挖掘带来了挑战。当权重参数 $\pi=1$ 时,UAIU 算法和对比算法都表现较差。用户本身的意图和偏好被忽视,进而无法获取真实的用户的搜索意图。本章提出的 UAIU 算法的结果仍然优于其他对比算法,主要原因是 UAIU 算法通过区分建模普通词和主题词,并且引入 RNN 和 IDF 作为权重先验来学习词对的关联关系,能够持续地生成一致性的主题,有助于解决用户搜索意图理解与挖掘过程中的上下文稀疏性问题,上述实验验证了 UAIU 算法能够有效地理解与挖掘在线社交网络用户搜索意图。

第9章 基于用户搜索意图理解的在线社交网络跨媒体搜索

9.1 引　言

随着社交网络跨媒体数据的快速增长,使得社交网络跨媒体搜索研究受到广泛关注。跨媒体搜索能够有效地实现跨媒体数据中不同模态间的相互搜索,且结果能够直观地反映和补充其他模态的语义信息,有助于更加深刻地刻画话题或者事件本身。传统的基于文本关键字的搜索方法已无法适用于在线社交网络跨媒体环境,无法满足基于用户搜索意图的个性化搜索的需求。在线社交网络跨媒体数据的不同模态之间存在语义鸿沟问题,社交网络的文本较为短小嘈杂并存在上下文稀疏性问题,不同用户的搜索意图存在差异性,给在线社交网络跨媒体精准搜索带来了巨大的挑战。因此,需要充分地学习不同模态的语义关联,理解与挖掘用户的搜索意图,研究适用于在线社交网络环境并满足用户搜索意图的跨媒体精准搜索算法。

浅层学习方法通过简单的线性映射来学习不同模态间的相关性,并利用核函数方法学习模态一致性表示,在跨媒体搜索性能上存在较大瓶颈。基于深层特征的方法利用非线性映射学习不同模态间的映射关系,并通过不同层次的深度网络结构来学习更细粒度的特征。因此,与基于浅层特征方法相比,深层特征方法具有较好的跨媒体搜索性能。

在跨媒体特征学习中,对于文本特征的学习,典型的学习方法包括词袋模型方法、主题模型方法及词嵌入方法。在线社交网络上下文其内容比较短小且存在上下文稀疏性问题。影响在线社交网络搜索性能的一个重要因素是获取用户的搜索意图的质量。因此,在学习文本特征时,需要考虑用户的搜索意图和在线社交网络上下文稀疏性问题。

在当前主流的基于子空间学习和基于深度神经网络方法中,大都侧重于在变换空间中最大化模态相关性或选择高质量的特征表示,而忽略了在线社交网络中用户的搜索意图。因此,需要考虑用户搜索意图,并结合跨媒体对抗学习机制,研究一种综合考虑用户搜索意图和跨媒体特性的在线社交网络跨媒体搜索算法。

为了解决上述问题,本章提出了基于用户搜索意图理解的在线社交网络跨媒体搜索算法(UCMS)。利用基于用户聚合的在线社交网络用户搜索意图理解与挖掘算法(UAIU)获取文本特征,利用基于互补注意力机制的在线社交网络图像主题表达算法(CAIE)对图像特征进行学习,通过在线社交网络跨媒体对抗学习过程得到语义一致性表示,结合相似度计算方法计算跨媒体数据的相似度,实现在线社交网络跨媒体精准搜索。为了验证本章提出的 UCMS 算法的跨媒体搜索的准确性,将 UCMS 算法在新浪微博跨媒体突发话题数据集与标准的跨媒体数据集上进行搜索实验。

9.2 基于用户搜索意图理解的在线社交网络跨媒体搜索算法(UCMS)的提出

基于用户搜索意图理解的在线社交网络跨媒体搜索算法(UCMS)利用基于用户聚合的在线社交网络用户搜索意图理解与挖掘算法(UAIU)提取文本特征,通过在图像的聚焦特征和非聚焦特征中引入目标特征来增强特征的学习过程,并构建了互补注意力机制,有效地提高了特征表示的质量。该算法建立在线社交网络跨媒体对抗学习过程来有效地学习不同模态的公共语义表示,结合相似度计算方法计算跨媒体信息的相似度,实现基于用户搜索意图理解的在线社交网络跨媒体精准搜索。

9.2.1 UCMS 算法的研究动机

在线社交网络跨媒体搜索的核心问题是建立不同模态数据之间的关联,跨越不同模态之间的语义鸿沟,需要理解与挖掘用户的搜索意图,返回更加符合用户意图的搜索结果。本章提出了基于用户搜索意图理解的在线社交网络跨媒体搜索算法(UCMS),分别从用户搜索意图、不同模态的公共语义学习等角度出发,实现基于用户搜索意图理解的在线社交网络跨媒体精准搜索。

为了理解与挖掘用户的搜索意图,并解决社交网络上下文稀疏性问题,我们采用基于用户聚合的在线社交网络用户搜索意图理解与挖掘算法(UAIU)获取文本语义表示。由于在图像数据中,包含了具有主题意义的聚焦特征和辅助意义的非聚焦特征,且在聚焦特征和非聚焦特征中都有与之对应的目标特征。因此,可以通过引入目标特征来有效地桥接跨媒体信息。为了有效地建模跨媒体数据中不同模态间的关联,利用基于互补注意力机制的在线社交网络图像主题表达算法(CAIE)对图像特征进行学习,以获取较为一致的图像特征信息。为了进一步学习跨媒体数据的语义关联和表示,建立了在线社交网络跨媒体对抗学习过程,通过生成过程和判别过程的对抗来改善模态间和模态内的一致性语义学习效果。通过上述过程得到两种模态间的统一语义表示,基于在公共语义空间上的相似性计算与度量,实现在线社交网络跨媒体搜索。

9.2.2 UCMS 算法描述

提出的基于用户搜索意图理解的在线社交网络跨媒体搜索算法(UCMS)以在线社交网络跨媒体对抗学习为核心,以基于稀疏主题模型的在线社交网络突发话题发现算法(SBTD)获取的新浪微博突发话题数据作为对象开展研究,利用获取的用户搜索意图,结合图像的互补注意力机制和跨媒体对抗过程,实现在线社交网络跨媒体精准搜索。图 9-1 是基于用户搜索意图理解的在线社交网络跨媒体搜索算法(UCMS)的框架图。

基于用户搜索意图理解的在线社交网络跨媒体搜索算法(UCMS)由基于互补注意力机制和用户意图理解的特征提取、在线社交网络跨媒体对抗学习及在线社交网络跨媒体搜索三部分构成。

基于互补注意力机制和用户意图理解的特征提取由基于互补注意力机制的图像特征提取与基于用户意图理解的文本特征提取构成。基于互补注意力机制的图像特征提取用于目标特征与聚焦特征及非聚焦特征的特征合成,并结合注意力机制提取图像的特征,通过图像模态的聚焦特征与非聚焦特征的互补机制来增强特征的学习效果;基于用户意图理解的文本特征提取通过利用用户发布的内容和用户信息,理解与挖掘用户的搜索意图,并将挖掘的搜索意图信息用于表示文本特征。

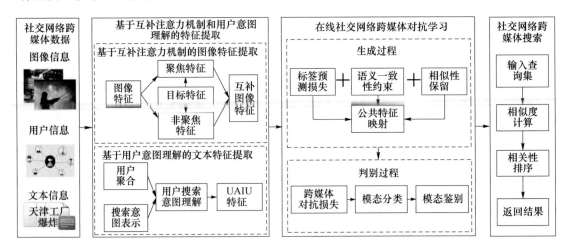

图 9-1　基于用户搜索意图理解的在线社交网络跨媒体搜索算法框架图

在线社交网络跨媒体对抗学习由生成过程和判别过程组成。其中,生成过程主要由语义一致性约束、语义相似性保留损失及预测损失构成。在生成过程中通过将具有相同语义标签的不同模态的类中心尽可能靠近,减小样本与具有相同语义标签的不同模态的类中心之间的距离来改进特征关联的质量。判别过程用于鉴别模态分类信息以动态地改善语义关联的能力。基于生成过程和判别过程之间的对抗,可减小两种模态间的语义鸿沟,提高输出的跨媒体数据的公共语义表示的质量。

在线社交网络跨媒体搜索通过利用在线社交网络跨媒体突发话题数据,选择文本或者图像的查询集作为输入信息,利用在线社交网络跨媒体对抗学习过程学习到的跨媒体公共语义表示,结合相似度计算方法计算查询集与搜索集的相似性,利用返回与查询集相近的排序结果,实现在线社交网络跨媒体搜索。

为了详细描述本章提出的基于用户搜索意图理解的在线社交网络跨媒体搜索算法(UCMS),下面给出 UCMS 算法的相关定义。设 $Y=\{Y_1, Y_2, \cdots, Y_a\}$ 为 a 个社交网络跨媒体数据实例集合,每个跨媒体数据实例 $Y_a=(i_a, t_a)$ 由图像特征 i_a 和文本特征 t_a 构成。图像模态和文本模态的特征矩阵分别被定义为 $i=\{i_1, i_2, \cdots, i_a\}$ 和 $t=\{t_1, t_2, \cdots, t_a\}$。由于图像特征和文本特征分别属于不同的语义空间,具有不同的统计特性。因此,无法直接对图像模态和文本模态进行比较,需要将其映射到统一的语义空间。图像和文本模态映射的形式化表示分别为:$fi(i; \theta_i)=fi(i_a; \theta_i)$ 和 $ft(t; \theta_t)=ft(t_a; \theta_t)$。基于该表示可以将图像特征和文本特征分别转换到具有相同维度的特征空间中。

9.2.3　基于互补注意力机制和用户意图理解的特征提取

以下介绍跨媒体数据的特征提取,包括基于互补注意力机制的图像特征提取及基于用户意图理解的文本特征提取。

1. 基于互补注意力机制的图像特征提取

在基于互补注意力机制的图像特征提取中,通过将目标特征合并到图像的聚焦特征和非聚焦特征以比较目标特征与其他特征间的相关信息,增强特征的学习能力。通过综合利用目标特征、图像的聚焦特征和非聚焦特征及文本特征的互补学习,进一步强化了跨媒体特征的学习与表示能力。图像注意力特征学习将目标特征和聚焦特征、非聚焦特征相融合,通过衡量与聚焦特征和非聚焦特征的相关性,学习不同目标下的注意力分布。

基于互补注意力机制的图像特征提取过程利用基于互补注意力机制的在线社交网络图像主题表达算法(CAIE)来进行。对于图像的聚焦特征,利用 VGGNet-19 来获取,并通过神经网络中的 softmax 函数计算得到聚焦特征的注意力概率,利用 Deepfixnet 方法来初始化非聚焦特征。

2. 基于用户意图理解的文本特征提取

对于文本特征,利用提出的基于用户聚合的在线社交网络用户搜索意图理解与挖掘算法(UAIU)提取跨媒体数据中的文本特征理解与挖掘用户的搜索意图,提高跨媒体搜索的准确性。

9.2.4　在线社交网络跨媒体对抗学习

在线社交网络跨媒体对抗学习用于学习图像模态和文本模态之间的语义关联关系以保存两个模态间的相似性,通过生成过程和判别过程之间的相互对抗,获取到跨媒体特征的公共语义表示。

1. 在线社交网络跨媒体生成过程

如图 9-1 所示,在社交网络跨媒体对抗学习过程中,通过在线社交网络跨媒体数据的对抗学习过程中的生成过程产生具有一致性的跨媒体公共语义表示。生成过程通过带参数的三层前馈神经网络实现,构建了模态内语义一致性约束、模态间语义一致性约束及语义相关性损失函数。通过综合语义一致性约束及语义相关损失函数,学习跨媒体的公共语义表示。语义一致性约束分别从模态内和模态间的视角进行构建,语义相关性损失通过交叉熵损失函数来构建。

在跨媒体搜索中,跨媒体数据在模态内和模态间的语义上是相关的。在不同模态间,来自不同模态的具有相同标签或者语义类别的数据所描述的语义是一致的。在生成过程中,通过利用语义一致性约束来获取较为一致的语义表示。给定映射后的图像特征 $\widetilde{i}$ 和文本特征 $\widetilde{t}$,计算其对应的分类中心 z^i 和 z^t,计算公式如式(9-1)和式(9-2)所示:

$$z_j^i = \frac{1}{k_b} \sum_{a=1}^{k_b} \widetilde{i}_a^{(b)} \tag{9-1}$$

$$z_a^t = \frac{1}{k_b} \sum_{a=1}^{k_b} \widetilde{t}_a^{(b)} \tag{9-2}$$

在模态内,具有相同类别的同模态数据的距离保持最小化,计算方法如式(9-3)所示:

$$f_1 = \frac{1}{k} \sum_{b=1}^{k} \left[\frac{1}{k_b} \sum_{a=1}^{k_b} (\parallel z_a^i - \widetilde{i}_a^{(b)} \parallel_2 + \parallel z_a^t - \widetilde{t}_a^{(b)} \parallel_2) \right] \tag{9-3}$$

跨媒体数据中的具有相同类别的不同模态之间的类别中心保持最小化,计算方法如式(9-4)所示:

$$f_2 = \frac{1}{k} \sum_{b=1}^{k} \parallel z_a^v - z_a^t \parallel_2 \tag{9-4}$$

类中心与来自具有相同语义类别的其他模态数据间的距离需要最小化,计算方法如式(9-5)所示:

$$f_3 = \frac{1}{k} \sum_{b=1}^{k} (\frac{1}{k_b} \sum_{a=1}^{k_b} (\parallel z_a^t - \widetilde{t}_a^{(b)} \parallel_2 + \parallel z_a^i - \widetilde{i}_a^{(b)} \parallel_2)) \tag{9-5}$$

综合式(9-3)~式(9-5)的模态内和模态间的语义约束,得到跨媒体数据的总体语义约束,如式(9-6)所示:

$$L_c = f_1 + f_2 + f_3 \tag{9-6}$$

不同模态之间通过利用耦合度量学习方法定义语义相关性损失,以实现不同模态特征表示的类内差异最小和类间差异最大。对于来自两种不同模态的每对训练样本 i_a 和 t_a,根据式(9-7)计算模态间的平方距离:

$$d(i_a, t_a) = \parallel f_I(i_a) - f_T(t_a) \parallel_2^2 \tag{9-7}$$

如果 i_a 和 t_a 属于同一类,则希望 $d(i_a, t_a)$ 尽可能小,否则需要尽可能大。可以表述为以下约束条件:如果 $l_{i_a,t_a} = 1$,即 i_a 和 t_a 属于相同的类,则 $d(i_a, t_a) \leqslant \eta_1$;相反,如果 $l_{i_a,t_a} = -1$,即 i_a 和 t_a 属于不同的类,则 $d(i_a, t_a) \geqslant \eta_2$,其中,$\eta_1$ 和 η_2 分别表示阈值的上下限。可以构建式(9-8)来优化目标:

$$L_{sim} = \sum_{a,b} s(1 - l_{i_a,t_a}(\theta - d(i_a, t_a))) + \sum_a \parallel f_I(i_a) - f_t(t_a) \parallel_2 \tag{9-8}$$

其中,$s(\cdot)$ 表示生成的逻辑损失函数,$\eta_1 = \eta - 1$,$\eta_2 = \eta + 1$。第二项最小化了从不同模态数据捕获的同一类别的每对数据之间的差异。

在社交网络跨媒体对抗学习中,虽然获取的特征具有相同的维度,但由于变换后的特征的统计特性仍然未知,因此不能保证它们是直接可比的。为了使两个不同模态的特征可以比较,并保证公共语义映射后数据中的模态判别信息被保留,需要从训练样本中挖掘出更具判别性的信息。我们采用分类器对生成过程中公共语义表示的语义标签进行判别。在每个子空间嵌入神经网络中添加了由 softmax 激活的前馈网络。该分类器将图像和文本对实例的特征表示作为训练数据,输出模态的语义类别概率分布。假设 c_a 是语义表示的真实标签。P_a 表示从标签分类器输出预测的概率分布。跨媒体数据特征判别损失的计算如式(9-9)所示:

$$L_{\text{dis}} = -\frac{1}{n}\sum_{n=1}^{n}(c_a((\log \hat{p}_a(f_a(i_a))) + \log \hat{p}_a(f_T(t_a)))) \tag{9-9}$$

2. 在线社交网络跨媒体判别过程

为了强化语义特征的统计信息,引入参数为 θ_d 的模态分类器 D 作为对抗学习的判别过程参数,对生成过程生成的公共语义表示进行分类信息的判断和区分。对于判别过程中的模态分类器,其目标是在给定未知映射特征的情况下尽可能精确地区分源模态。在判别过程中,利用参数为 θ_d 的三层前馈神经网络来实现模态分类器。对抗损失 L_{adv} 的定义如式(9-10)所示:

$$L_{\text{adv}} = -\frac{1}{n}\sum_{a=1}^{n}(g_i(\log D(i_a;\theta_D) + \log(1 - D(t_a;\theta_D)))) \tag{9-10}$$

其中,L_{adv} 表示模态分类的交叉熵损失,n 表示迭代训练中跨媒体数据实例数,g_i 是每个实例的真实模态标签。

3. 在线社交网络跨媒体对抗学习过程

为了充分地学习和保留两种模态的语义关联信息,基于式(9-5)~式(9-8),得到完整的损失函数,如式(9-11)所示:

$$L_e(\theta_I,\theta_T) = \kappa L_c + \mu L_s + \nu L_{\text{dis}} \tag{9-11}$$

其中,κ、μ 和 ν 用于平衡损失函数中不同子项所占比例的正则化参数。

生成过程通过特征映射有效地学习跨媒体数据的公共语义表示,并为数据分配类别信息。判别过程通过模态分类器判别源模态信息,通过在对抗学习框架训练的公共特征映射和模态分类,提高公共语义表示的质量。跨媒体对抗学习过程分别如式(9-12)和式(9-13)所示:

$$(\tilde{\theta}_I,\tilde{\theta}_T,\tilde{\theta}_{\text{dis}}) = \text{argmin}(\theta_I,\theta_T,\theta_{\text{dis}})(L_e(\theta_I,\theta_T,\theta_{\text{dis}}) - L_{\text{adv}}(\tilde{\theta}_D)) \tag{9-12}$$

$$(\tilde{\theta}_D) = \text{argmax}\theta_D(L_e(\tilde{\theta}_I,\tilde{\theta}_T,\tilde{\theta}_{\text{dis}}) - L_{\text{adv}}(\theta_D)) \tag{9-13}$$

其中,$\tilde{\theta}$ 表示参数值是定值。式(9-12)和式(9-13)的两个函数的优化目标是相反的,通过随机梯度下降进行优化,实现在线社交网络跨媒体对抗学习。

通过在线社交网络跨媒体对抗学习的生成过程和判别过程的极大极小化对抗学习过程,可以不断改进公共语义映射的质量,当两个过程达到平衡后可以获得最佳性能。通过引入对抗学习过程,有效解决在线社交网络跨媒体信息的语义鸿沟问题,并获取到高质量的公共语义表示结果。

9.2.5 在线社交网络跨媒体搜索

在搜索的具体实现中，给定查询集 $C = \{c_1, c_2, \cdots, c_i, \cdots, c_X\}$ 与待搜索集 $S = \{s_1, s_2, \cdots, s_n, \cdots, s_S\}$，其中查询集和搜索集实例均由图像、文本及用户信息构成。通过输入的图像或者文本作为查询集来搜索文本或者图像，实现模态内的文本搜索文本和图像搜索图像及模态间的文本搜索图像和图像搜索文本。

在完成跨媒体数据预处理后，通过提取跨媒体数据中两种模态数据的特征及目标注特征，将其作为在线社交网络跨媒体对抗学习过程的输入，并执行跨媒体对抗学习过程，获取包括查询集和待搜索集中数据的公共语义表示。在进行搜索时，根据输入查询的数据模态信息和搜索类型，通过式（9-14）所示的相似度计算方法计算查询实例与待搜索实例的相似度。

$$S_{u,v} = \frac{c_u^{i(t)} \cdot s_v^{i(t)}}{\| c_u^{i(t)} \| \cdot \| s_v^{i(t)} \|} \tag{9-14}$$

其中，$i(t)$ 表示搜索的输入或者返回的结果的模态为图像或者文本。根据计算的相似度评分进行搜索排序，从待搜索集中返回与查询集相关且排序靠前的搜索结果。

9.2.6 UCMS算法的实现步骤

基于用户搜索意图理解的在线社交网络跨媒体搜索算法的流程如下所示。

9.3 UCMS算法实验结果与分析

为了验证本章提出的基于用户搜索意图理解的在线社交网络跨媒体搜索算法（UCMS）的性能，我们进行了三组实验。实验一利用新浪微博跨媒体突发话题数据来验证 UCMS 算法和对比算法的跨媒体搜索性能。实验二利用公共的跨媒体数据集 NUS-WIDE 验证 UCMS 算法和对比算法的性能。实验三利用公共的跨媒体数据集 MIR-Flickr 25k 验证 UCMS 算法和对比算法的性能。

算法 9-1：基于用户搜索意图理解的在线社交网络跨媒体搜索算法

输入：查询集 C、待搜索数据库 S 及返回结果数 M

输出：返回的不同模态的搜索结果

（1）目标特征、文本特征及图像特征提取

（2）利用式（9-4）融合图像特征表示

（3）通过降低随机梯度更新特征映射参数 θ_I

（4）$\theta_I \leftarrow \theta_I - \mu \cdot \nabla_{\theta_I} \frac{1}{n}(L_G - L_{adv})$

（5）通过降低随机梯度更新特征映射参数 θ_T

（6）$\theta_T \leftarrow \theta_T - \mu \cdot \nabla_{\theta_T} \dfrac{1}{n}(L_G - L_{adv})$

（7）更新特征映射参数 θ_{dis}

（8）$\theta_{dis} \leftarrow \theta_{dis} - \mu \cdot \nabla_{\theta_{dis}} \dfrac{1}{n}(L_G - L_{adv})$

（9）通过提升随机梯度更新特征映射参数 θ_D

（10）$\theta_D \leftarrow \theta_D - \mu \cdot \nabla_{\theta_D} \dfrac{1}{n}(L_G - L_{adv})$

（11）返回获取到的公共语义表示 $f_I(I)$ 和 $f_T(T)$

（12）计算与查询实例与待搜索实例中的跨媒体数据的相似度

（13）对得到的相似度结果进行排序

（14）返回排序靠前的结果

9.3.1 实验设置

1. 数据集

新浪微博的跨媒体数据：利用从新浪微博采集的跨媒体突发话题数据，包含了微博的文本数据、图像数据、用户及用户关注者数据。采集了 10 个微博突发话题数据："昆明火车站事件""于田地震""天津仓库爆炸""湖北洪水""北京老虎咬人""外滩踩踏""东方之星客船倾覆""山西京昆高速交通事故""毒疫苗"和"银川纵火"，总计 35 万条新浪微博数据。由于采集的微博数据混合了大量与话题无关的信息，因此，利用基于稀疏主题模型的在线社交网络突发话题发现算法（SBTD）处理获取的话题信息，得到高质量的突发话题信息，选取文本—图像对来构造实验数据集，从获取的每个话题数据中挑选符合该话题的 3 000 张图像，从用户和用户关注者发布的文本中选择与图像对应的 4～8 条文本内容来构建文本-图像对。从获取的 35 万条微博数据中选择 2 000 条文本-图像对信息作为实验数据。针对每个不同的话题随机选取 1 000 条文本-图像对作为训练集，剩余的数据用于测试。

2. 参数设置

由于实验采用了新浪微博跨媒体突发话题数据和公共数据集，且两个数据集具有不同的属性信息，因此，对两类数据集的文本特征提取方式略有不同。对于新浪微博跨媒体突发话题数据集中的文本内容，利用基于用户聚合的在线社交网络用户搜索意图理解与挖掘算法（UAIU）获取文本特征，以充分地理解用户的搜索意图和解决社交网络上下文稀疏性问题。由于两个公共数据集不包含用户属性，因此，对于公共数据集，利用词嵌入方法来提取文本特征。对于图像特征，两类数据集的提取方式相同，均采用 VGG-19 作为图像特征。在训练过程中，对于数据集，batch 的大小设置为 64。损失函数的参数 κ、μ 和 ν 分别设置为 0.01、0.1 和 1.0。

基于用户搜索意图理解的在线社交网络跨媒体搜索算法(UCMS)中,互补注意力机制由三层前馈全连接神经网络实现。在线社交网络跨媒体对抗学习分别由生成过程和判别过程构成。在生成过程中,通过三层前馈全连接神经网络对图像特征和文本特征进行处理,实现图像特征和文本特征的公共映射,并将原始图像和文本特征投影到公共子空间。通过添加一个全连接层来实现模态分类器。对于判别过程,通过利用带有 softmax 激活层的三层全连接网络实现。

3. 对比算法

为了验证本章提出的基于用户搜索意图理解的在线社交网络跨媒体搜索算法(UCMS)的性能,我们选取 6 个当前主流的跨媒体搜索算法作为对比算法进行比较。

9.3.2 实验一:UCMS 与对比算法在新浪微博数据集上的搜索性能比较

本部分我们通过模态间的文本搜索图像和图像搜索文本以及模态内的文本搜索文本和图像搜索图像来进行搜索实验。利用平均准确率(MAP)和精度范围曲线(Precise-Scope)两个标准评价指标,评价 UCMS 算法和对比算法的搜索结果。

1. UCMS 算法与对比算法在新浪微博数据上的 MAP 值比较

利用平均准确率(MAP)验证本章提出的基于用户搜索意图理解的在线社交网络跨媒体搜索算法(UCMS)和其他对比算法在新浪微博跨媒体突发话题数据上的搜索效果。根据模态内和模态间的 4 个搜索任务,对 UCMS 算法进行搜索性能验证,UCMS 算法与对比算法在新浪微博数据上的 MAP 结果如表 9-1 所示。

从表 9-1 所示的模态内和模态间的跨媒体搜索的 MAP 结果可以看到,UCMS 算法在模态内和模态间的跨媒体搜索结果均优于其他对比算法。基于深度学习的 CMDN、DCML、DAML、CM-GAN 及 UCMS 算法在新浪微博跨媒体话题数据集上搜索的 MAP 结果显著优于 CCA 和 LGCFL 等基于浅层学习的跨媒体搜索算法,表明基于深度学习算法能够更加充分地学习到不同模态之间的特征表示和更一致的语义信息,基于深度学习的跨媒体搜索算法取得了更好的平均准确率结果。

表 9-1　UCMS 算法与对比算法在新浪微博数据上的 MAP 值比较

搜索类型	模态间搜索		模态内搜索	
算法	图像搜索文本	文本搜索图像	图像搜索图像	文本搜索文本
CCA	0.264	0.282	0.291	0.322
LGCFL	0.519	0.533	0.579	0.596
CMDN	0.573	0.594	0.617	0.631
DCML	0.604	0.597	0.624	0.637
DAML	0.621	0.642	0.658	0.687
CM-GAN	0.709	0.686	0.717	0.721
UCMS(提出的)	0.726	0.743	0.752	0.768

在基于深度学习的跨媒体搜索算法中,UCMS 算法的搜索性能明显优于 CMDN、DCML、DAML、CM-GAN 算法,这是因为 UCMS 算法通过生成网络和判别网络的对抗和博弈来学习两种模态之间的语义关联,并通过 UAIU 算法提取文本语义信息,结合 CAIE 算法获取文本特征能够有效地理解用户的搜索意图,得到更加一致的文本特征和图像特征。

传统的深度学习算法如 CMDN 和 DCML 等,仅仅通过调节网络参数和设计相应的损失函数来进行语义学习,限制了跨媒体搜索的性能。

2. UCMS 算法与对比算法在新浪微博数据集上的搜索精度比较

为了更全面地验证基于用户搜索意图理解的在线社交网络跨媒体搜索算法(UCMS)在新浪微博跨媒体突发话题数据集上的效果,采用 Precise-Scope 曲线作为评价指标。在实验中,设置返回的搜索结果数量 K 的变化范围为 $100\sim1\,000$,步长为 100,观察模态内和模态间的搜索结果。在新浪微博数据上的 Precision-Scope 曲线结果如图 9-2 所示。

从图 9-2 的结果可以观察到,基于用户搜索意图理解的在线社交网络跨媒体搜索算法(UCMS)在图像搜索文本、文本搜索图像、图像搜索图像及文本搜索文本任务中的 Precise-Scope 结果均显著优于其他对比算法,表明 UCMS 算法能够获取更加精准的跨媒体搜索结果。

基于浅层的跨媒体搜索算法(CCA)的搜索性能最差,表明仅仅通过浅层语义映射来进行跨媒体关联无法进一步解决语义鸿沟问题。基于用户搜索意图理解的在线社交网络跨媒体搜索算法(UCMS)显著优于其他三个基于深度学习的跨媒体搜索算法,主要的原因是 UCMS 算法通过利用互补的注意力机制来学习图像特征表示,并通过利用 UAIU 算法获取的用户意图信息作为文本表示,能够获取更加一致的语义信息,最终取得较好的跨媒体搜索性能。

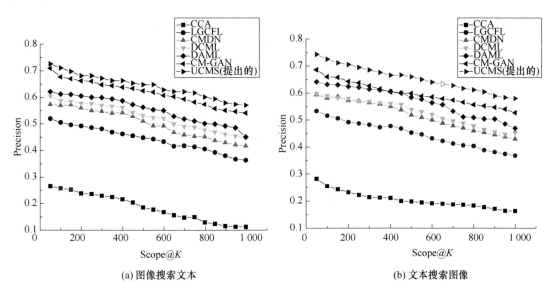

(a) 图像搜索文本　　　　　　　　　　(b) 文本搜索图像

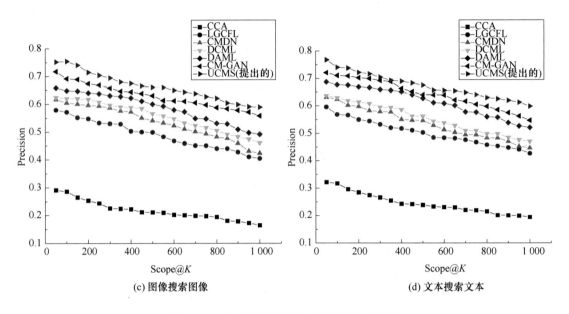

(c) 图像搜索图像　　　　　　　　　　　(d) 文本搜索文本

图 9-2　在新浪微博数据集上的搜索精度比较

9.3.3　实验二：在 NUS-WIDE 数据集上的搜索结果

为了进一步验证基于用户搜索意图理解的在线社交网络跨媒体搜索算法（UCMS）的有效性，实验二利用公共的跨媒体数据集 NUS-WIDE 作为实验数据，并采用与实验一相同的评价指标和搜索任务。

1. UCMS 算法与对比算法在 NUS-WIDE 数据集上的 MAP 比较

我们利用平均准确率 MAP 作为评价指标来验证不同算法在公共数据集 NUS-WIDE 上的搜索效果，实验结果如表 9-2 所示。

表 9-2　UCMS 算法与对比算法在 NUS-WIDE 数据上的 MAP 值比较

搜索类型	模态间搜索		模态内搜索	
算法	图像搜索文本	文本搜索图像	图像搜索图像	文本搜索文本
CCA	0.274	0.292	0.298	0.303
LGCFL	0.516	0.533	0.544	0.561
CMDN	0.614	0.589	0.627	0.642
DCML	0.641	0.628	0.649	0.667
DAML	0.653	0.672	0.685	0.692
CM-GAN	0.695	0.689	0.713	0.724
UCMS（提出的）	0.718	0.723	0.747	0.758

从表 9-2 的实验结果可以看出，基于用户搜索意图理解的在线社交网络跨媒体搜索算法（UCMS）在图像搜索文本、文本搜索图像、图像搜索图像和文本搜索文本任务结果中都明显优于其他对比算法。

基于深度学习的跨媒体搜索算法 CMDN、DCML、DAML、CM-GAN 及 UCMS 在 NUS-WIDE 数据集上的表现优于基于浅层学习算法 CCA 和 LGCFL。在跨媒体公共数据集上，由于没有用户特征，因此在 UCMS 算法和对比算法提取文本特征相同的情况下，UCMS 算法取得了最佳的 MAP 值，表明 UCMS 算法通过利用用户搜索意图信息、互补注意力机制和对抗学习，能够有效地提升公共语义学习能力，进而获取了最优的跨媒体搜索结果。

2. UCMS 算法与对比算法在 NUS-WIDE 数据集上的 Precision-Scope 值

为了进一步验证基于用户搜索意图理解的在线社交网络跨媒体搜索算法（UCMS）在 NUS-WIDE 数据集上的搜索性能，我们采用 Precision-Scope 曲线来验证 UCMS 算法和对比算法的跨媒体搜索效果，实验结果如图 9-3 所示。

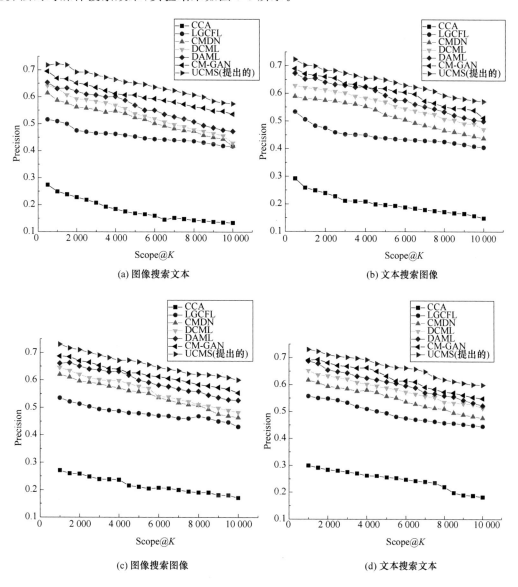

(a) 图像搜索文本

(b) 文本搜索图像

(c) 图像搜索图像

(d) 文本搜索文本

图 9-3 在 NUS-WIDE 数据集上的 Precision-Scope 曲线比较

基于用户搜索意图理解的在线社交网络跨媒体搜索算法(UCMS)在图像搜索文本、文本搜索图像、图像搜索图像和文本搜索文本 4 个任务中均取得了最佳的结果,表明 UCMS 算法在 NUS-WIDE 公共数据集上的跨媒体搜索性能相比其他基于深度学习和基于浅层学习的跨媒体搜索算法有较大的提高,在公共数据集上的表现较为稳定,具有较好的普适性和鲁棒性。

9.3.4 实验三:在 MIR-Flickr 25K 数据集上的搜索结果

1. UCMS 算法与对比算法在 MIR-Flickr 25K 数据集上的 MAP 值比较

我们通过利用公共跨媒体数据集 MIR-Flickr 25K 进行跨媒体搜索实验,验证 UCMS 算法与其他对比算法的搜索性能,采用平均准确率 MAP 作为评价指标。搜索结果的 MAP 值如表 9-3 所示。

基于用户搜索意图理解的在线社交网络跨媒体搜索算法(UCMS)获得了最好的结果,在不同的搜索任务下,UCMS 算法均表现最好。与新浪微博跨媒体突发话题数据及公共的 NUS-WIDE 数据集的结果类似,基于深度学习的搜索算法的表现均优于浅层学习算法。在基于深度学习的跨媒体搜索算法中,UCMS 算法仍然获得了最好的表现,表明 UCMS 算法通过多个部分的联合学习能够有助于提高跨媒体搜索的性能。

表 9-3 UCMS 算法与对比算法在 MIR-Flickr 25K 数据上的 MAP 值比较

搜索类型	模态间搜索		模态内搜索	
算法	图像搜索文本	文本搜索图像	图像搜索图像	文本搜索文本
CCA	0.374	0.382	0.391	0.403
LGCFL	0.576	0.593	0.617	0.622
CMDN	0.589	0.614	0.636	0.651
DCML	0.628	0.621	0.643	0.677
DAML	0.641	0.652	0.739	0.755
CM-GAN	0.701	0.692	0.751	0.786
UCMS(提出的)	0.725	0.731	0.783	0.801

2. 在 MIR-Flickr 25K 数据集上的 Precision-Scope 曲线比较

我们通过利用 MIR-Flickr 25K 数据集作为实验数据,利用 Precision-Scope 曲线作为评价指标来验证 UCMS 算法的跨媒体搜索性能,实验结果如图 9-4 所示。

从图 9-4 的实验结果中可以观察到,UCMS 算法和对比算法都取得了较好的性能,且随着 K 值的增加 UCMS 算法和对比算法的性能都明显下降,表明随着返回结果数量的增加,搜索结果中混合了语义一致性较差的结果,影响了整体的搜索结果。UCMS 算法仍然显著优于其他对比算法,表明本算法具有较好的搜索性能和鲁棒性。

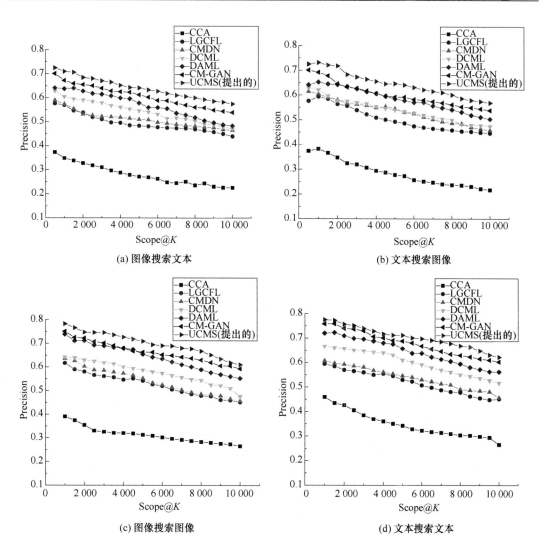

(a) 图像搜索文本

(b) 文本搜索图像

(c) 图像搜索图像

(d) 文本搜索文本

图 9-4 在 MIR-Flickr 25K 数据集上的 Precision-Scope 曲线比较

第 10 章　基于生成对抗学习的跨媒体社交网络搜索

10.1　引　　言

本章提出一种基于生成对抗学习的跨媒体社交网络搜索算法(CMSAL)。基于跨媒体社交网络内容关联分析算法(SSCM)作为跨媒体数据信息语义分析与挖掘的核心,并在此基础上补充形成了基于生成对抗学习的跨媒体社交网络搜索算法。通过生成对抗学习,将判别器设计为从媒体内和媒体间角度对所生成跨媒体表示特征进行度量的工具。所描述的判别器通过复合神经网络实现,其参数在联合损失函数下得到优化,并遵循生成对抗学习机制来指导生成跨媒体数据的适当特征表示。特征表示的生成过程侧重于从局部语义特征的角度构造跨媒体数据的表示形式,这些特征具体表现为词组和图像像素块的组合。基于生成对抗学习的跨媒体社交网络搜索算法(CMSAL)结合了局部语义特征,以基于生成对抗学习最大化跨媒体相关性。

我们利用受查询内容影响的文本和图像特征来互补生成表示形式。基于面向媒体内和媒体间的生成对抗学习特征判别,旨在评估所构造的跨媒体表示有效性以进一步进行跨媒体信息匹配和搜索。除此之外,跨媒体社交网络内容搜索还受限于社交网络信息的数据特性,但是其内容借助网络化的社交媒体形式反映了当下社会的真实事件。大量的跨媒体社交网络内容数据为发现安全话题之间的关系,以及从多媒体角度发现有关目标安全话题内容之间关系提供了机会。跨媒体社交网络内容数据特征决定了需要通过智能算法来挖掘和学习局部相关性特征等更多细节。

10.2　基于生成对抗学习的跨媒体社交网络搜索算法

以下对基于生成对抗学习的跨媒体社交网络搜索算法(CMSAL)进行详细描述。利用生成对抗学习来对跨媒体社交网络内容信息进行处理,构建相同内容语义下的向量特征表示。通过生成对抗学习机制对向量特征表示进行判别监督,并利用相同话题语义下的关联性质进行特征表示和搜索匹配学习,从而实现面向社交网络安全话题内容的跨媒体信息搜索。

10.2.1 基于生成对抗学习的跨媒体社交网络搜索算法研究动机

本章提出的基于生成对抗学习的跨媒体社交网络搜索算法(CMSAL),其动机在于根据社交网络内容的数据特性,遵循原始媒体形式和内容语义特征分布进行特征表示,重构生成对抗式学习,在这个过程中能够学习得到具有高度相似性的密集特征簇。另外,基于生成对抗学习的跨媒体社交网络搜索算法(CMSAL)在具体应用过程中,能够根据文本中个别词组在图像中像素块的局部语义特征,优化基于生成对抗性学习跨媒体交叉模态的相关性。

10.2.2 基于生成对抗学习的跨媒体社交网络搜索算法的提出

现有的研究工作大多是通过构造多个非线性转换来解决异质性语义鸿沟问题,从而,基于深度学习为跨媒体数据构建通用的公共语义子空间成了时下流行的跨媒体信息处理与搜索基本策略。利用公共语义子空间,可以训练非线性变换算法以生成用于语义相关性最大化的特征表示。随着深度学习研究的发展,这种策略算法逐渐分为实值表示和二值表示两种,其他一些工作着重于选择相关特征,这些特征被用来从多峰值特征中构建相关性,以通过特征选择和匹配实现跨媒体搜索。

我们将跨媒体社交网络内容关联分析算法(SSCM)作为跨媒体社交网络安全话题挖掘与搜索的生成部分,在此基础上加入媒体内和媒体间的联合损失,将基于自注意力(Self-Attention)机制对跨媒体社交网络内容信息处理扩展为基于生成对抗学习的跨媒体社交网络搜索算法(CMSAL),算法框架图如图10-1所示。

基于生成对抗学习的跨媒体社交网络搜索算法(CMSAL)包括三个主要部分:跨媒体内容信息表示特征生成,媒体内和媒体间判别限定,跨媒体判别限定。媒体内和媒体间判别限定和跨媒体判别限定作为判别器对跨媒体内容信息表示特征生成进行判别性指导,利用媒体内和媒体间判别限定,结合跨媒体判别限定,对跨媒体内容信息表示特征生成进行影响来构造用于信息搜索的跨媒体内容特征。媒体内和媒体间判别限定将生成的表示特征限定为遵循相应原始内容语义特征和跨媒体语义标签的对应分布。跨媒体判别限定尝试从统计特征角度生成用于区分不同媒体形式的特征表示来区分不同内容的媒体形式。

实现基于生成对抗学习的跨媒体社交网络搜索算法(CMSAL)的关键是对跨媒体表示生成过程的损失,以及媒体内、媒体间判别限定和跨媒体判别限定中多个损失进行定义和计算,使其形成有效的生成对抗联合损失,并使得最终的算法框架能够依据目标话题的话题内容进行跨媒体匹配搜索。

10.2.3 媒体内和媒体间判别限定

基于生成对抗学习的跨媒体社交网络搜索算法(CMSAL)利用表示特征 $S_t(\boldsymbol{x}_t^i;\boldsymbol{\theta}_t)=\{\boldsymbol{o}_t^1,\boldsymbol{o}_t^2,\cdots,\boldsymbol{o}_t^k\}$ 和 $S_v(\boldsymbol{x}_v^i;\boldsymbol{\theta}_v)=\{\boldsymbol{o}_v^1,\boldsymbol{o}_v^2,\cdots,\boldsymbol{o}_v^k\}$ 作为输入,利用媒体内和媒体间判别

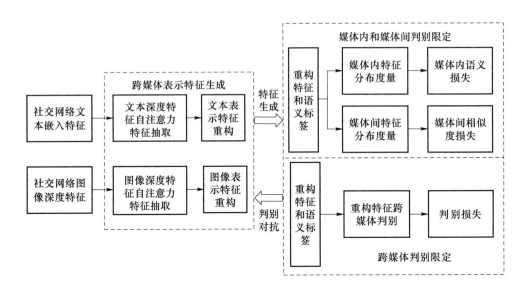

图 10-1　基于生成对抗学习的跨媒体社交网络搜索算法框架图

限定中的媒体内语义损失和媒体间相似度损失进行计算。媒体内语义损失依据社交网络内容语义标签构造的特征分布对重构的内容特征进行度量。媒体内语义损失的意义在于确保重构的表示特征分布遵循原始话题中的语义分布,定义如式(10-1)所示:

$$L_{\text{label}} = -\Big(\frac{1}{MN}\sum_{i=1}^{M}\sum_{j=1}^{N} \boldsymbol{y}_t^i \log \hat{t}(S_t(\boldsymbol{x}_t^i;\boldsymbol{\theta}_t))\Big) + \frac{1}{N}\boldsymbol{y}_v^t \log \hat{t}(S_v(\boldsymbol{x}_v^t;\boldsymbol{\theta}_v)) \quad (10\text{-}1)$$

$$\text{if } i = j \text{ then } \boldsymbol{y}_t^i = \boldsymbol{y}_v^j$$

其中,$y_t{}^i$ 和 $y_v{}^j$ 是一种 One-Hot 形式的话题语义标签。符号 $\hat{t}$ 是用于预测表示特征中每个文本内容和图像内容的话题类别概率分布函数。M 和 N 分别是原始文本内容和图像内容的数量。$\boldsymbol{\theta}_t$ 和 $\boldsymbol{\theta}_v$ 分别是 S_t 和 S_v 进行特征构造的参数矩阵。为了进行明确算法描述,取 $M = N$,因此式(10-1)可以进一步表示为如式(10-2)所示:

$$L_{\text{label}} = -\frac{1}{M^2}\sum_{i=1}^{M} (\boldsymbol{y}_v^i \log \hat{t}(S_v(\boldsymbol{x}_v^i;\boldsymbol{\theta}_v)) + \boldsymbol{y}_t^i \log \hat{t}(S_t(\boldsymbol{x}_t^i;\boldsymbol{\theta}_t))), \boldsymbol{y}_v^i = \boldsymbol{y}_t^i \quad (10\text{-}2)$$

媒体间相似度损失用于描述跨媒体内容信息特征在重构后的相关性,功能在于确保重构的表示特征能够体现跨媒体内容信息特征在同一目标语义下的关联性,如式(10-3)所示。

$$L_{\text{similarity}} = \frac{1}{MN}\sum_{i=1}^{M}\sum_{j=1}^{N} (\parallel \boldsymbol{y}_t^i - \boldsymbol{y}_v^j \parallel_2 - \parallel S_t(\boldsymbol{x}_t^i;\boldsymbol{\theta}_t) - S_v(\boldsymbol{x}_v^j;\boldsymbol{\theta}_v) \parallel_2)^2$$

$$(10\text{-}3)$$

$$\Rightarrow L_{\text{similarity}} = \frac{1}{M^2}\sum_{i=1}^{M} (\parallel \boldsymbol{y}_t^i - \boldsymbol{y}_v^i \parallel_2 - \parallel S_t(\boldsymbol{x}_t^i;\boldsymbol{\theta}_t) - S_v(\boldsymbol{x}_v^i;\boldsymbol{\theta}_v) \parallel_2)^2$$

媒体间相似度损失可通过缩小重构特征与语义标签之间的距离差距,来最大化具有相同话题语义的跨媒体内容形式特征表示之间的相关性。如式(10-2)和式(10-3)中所描述的媒体内语义损失和媒体间相似度损失,共同通过监督学习来优化深度学习运算参数以指导跨媒体重构特征的生成过程。跨媒体重构特征生成的媒体内和媒体间判别限定通过媒体内语义损失和媒体间相似度损失的加权求和共同构成如式(10-4)所示:

$$L_{\text{generation}} = \alpha L_{\text{label}} + \beta L_{\text{similarity}} \tag{10-4}$$

其中,α 和 β 表示相应媒体内语义损失和媒体间相似度损失的贡献权重,通过这两个经验值可以直接影响跨媒体表示特征生成损失的优化。

10.2.4　跨媒体判别限定

基于生成对抗学习的跨媒体社交网络搜索算法(CMSAL)的跨媒体判别限定是实现跨媒体对抗学习的关键,它旨在区分关于同一话题社交网络内容重构特征的媒体形式,并结合媒体内和媒体间判别限定对跨媒体表示特征生成返回对抗信息来促使其重构符合限定的特征,从而实现准确的跨媒体搜索。跨媒体判别限定通过判别损失进行运算,计算方法如式(10-5)所示:

$$L_{\text{discrimination}} = -\frac{1}{M}\sum_{i=1}^{M} m_i (\log \hat{p}(S_v(\boldsymbol{x}_v^i); \boldsymbol{\theta}_p) + \log(1 - \hat{p}(S_t(\boldsymbol{x}_t^i); \boldsymbol{\theta}_p))) \tag{10-5}$$

其中,m_i 是 One-Hot 形式的模态标签。函数 $\hat{p}$ 是判别器映射函数,可将所生成的不同媒体形式的社交网络内容表示重构特征在参数矩阵 $\boldsymbol{\theta}_p$ 下映射到媒体形式判别空间。区别于媒体内和媒体间判别限定,跨媒体判别限定间接促进了跨媒体表示特征生成过程。跨媒体表示重构特征生成通过参数优化和媒体内和媒体间判别限定以及跨媒体判别限定进行对抗学习,来输出更合适的结果以进行相应的跨媒体内容搜索。

10.2.5　基于生成对抗学习的跨媒体社交网络搜索算法的描述

为了保证在相同内容语义分布下跨媒体社交网络内容重构特征表示最大相关性,从而保证输入相关话题内容作为查询以搜索到与之相关的不同媒体形式内容信息,我们在生成对抗网络(Generative Adversarial Nets)框架下构造了 Mini-Max 损失以推进基于生成对抗学习的跨媒体社交网络搜索算法(CMSAL)的训练过程,如式(10-6)和式(10-7)所示:

$$\overline{\boldsymbol{\theta}}_t, \overline{\boldsymbol{\theta}}_v = \underset{\boldsymbol{\theta}_t, \boldsymbol{\theta}_v}{\arg\min}(L_{\text{generation}}(\boldsymbol{\theta}_t, \boldsymbol{\theta}_v) - L_{\text{discrimination}}(\boldsymbol{\theta}_p)) \tag{10-6}$$

$$\overline{\boldsymbol{\theta}}_p = \underset{\boldsymbol{\theta}_p}{\arg\max}(L_{\text{generation}}(\boldsymbol{\theta}_t, \boldsymbol{\theta}_v) - L_{\text{discrimination}}(\boldsymbol{\theta}_p)) \tag{10-7}$$

其中,$\overline{\boldsymbol{\theta}}_t, \overline{\boldsymbol{\theta}}_v$ 和 $\overline{\boldsymbol{\theta}}_p$ 是优化后的跨媒体表示特征生成、媒体内和媒体间判别限定和跨媒体判别限定运算参数矩阵。式(10-6)和式(10-7)共同构成了 Mini-Max 损失,在优化后的生成损失参数矩阵下使得式(10-6)最小化;在优化后的判别损失参数矩阵下使得式(10-7)最大化。二者在 Mini-Max 损失优化过程中达到平衡。

借助优化的参数矩阵,基于生成对抗学习的跨媒体社交网络搜索算法(CMSAL)在媒体内和媒体间判别限定以及跨媒体判别限定的作用下,通过对抗学习构造了跨媒体重构特征最大化相关表示空间。依据该表示空间相应的重构特征可用于计算相似度以进行跨媒体匹配搜索。本节采用 L2-范数来进行匹配相似度计算,如式(10-8)所示:

$$sim = \| S_t(\boldsymbol{x}_t^i; \boldsymbol{\theta}_t) - S_v(\boldsymbol{x}_v^j; \boldsymbol{\theta}_v) \|_2 \tag{10-8}$$

其中,通过 L2-范数所计算得到的相似度作为式(10-3)中媒体间相似度损失的一部分。另外,匹配相似度计算基于优化的生成参数矩阵和匹配参数矩阵,以实现最佳的搜索匹配效果。

通过迭代循序对媒体内和媒体间判别限定,对跨媒体判别限定运算参数收敛中涉及的运算参数进行优化。对跨媒体表示特征生成的运算参数进行了迭代循环优化。跨媒体表示特征生成的运算参数与媒体内和媒体间判别限定的运算参数、跨媒体判别限定的运算参数进行交替优化训练,通过这样的训练过程目标是使得 Mini-Max 损失达到平衡,即在一组参数矩阵 $\bar{\boldsymbol{\theta}}_t$,$\bar{\boldsymbol{\theta}}_v$ 和 $\bar{\boldsymbol{\theta}}_p$ 下同时实现最小化和最大化目标。在算法迭代过程中对跨媒体表示特征生成,媒体内和媒体间判别限定,跨媒体判别限定的运算参数优化计算如式(10-9)~式(10-11)所示:

$$\boldsymbol{\theta}_t = \boldsymbol{\theta}_t - u \cdot \nabla_{\theta_t} \frac{1}{M}(L_{\text{generation}} - L_{\text{discrimination}}) \tag{10-9}$$

$$\boldsymbol{\theta}_v = \boldsymbol{\theta}_v - u \cdot \nabla_{\theta_v} \frac{1}{M}(L_{\text{generation}} - L_{\text{discrimination}}) \tag{10-10}$$

$$\boldsymbol{\theta}_p = \boldsymbol{\theta}_p + u \cdot \nabla_{\theta_p} \frac{1}{M}(L_{\text{generation}} - L_{\text{discrimination}}) \tag{10-11}$$

其中,u 为参数更新学习率,∇_θ 为对参数 $\boldsymbol{\theta}$ 的求梯度。当达到优化条件时进行运算参数赋值,为 $\bar{\boldsymbol{\theta}}_t = \boldsymbol{\theta}_t$,$\bar{\boldsymbol{\theta}}_v = \boldsymbol{\theta}_v$ 和 $\bar{\boldsymbol{\theta}}_p = \boldsymbol{\theta}_p$,即得到优化运算参数。

10.3 实验结果与分析

为了验证基于生成对抗学习的跨媒体社交网络搜索算法(CMSAL)的有效性,我们在真实世界数据集上进行了实验。共设置了三组实验,分别从参数学习实验结果与分析、搜索结果的 MAP 评估与分析和搜索结果准确率评估与分析三个方面对基于生成对抗学习的跨媒体社交网络搜索算法(CMSAL)进行了分析。

10.3.1 实验设置

以新浪微博为社交网络实例,数据集采集自新浪微博,时间跨度为 2012 年 6 月 10 日—2016 年 9 月 7 日。我们引入公共数据集 Wikipedia 和 NUSWIDE 来验证跨媒体社交网络内容搜索算法(CMSAL)。所选取的对比算法包括 JFSSL,CMDN,DCCA,ACMR 和 CM-GAN。对比算法根据理论基础被分为基于传统的算法、基于深度神经网络(Deep Neural Networks,DNN)的算法和基于 GAN 的算法。这些类别涵盖了跨媒体搜索算法研究的不同阶段。采用 MAP 和准确率作为搜索结果评价指标,对基于生成对抗学习的跨媒体社交网络搜索算法(CMSAL)在搜索性能进行评价。基于生成对抗学习的跨媒体社交网络搜索算法(CMSAL)将跨媒体社交网络内容关联分析算法(SSCM)作为跨媒体表示特征生成的核心,并且通过生成对抗学习将跨媒体社交网络内容关联分析算法(SSCM)对跨媒体社交网络内容的关联分析扩展为面向安全话题的社交网络跨媒体内容信息搜索算法。基于生成对抗学习的跨媒体社交网络搜索算法(CMSAL)描述如下所示。

算法 10-1:基于生成对抗学习的跨媒体社交网络搜索算法

输入:社交网络文本嵌入特征和图像深度特征,用于搜索的社交网络内容特征集合

输出:搜索结果列表

(1)初始化跨媒体表示特征生成的参数矩阵

(2)初始化媒体内和媒体间判别限定的参数矩阵和跨媒体判别限定的参数矩阵

(3)运行跨媒体表示特征生成,重构跨媒体内容特征

(4)通过媒体内和媒体间判别限定计算媒体内语义损失进行媒体内特征分布度量

(5)通过媒体内和媒体间判别限定计算媒体间相似度损失进行媒体间特征分布度量

(6)通过跨媒体判别限定计算判别损失进行重构特征跨媒体判别

(7)依据步骤4~步骤6中计算的损失进行媒体内和媒体间判别限定和跨媒体判别限定运算参数优化更新

(8)将媒体内和媒体间判别限定和跨媒体判别限定的运算信息返回跨媒体表示特征生成形成判别对抗

(9)依据判别对抗信息进行跨媒体表示特征生成参数优化更新

(10)重复步骤3~步骤9直至跨媒体表示特征生成,媒体内和媒体间判别限定,跨媒体判别限定运算参数收敛

(11)保存优化后的运算参数

(12)载入优化后的运算参数到跨媒体表示特征生成,媒体内和媒体间判别限定,跨媒体判别限定

(13)载入搜索的社交网络内容特征

(14)针对目标内容特征在跨媒体表示特征生成中重构的跨媒体社交网络内容特征计算匹配相似度

(15)保存当前社交网络内容对应目标内容特征的相似度

(16)重复步骤13~步骤15直至处理完成

(17)依据相似度对保存的社交网络内容进行排名,形成搜索结果

(18)返回搜索结果列表

10.3.2 参数学习实验结果与分析

根据 Mini-Max 损失中定义的经验值 α 和 β,它们所表示媒体内语义损失值和媒体间相

似度损失值相对于对 Mini-Max 损失函数的贡献权重，这两个经验值可以直接影响跨媒体表示特征训练损失的优化和最终算法的搜索结果。对这两个经验值参数在训练阶段时的变化对搜索结果的影响进行展示。采用 MAP 作为评价指标，对搜索结果中排在前 50 的结果进行评价，即通过 MAP@50 作为衡量经验值对搜索结果影响的依据。由于 α 和 β 为经验值，并没有赋值依据，因此采用枚举法分别对 α 和 β 赋离散值：0.1，1，10 和 100，分别在新浪微博数据集、Wikipedia 数据集和 NUSWIDE 数据集上进行实验。在每个数据集上分别进行文本到图像（Text to Image，txt2img）和图像到文本（Image to Text，img2txt）的搜索测试，结果分别如图 10-2～图 10-4 所示。

如图 10-2 所示，展示了在新浪微博数据集上 α 和 β 在不同数值下对搜索结果的 MAP@50 评价结果，可见图像到文本搜索结果受到的影响相对于文本到图像搜索结果受到的影响要更明显。当 β 值固定时，文本到图像和图像到文本的搜索结果 MAP@50 评价数值波动较小。随着经验值 α 和 β 的变化，搜索结果 MAP@50 评价数值波动幅度有所区别。通过实验结果可以说明，在新浪微博数据集上图像到文本的搜索过程更容易受到经验值 α 和 β 变化的影响。在图像搜索文本的任务中搜索结果 MAP@50 评价随 α 和 β 变化波动相比于在文本搜索图像的任务中波动更加明显。出现这种情况的原因是在新浪微博数据中，文本内容和图像内容中均存在目标语义特征分散的情况，即在高维特征表示下存在语义稀疏性。另外，由于新浪微博数据集中文本内容和图像内容与标准自然语言语法和高质量图像存在一定差距，造成了文本内容与图像内容的关联性相对模糊。

新浪微博数据集中存在一定的文本内容与图像内容在信息量上的不对等现象。如图 10-2 所示，在文本到图像的搜索任务中，当 $\alpha=100$ 且 $\beta=10$ 时搜索结果的 MAP@50 评价获得相对较高的数值；同理，在图像到文本的搜索任务中，当 $\alpha=10$ 且 $\beta=100$ 时搜索结果的 MAP@50 评价获得相对较高的数值。

如图 10-3 所示，在 Wikipedia 数据集上，随着 α 和 β 经验值的变化，Wikipedia 数据集上搜索结果的 MAP@50 评价值波动较小。也就是说，α 和 β 经验值对搜索结果的 MAP@50 评价影响小于其在新浪微博数据集上的对搜索结果的影响。通过对比可以得出，在两个具有不同数据性质的数据集下，α 和 β 经验值对最终搜索结果的 MAP@50 评价影响不同。对于具有更多语义噪声的新浪微博数据，α 和 β 经验值的变化对搜索结果影响更大。由于 Wikipedia 数据集具有更紧致的语义特征，使得 α 和 β 经验值的变化对搜索结果影响相对较小，从而使得其搜索结果的 MAP@50 评价值波动较小。

随着 α 和 β 经验值的变化，在文本搜索图像任务中的搜索结果 MAP@50 评价数值整体上高于在图像搜索文本任务中的搜索结果 MAP@50 评价数值。相似情况也出现在新浪微博数据集上，原因是在两个数据集上，文本特征的语义内容分布于图像内容的语义特征分布不均衡。Wikipedia 数据集中的文本内容和图像内容来自在线网络，在文本内容和图像内容的对应关系上与新浪微博数据集存在一定相似性，并且文本内容的构成相对复杂，通过全局语义特征与图像中的部分内容相对应。如图 10-3 所示，在文本到图像的搜索任务中,当 $\alpha=1$ 且 $\beta=0.1$ 时搜索结果的 MAP@50 评价获得相对较高的数值;在图像到文本的搜索任务中,当 $\alpha=0.1$ 且 $\beta=0.1$ 时搜索结果的 MAP@50 评价获得相对较高的数值。

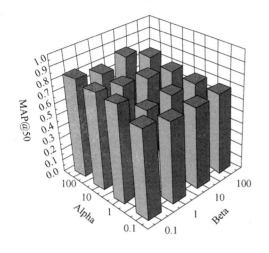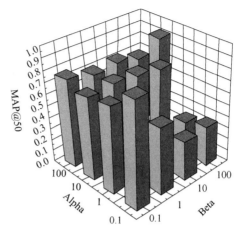

(a) 经验值对文本到图像搜索结果MAP@50评价影响　　　(b) 经验值对图像到文本搜索结果MAP@50评价影响

图 10-2　在新浪微博数据集上经验值对搜索结果 MAP@50 评价影响

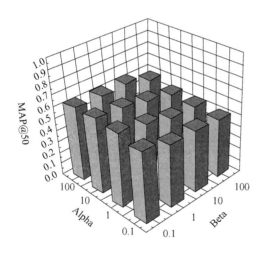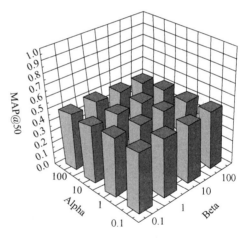

(a) 经验值对文本到图像搜索结果MAP@50评价影响　　　(b) 经验值对图像到文本搜索结果MAP@50评价影响

图 10-3　在 Wikipedia 数据集上经验值对搜索结果 MAP@50 评价影响

图 10-4 展示了在 NUSWIDE 数据集上经验值 α 和 β 对搜索结果的 MAP@50 评价影响。在 NUSWIDE 数据集上,搜索结果的 MAP@50 评价随着经验值 α 和 β 的变化波动并不明显,展示了与其在 Wikipedia 数据集上相似的数值变化特点。但是,与在 Wikipedia 数据集上不同的是在图像到文本搜索结果的 MAP@50 评价数值高于在文本到图像搜索结果的 MAP@50 评价数值。出现这种情况的原因在于 NUSWIDE 数据集中的文本内容短小而明确,相对于 Wikipedia 数据集和新浪微博数据集中的文本内容简单明了,使得该文本内容的语义特征较为集中明显。在 NUSWIDE 数据集中的文本内容作为图像内容的语义标

签更加体现了 NUSWIDE 数据集中跨媒体内容下的文本内容与图像内容关联性更强。与在新浪微博数据集和 Wikipedia 数据集上相同,通过经验值 α 和 β 变化对搜索结果 MAP@ 50 评价影响可以为经验值 α 和 β 的取值做出参考。如图 10-4 所示,在文本到图像的搜索任务中,当 $\alpha=0.1$ 且 $\beta=0.1$ 时搜索结果的 MAP@ 50 评价获得相对较高的数值;同理,在图像到文本的搜索任务中,当 $\alpha=1$ 且 $\beta=1$ 时搜索结果的 MAP@ 50 评价获得相对较高的数值。

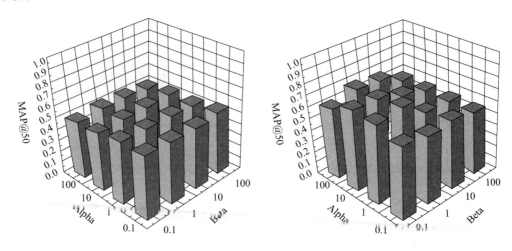

(a) 经验值对文本到图像搜索结果MAP@50评价影响   (b) 经验值对图像到文本搜索结果MAP@50评价影响

图 10-4　在 NUSWIDE 数据集上经验值对搜索结果 MAP@50 评价影响

基于生成对抗学习的跨媒体社交网络搜索算法(CMSAL)依据具体搜索结果的评价动态调节 α 和 β 经验值以适应不同的搜索环境。α 和 β 经验值的最终赋值与算法的学习过程密不可分,并根据在具体搜索环境下最优的 α 和 β 经验值对训练过程的损失变化进行了分析,包括判别损失、媒体内语义损失和媒体间相似度损失,如图 10-5 所示。

如图 10-5 所示,每进行 100 个批次训练迭代记录一次损失值变化情况。判别损失、媒体内语义损失和媒体间相似度损失在新浪微博数据集、Wikipedia 数据集和 NUSWIDE 数据集上,随着算法训练迭代次数的增加最终都趋于收敛,并且损失值在两个数据集上体现了相似的变化趋势。

三种损失值在社交网络数据集上随着训练批次的进行出现了多次小幅度波动,最终损失值在经过约 3 500 次训练迭代后的变化趋于平缓,此时算法整体趋于收敛;而在 Wikipedia 数据集上经过约 1 500 次训练迭代后的变化趋于平缓,说明算法整体趋于收敛;在 NUSWIDE 数据集上,三种损失值的下降趋势与变化特点与其在新浪微博数据集和 Wikipedia 数据集上相似,经过约 1 000 次训练迭代后趋于平缓,媒体内语义损失和媒体间相似度损失在经过约 2 000 次训练迭代后趋于收敛,判别损失在经过约 3 000 次训练迭代后趋于收敛。

三种损失在新浪微博、Wikipedia 和 NUSWIDE 三个数据集上展示不同的波动变化印

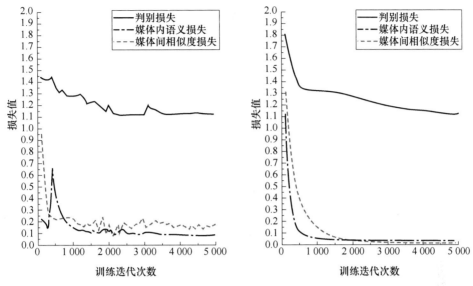

(a) 在新浪微博数据集训练过程中的损失值变化过程　　(b) 在Wikipedia数据集训练过程中的损失值变化过程

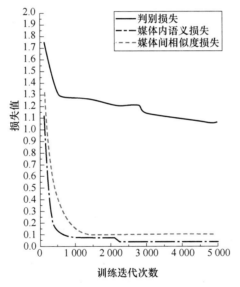

(c) 在NUSWIDE数据集训练过程中的损失值变化过程

图 10-5　训练过程中的损失值变化过程

证了三种不同数据集的数据特性的重要性,即文本内容和图像内容的质量对语义特征分布的影响,从而形成对算法训练过程的影响。由于新浪微博数据集中的文本内容和图像内容的语义稀疏性使得图 10-5(a)中的曲线出现波动,需要经过较多训练批次才能够使算法收敛。相反,Wikipedia 数据集和 NUSWIDE 数据集作为广泛应用的公共数据集具有良好的数据性质,因此在训练过程中损失值体现了相对平缓的损失值变化过程,这也印证了数据集中文本内容和图像内容的数据性质对方法训练的影响。

10.3.3　搜索结果的 MAP 评价与分析

基于参数学习的结果与分析，对基于生成对抗学习的跨媒体社交网络搜索算法（CMSAL）中涉及的经验值依据实验评价结果进行赋值，以使算法发挥最优性能。对算法的搜索结果在 MAP 评价指标上进行进一步分析。

通过算法在新浪微博数据集、Wikipedia 数据集和 NUSWIDE 数据集上的排在前 5、前 20 和前 50 的搜索结果进行 MAP 评价，实验结果分别如表 10-1～表 10-3 所示。

txt2img 表示通过文本内容查询表达相同目标话题的图像内容，同理 img2txt 表示通过图像内容查询表达相同目标话题的文本内容。基于生成对抗学习的跨媒体社交网络搜索算法（CMSAL）在排在前 5、前 20 和前 50 的搜索结果的 MAP 评价上优于对比算法，并在总体水平上优于所选取的对比算法。另外，通过实验结果可以看到，基于 GAN 算法比基于传统算法和基于 DNN 算法的性能有优势。基于 GAN 算法在特征生成方面具有一定优势，并在对抗学习机制下进行搜索特征匹配来实现信息搜索。该策略得益于通过对抗性学习探索跨媒体数据特征表示的语义分布。

由于基于传统算法立足于数据信息的浅层特征，无法适应社交网络内容信息的语义稀疏性而表现出较差的搜索性能。基于 DNN 算法则处于二者之间，基于深度学习全局语义的特征表示与公共语义空间的构建使其在以新浪微博为实例的社交网络内容搜索性能优于基于传统算法。然而基于 DNN 算法在内容全局语义特征表示的优势无法扩展到社交网络内容数据特性上，此类算法欠缺对社交网络内容语义稀疏性的良好优化。基于生成对抗学习的跨媒体社交网络搜索算法（CMSAL）一个优势是将自注意力（Self-Attention）机制应用于跨媒体社交网络内容信息局部语义特征的表示和分析上，来最小化社交网络内容语义稀疏性对内容搜索的影响。基于生成对抗学习的跨媒体社交网络搜索算法（CMSAL）的另一优势在于将跨媒体社交网络内容信息局部语义特征的表示和分析与对抗学习相结合，从而有针对性地进行跨媒体社交网络内容表示特征生成。

表 10-1　在新浪微博数据集上搜索结果的 MAP 评价

评价指标		基于传统算法	基于 DNN 算法		基于 GAN 算法		
		JFSSL	CMDN	DCCA	ACMR	CMGAN	CMSAL
MAP@5	txt2img	0.647 8	0.718 3	0.388 5	0.865 3	0.877 7	0.889 8
	img2txt	0.535 1	0.581 4	0.325 1	0.713 3	0.725 7	0.948 1
	average	0.591 5	0.649 9	0.356 8	0.789 3	0.801 7	0.919
MAP@20	txt2img	0.612 8	0.679 9	0.358 3	0.823 8	0.836 2	0.853 9
	img2txt	0.518 1	0.584 3	0.323 9	0.707 1	0.719 5	0.941 2
	average	0.565 5	0.632 1	0.341 1	0.765 5	0.777 9	0.897 5

续 表

评价指标		基于传统算法	基于 DNN 算法		基于 GAN 算法		
		JFSSL	CMDN	DCCA	ACMR	CMGAN	CMSAL
MAP@50	txt2img	0.519 7	0.590 6	0.321 3	0.706 5	0.718 9	0.835 3
	img2txt	0.528 2	0.572 9	0.319 9	0.699 2	0.711 6	0.929 3
	average	0.523 9	0.581 7	0.320 6	0.702 9	0.715 3	0.882 3

在 Wikipedia 数据集上的 MAP 评价结果显示了与在新浪微博数据集上相似的 MAP 评价数值分布,基于生成对抗学习的跨媒体社交网络搜索算法(CMSAL)在总体水平上优于所选取的对比算法。Wikipedia 数据集上的 MAP 评价结果数值相对较小,形成这种情况的原因是在 Wikipedia 数据集下,跨媒体内容信息之间的映射关系被语义标签弱化,这种被语义标签弱化的跨媒体语义映射关系间接影响了最终的搜索结果,从而需要在不同媒体形式的数据特征之间建立相应的语义关联特征关系。在弱化跨媒体内容语义映射关系的前提下验证不同算法的跨媒体搜索性能是以 Wikipedia 为代表的公共数据存在的价值。

从基于生成对抗学习的跨媒体社交网络搜索算法(CMSAL)自身的搜索结果评价来看,相对于通过文本内容搜索图像内容,在通过图像内容搜索文本内容的任务中对搜索结果的 MAP 评价值更优。这种情况的原因是原始图像包含大量语义信息,这些信息将被提取并适当地表示,所提取卷积特征可以完全保留并详细呈现有价值的局部语义,而出于相同目的,文本的语义单元更简单。当利用具有更多语义信息的图像内容特征搜索具有目标语义的文本特征时,这个搜索任务的过程则变得更加可靠。

表 10-2　在 Wikipedia 数据集上搜索结果的 MAP 评价

评价指标		基于传统算法	基于 DNN 算法		基于 GAN 算法		
		JFSSL	CMDN	DCCA	ACMR	CMGAN	CMSAL
MAP@5	txt2img	0.268 5	0.440 6	0.509 4	0.622 5	0.656 3	0.662 9
	img2txt	0.215 1	0.347 3	0.412 5	0.498 7	0.512 3	0.539 1
	average	0.241 8	0.394	0.460 9	0.560 6	0.584 3	0.601
MAP@20	txt2img	0.283 1	0.426 4	0.489 5	0.610 9	0.646 3	0.651 3
	img2txt	0.220 9	0.357 6	0.410 2	0.498 6	0.509 5	0.539
	average	0.252	0.392	0.449 8	0.554 8	0.577 9	0.595 1
MAP@50	txt2img	0.254 3	0.414 6	0.462 4	0.573 2	0.631 5	0.653 6
	img2txt	0.217 8	0.345 4	0.395 6	0.483 5	0.503 1	0.523 9
	average	0.236 1	0.38	0.429	0.528 4	0.567 3	0.568 7

新浪微博数据集包含来自不同用户所创造的真实生活数据内容,这些内容包括书写随意,夹杂着新生词和自创词的文本内容和低分辨率的图像内容,形成了具有语义稀疏性的跨媒体语义信息内容。在新浪微博数据集上的搜索结果获得了更高的 MAP 评价值。与Wikipedia 数据集相比,新浪微博数据集的 MAP 评价值高于其在 Wikipedia 数据集上的数值,主要是因为新浪微博数据集中的语义相对直接,例如文本中的部分词汇,直接概括了文本内容。

表 10-3　在 NUSWIDE 数据集上搜索结果的 MAP 评价

评价指标		基于传统算法	基于 DNN 算法		基于 GAN 算法		
		JFSSL	CMDN	DCCA	ACMR	CMGAN	CMSAL
MAP@5	txt2img	0.246 4	0.418 7	0.511 0	0.639 7	0.687 2	0.802 3
	img2txt	0.219 7	0.331 3	0.468 2	0.483 8	0.479 7	0.632 9
	average	0.133 7	0.390 8	0.587 7	0.688 4	0.624 8	0.747 4
MAP@20	txt2img	0.251 1	0.546 9	0.479 2	0.607 7	0.624 5	0.679 6
	img2txt	0.223 1	0.496 5	0.505 0	0.528 4	0.504 2	0.588 7
	average	0.245 0	0.369 9	0.401 2	0.624 9	0.531 4	0.664 0
MAP@50	txt2img	0.301 5	0.401 1	0.567 0	0.650 0	0.630 1	0.679 8
	img2txt	0.100 1	0.470 0	0.391 0	0.480 1	0.546 6	0.483 6
	average	0.258 7	0.469 7	0.503 5	0.662 1	0.665 3	0.797 6

新浪微博数据集中的局部语义特征相对集中和突出并具有语义代表性,基于智能化算法的学习算法可以相对容易捕捉到这些语义特性从而进行相关参数优化。但是,这些局部语义特征在跨媒体社交网络内容信息中的分布相对分散并且分布不均匀,使得基于生成对抗学习的跨媒体社交网络搜索算法(CMSAL)在算法训练过程中相对不顺利,这也是图 10-5(a)中损失值在收敛过程中出现波动情况的原因。由于这种数据性质的存在,在微博数据集上对基于生成对抗学习的跨媒体社交网络搜索算法(CMSAL)的 MAP 评价中显示出较高评价值,但伴随着波动。

在 NUSWIDE 数据集上搜索结果的 MAP 评价方面,基于生成对抗学习的跨媒体社交网络搜索算法(CMSAL)在整体上优于所选择的对比算法。在 NUSWIDE 数据集上搜索结果的 MAP 评价展示了与在 Wikipedia 数据集上相似的数值分布。在 NUS-WIDE 数据集上,图像内容以简单的文本内容作为语义标签,从而简单明了地阐明了文本内容和图像内容之间的对应关系。同时文本内容既作为跨媒体内容的主体又作为文本内容与图像内容之间的语义关系。就文本内容数据质量而言,NUS-WIDE 数据集简化了文本内容的语义信息,使得文本内容的语义特征既突出又明确。因此,作为公开数据集在 NUSWIDE 数据集上搜索结果的 MAP 评价与其在 Wikipedia 数据集上的数值分布呈现相似的特征。

NUSWIDE 数据集上以文本内容本身作为跨媒体内容的语义标签,弥补了在 Wikipedia 数据集上文本内容和图像内容的语义关系弱化。NUSWIDE 数据集上,基于生成对抗学习的跨媒体社交网络搜索算法(CMSAL)搜索结果的 MAP 评价整体上优于其在 Wikipedia 数据集上搜索结果的 MAP 评价,这也得益于 NUSWIDE 数据集的数据特性,尤其是其文本内容的数据避免对大量原始文本内容中包含复杂噪声语义信息的干扰,从而使得目标内容特征能够有效地进行提取并表示。

10.3.4 搜索结果的准确率结果与分析

采用准确率对基于生成对抗学习的跨媒体社交网络搜索算法(CMSAL)以及所选用的对比算法的搜索结果进行评价。准确率是搜索结果评价指标,在新浪微博数据集上的搜索结果前 k 名的准确率评价如表 10-4 和表 10-5 所示。

基于生成对抗学习的跨媒体社交网络搜索算法(CMSAL)在新浪微博数据集上的搜索准确率评价最优,并在文本搜索图像和图像搜索文本两种任务上优于所选取的对比方法。虽然随着考察范围的扩大准确率降低,但是基于生成对抗学习的跨媒体社交网络搜索算法(CMSAL)相对于所选取的对比算法依然存在优势。从算法种类角度来看,与 MAP 评价指标下的实验结果类似,基于 GAN 的算法比基于 DNN 的算法表现了更好的搜索准确率。原因在于基于 GAN 的算法相对于基于 DNN 的算法拥有更好的数据特征分布的模拟能力,因而能够在文本内容和图像内容之间进行有效的特征融合。基于 GAN 的算法大多以深度神经网络为基础,在此基础上通过 Mini-Max 损失定义,通过对抗训练机制在算法参数优化上取得优势,并在实际应用中取得良好效果。对于 DCCA 算法,针对跨媒体社交网络内容数据信息的非线性映射和规范相关分析学习相对独立,能够对跨媒体社交网络内容中目标话题内容进行分析学习。

表 10-4　在新浪微博数据集上文本搜索图像结果的准确率评价

评价指标	基于传统算法	基于 DNN算法		基于 GAN算法		
	JFSSL	CMDN	DCCA	ACMR	CMGAN	CMSAL
Precision@20	0.669 2	0.698 4	0.653 7	0.719 4	0.711 5	0.733 3
Precision@40	0.634 9	0.666 3	0.618 5	0.688 2	0.690 3	0.690 8
Precision@60	0.600 6	0.634 2	0.583 2	0.657 0	0.659 1	0.661 4
Precision@80	0.560 6	0.596 8	0.542 1	0.620 6	0.622 7	0.627 1
Precision@100	0.522 2	0.560 9	0.502 6	0.585 6	0.587 7	0.594 2
Precision@120	0.486 6	0.527 6	0.466 0	0.553 2	0.555 3	0.563 7
Precision@140	0.450 3	0.493 6	0.428 8	0.520 2	0.522 3	0.532 6
Precision@160	0.416 7	0.462 2	0.394 2	0.489 6	0.491 7	0.503 7
Precision@180	0.377 4	0.425 5	0.353 9	0.454 0	0.456 1	0.470 1
Precision@200	0.337 1	0.387 7	0.312 4	0.417 2	0.419 3	0.435 5

新浪微博数据集中的语义稀疏性需要具有鲁棒性的算法对高维矩阵表示下的新浪微博文本内容和图像内容进行有效语义特征挖掘,并针对混淆在语义噪声的局部语义进行学习,并构建紧致的特征空间。基于 DNN 的算法在此方面提供了通过复杂非线性映射来构造高维语义特征空间的算法基础,基于 GAN 的算法在此基础上针对跨媒体搜索问题,对文本内容和图像内容不同的语义特征表示和分布进行模拟,从而更加有效地实现了跨媒体匹配与搜索。

在 Wikipedia 数据集上的搜索结果准确率评价如表 10-6 和表 10-7 所示。基于生成对抗学习的跨媒体社交网络搜索算法(CMSAL)在新浪微博数据集上的搜索准确率评价最优,在 Wikipedia 数据集文本搜索图像和图像搜索文本两种任务上优于所选取的对比方法。在 Wikipedia 数据集上文本内容搜索图像内容实验结果的准确率评价在整体水平上高于在新浪微博数据集上文本内容搜索图像内容的实验结果。

表 10-5   在新浪微博数据集上图像搜索文本结果的准确率评价

评价指标	基于传统算法	基于 DNN算法		基于 GAN算法		
	JFSSL	CMDN	DCCA	ACMR	CMGAN	CMSAL
Precision@20	0.658 3	0.688 1	0.642 8	0.675 1	0.675 8	0.698 4
Precision@40	0.623 8	0.655 9	0.607 6	0.662 2	0.652 9	0.667 3
Precision@60	0.589 3	0.623 7	0.572 3	0.629 3	0.620 0	0.636 1
Precision@80	0.549 1	0.586 2	0.531 1	0.591 0	0.581 7	0.599 8
Precision@100	0.510 4	0.550 1	0.491 6	0.554 1	0.544 8	0.564 9
Precision@120	0.474 6	0.516 6	0.454 9	0.520 0	0.510 7	0.532 5
Precision@140	0.438 1	0.482 5	0.417 6	0.485 2	0.475 9	0.499 6
Precision@160	0.404 3	0.451 0	0.383 0	0.452 9	0.443 6	0.469 0
Precision@180	0.364 8	0.414 1	0.342 6	0.415 3	0.406 0	0.433 4
Precision@200	0.324 2	0.376 2	0.301 1	0.376 6	0.367 3	0.396 7

在相同的文本内容搜索图像内容任务下的实验结果,在 Wikipedia 数据集上,基于生成对抗学习的跨媒体社交网络搜索算法(CMSAL)与所选取对比算法之间的准确率差距相比于在新浪微博数据集上较小。说明所选用的对比算法在 Wikipedia 数据集上呈现出的搜索准确率相近,原因是 Wikipedia 数据集因其良好的数据性质使得不同的算法能够发挥其特性。其中,基于传统算法的 JFSSL 在两个数据上的性能差异相对明显,说明了基于传统算法的 JFSSL 对数据性质的依赖性,原因在于传统算法对结构化信息数据具有依赖性,对充满语义稀疏性的社交网络跨媒体数据缺乏鲁棒性。基于 DNN 算法和基于 GAN 算法由于其良好的学习性能和对全局语义特征分析与表示,在 Wikipedia 数据集上,通过文本内容搜索图像内容过程中体现了稳定的搜索评价结果。

表 10-6　在 Wikipedia 数据集上文本搜索图像结果的准确率评价

评价指标	基于传统算法	基于 DNN算法		基于 GAN算法		
	JFSSL	CMDN	DCCA	ACMR	CMGAN	CMSAL
Precision@20	0.720 3	0.725 8	0.700 8	0.714 2	0.726 4	0.734 6
Precision@40	0.689 9	0.695 9	0.667 9	0.684 5	0.696 2	0.704 9
Precision@60	0.659 3	0.666	0.634 9	0.654 7	0.665 9	0.675 1
Precision@80	0.623 9	0.631 2	0.596 5	0.62	0.630 7	0.640 4
Precision@100	0.589 7	0.597 8	0.559 5	0.586 7	0.596 8	0.607 1
Precision@120	0.558 1	0.566 8	0.525 3	0.555 7	0.565 4	0.576 1
Precision@140	0.525 9	0.535 2	0.490 4	0.524 3	0.533 4	0.544 7
Precision@160	0.496	0.505 9	0.458 1	0.495 2	0.503 7	0.515 6
Precision@180	0.461 2	0.471 8	0.420 4	0.461 1	0.469 2	0.481 5
Precision@200	0.425 3	0.436 6	0.381 6	0.326 1	0.326 4	0.334 6

　　通过对比在 Wikipedia 数据集上与在新浪微博数据集上图像内容搜索文本内容的准确率,体现了与文本内容搜索图像内容的结果相类似的情况。基于生成对抗学习的跨媒体社交网络搜索算法(CMSAL)与对比算法之间的搜索准确率差距被进一步缩小,图像内容所提供的语义特征相对丰富,通过深度学习算法可以充分挖掘和分析图像内容的语义特征,并构建用于查询的高维特征表示。即使在语义特征相对稀疏的社交网络图像内容中也可以充分利用这方面的优势来匹配语义特征相对简单且突出的文本内容语义特征,从而使得基于 DNN 算法和基于 GAN 算法在 Wikipedia 数据集上图像内容搜索文本内容的准确率相近。由于 Wikipedia 数据集的数据来源与新浪微博数据集的数据来源相似,从文本内容和图像内容的对应关系上,两个数据集展现出相似的跨媒体语义关联特性,从而通过 Wikipedia 数据集进行在线网络数据搜索匹配评价的数据依据具有一定说服力。

表 10-7　在 Wikipedia 数据集上图像搜索文本结果的准确率评价

评价指标	基于传统算法	基于 DNN算法		基于 GAN算法		
	JFSSL	CMDN	DCCA	ACMR	CMGAN	CMSAL
Precision@20	0.690 5	0.691 8	0.675 2	0.696 6	0.709 0	0.699 0
Precision@40	0.657 2	0.659 1	0.640 8	0.665 8	0.678 2	0.666 4
Precision@60	0.623 8	0.626 4	0.606 4	0.634 9	0.647 3	0.633 7
Precision@80	0.585 0	0.588 3	0.566 3	0.598 9	0.611 3	0.595 6
Precision@100	0.547 6	0.551 7	0.527 8	0.564 3	0.576 7	0.559 0
Precision@120	0.513 0	0.517 7	0.492 0	0.532 2	0.544 6	0.525 0
Precision@140	0.477 7	0.483 1	0.455 7	0.499 6	0.512 0	0.490 5
Precision@160	0.445 0	0.451 1	0.421 9	0.469 4	0.481 8	0.458 5
Precision@180	0.406 8	0.413 7	0.382 6	0.434 1	0.446 5	0.421 1
Precision@200	0.367 6	0.375 2	0.342 1	0.397 7	0.410 1	0.382 6

由于新浪微博数据集和 Wikipedia 数据集在数据形式上的差异导致了不同算法在两个数据集上的搜索准确率的差异,也充分证明了基于生成对抗学习的跨媒体社交网络搜索算法(CMSAL)对社交网络内容数据形式的良好适应性,以及针对社交网络中目标话题,尤其是安全话题内容搜索的有效性。通过在 Wikipedia 数据集上的实验,验证了基于生成对抗学习的跨媒体社交网络搜索算法(CMSAL)在处理跨媒体数据上的泛化性能,其不仅能够适应具有语义稀疏性的社交网络数据集,对具有普遍数据性质的数据也具有普适性。另外,Wikipedia 数据集在跨媒体信息描述上具有与社交网络数据相似的性能,并削弱了语义标签的关联性能,体现了公共数据集对算法评价的可靠性。

在 NUSWIDE 数据集上的搜索结果准确率评价如表 10-8 和表 10-9 所示。

表 10-8　在 NUSWIDE 数据集上文本搜索图像结果的准确率评价

评价指标	基于传统算法	基于 DNN 算法		基于 GAN 算法		
	JFSSL	CMDN	DCCA	ACMR	CMGAN	CMSAL
Precision@20	0.697 0	0.712 0	0.681 1	0.710 4	0.710 5	0.747 5
Precision@40	0.666 6	0.682 1	0.648 2	0.680 7	0.680 3	0.727 8
Precision@60	0.636 0	0.652 2	0.615 2	0.650 9	0.650 0	0.698 0
Precision@80	0.600 6	0.617 4	0.576 8	0.616 2	0.614 8	0.663 3
Precision@100	0.566 4	0.584 0	0.539 8	0.582 9	0.580 9	0.630 0
Precision@120	0.534 8	0.553 0	0.505 6	0.551 9	0.549 5	0.599 0
Precision@140	0.502 6	0.521 4	0.470 7	0.520 5	0.517 5	0.567 6
Precision@160	0.472 7	0.492 1	0.438 4	0.491 4	0.487 8	0.538 5
Precision@180	0.437 9	0.458 0	0.400 7	0.457 3	0.453 3	0.504 4
Precision@200	0.402 0	0.422 8	0.361 9	0.422 3	0.417 7	0.469 4

表 10-8 展示了在 NUSWIDE 数据集上文本搜索图像结果的准确率评价。基于生成对抗学习的跨媒体社交网络搜索算法(CMSAL)在整体水平上优于所选择的对比算法。通过对比可以看出,在 NUSWIDE 数据集上文本搜索图像结果的准确率评价整体优于在新浪微博数据集和在 Wikipedia 数据集上进行评价的结果。另外,在 NUSWIDE 数据集上,基于传统算法和基于 DNN 算法进行文本搜索图像任务的搜索结果准确率评价也获得了较优的结果。这种结果印证了上文针对 NUSWIDE 数据集文本内容本身作为跨媒体语义标签对文本内容和图像内容之间的语义关联和文本内容语义特征分布特点的分析。由于 NUSWIDE 数据集的文本内容短小准确,使得文本内容的语义特征突出而集中,同时图像内容的语义标签使得 NUSWIDE 数据集的跨媒体语义关联更为紧密。在此情况下,使得基于传统算法能够有效发挥方法性能。通过复杂非线性映射,基于 DNN 算法也利用这一数据优势进行了更有利于跨媒体语义特征匹配的公共语义空间构造,从而也进一步充分发挥了深度学习算法优势。

表 10-9　在 NUSWIDE 数据集上图像搜索文本结果的准确率评价

评价指标	基于传统算法	基于 DNN 算法		基于 GAN 算法		
	JFSSL	CMDN	DCCA	ACMR	CMGAN	CMSAL
Precision@20	0.653 2	0.706 5	0.635 4	0.723 1	0.727 1	0.734 4
Precision@40	0.622 8	0.676 6	0.602 5	0.693 4	0.696 9	0.714 7
Precision@60	0.592 2	0.646 7	0.569 5	0.663 6	0.666 6	0.684 9
Precision@80	0.556 8	0.611 9	0.531 1	0.628 9	0.631 4	0.650 2
Precision@100	0.522 6	0.578 5	0.494 1	0.595 6	0.597 5	0.616 9
Precision@120	0.491	0.547 5	0.459 9	0.564 6	0.566 1	0.585 9
Precision@140	0.458 8	0.515 9	0.425	0.533 2	0.534 1	0.554 5
Precision@160	0.428 9	0.486 6	0.392 7	0.504 1	0.504 4	0.525 4
Precision@180	0.394 1	0.452 5	0.355	0.47	0.469 9	0.491 3
Precision@200	0.358 2	0.417 3	0.316 2	0.435	0.434 3	0.456 3

　　表 10-9 展示了在 NUSWIDE 数据集上图像搜索文本结果的准确率评价。基于生成对抗学习的跨媒体社交网络搜索算法(CMSAL)在整体水平上优于所选择的对比算法。在 NUSWIDE 数据集上图像搜索文本结果的准确率评价的整体数值变化趋势与在新浪微博数据集和 Wikipedia 数据集上相类似。但是由于数据集中数据的来源方式所决定的数据性质以及数据的组织关系使得算法在不同数据集上呈现了不同的实验效果。在 NUSWIDE 数据集上图像搜索文本结果的准确率评价再次印证了 NUSWIDE 数据集中将语义特征明确且突出的文本内容作为跨媒体数据语义标签对跨媒体内容搜索影响的分析。这一影响在 NUSWIDE 数据集上使得基于传统算法与基于 DNN 算法面向图像搜索文本的任务中准确率评价数值相接近,并使得基于 GAN 算法也充分发挥了其算法优势。

第11章　基于语义学习与时空特性的在线社交网络跨媒体事件搜索

11.1　引　　言

随着用户的广泛参与,在线社交网络中存在并产生了大量的事件。为了更清楚地描述事件,用户在发布社交网络消息时通常既采用文本对事件进行描述,又采用图像对事件进行展示,跨媒体事件数据中包含了丰富的语义信息。跨媒体事件数据中的图像与文本既相互呼应,又相互补充。单纯的文本搜索形式已经不能满足人们的搜索需求,通过文本搜索图像可以获得事件更直观的形象展示,通过图像搜索文本可以了解事件背后更多的信息,因此,对在线社交网络事件进行跨媒体搜索应运而生。然而,具有相似语义信息的文本和图像的语义表示方式存在着较大差异,不同特征间存在着语义鸿沟,不同时空环境下文本的语义也不同,跨媒体事件的精准搜索面临着巨大挑战。因此,需要对社交网络跨媒体事件数据进行语义学习,结合社交网络的时空特性,研究在线社交网络跨媒体事件搜索算法。

本章提出了基于语义学习与时空特性的在线社交网络跨媒体事件搜索算法(CSES)。该算法以具有时空特性的文本特征为基础,建立了联合目标注意力机制用于加强图像与文本之间的关联关系,并结合在线社交网络跨媒体事件 GAN 网络,构建了跨媒体事件公共语义学习模型 OAAL。基于该模型学习到的语义表示,实现了同一尺度下不同模态数据的相似性度量,从而实现了跨媒体事件的精准搜索。我们将提出的基于语义学习与时空特性的在线社交网络跨媒体事件搜索算法(CSES)在真实的在线社交网络跨媒体事件数据集上与跨媒体公共数据集上分别进行了搜索实验,实验结果验证了算法的有效性。

11.2　基于语义学习与时空特性的在线社交网络跨媒体事件搜索算法(CSES)的提出

基于语义学习与时空特性的在线社交网络跨媒体事件搜索算法(CSES)引入了建立的在线社交网络多特征概率图模型(MFPGM),将其用于获取具有时空特性的在线社交网络文本语义表示。建立了联合目标注意力机制,采用目标特征同时指导图像特征和文本特征的生成过程,加强了跨媒体事件数据特征间的语义关联;构建了跨媒体事件生成对抗网络,提出了基于联合目标注意力与生成对抗网络的公共语义学习模型(OAAL),对跨媒体事件数据进行语义学习。基于学习到的公共语义表示实现了在线社交网络跨媒体事件的精准搜索。

11.2.1 CSES 算法的研究动机

实现在线社交网络跨媒体事件精准搜索的关键在于解决异构数据间的语义鸿沟,利用跨媒体事件数据的高质量公共语义表示来实现精准的在线社交网络跨媒体事件搜索。然而,文本和图像各自模态特征的质量以及用于学习跨模态关联映射关系的深度神经网络结构都会影响到跨媒体公共语义表示的质量,从而影响到在线社交网络跨媒体事件的搜索性能。因此,本章提出了基于语义学习与时空特性的在线社交网络跨媒体事件搜索算法(CSES),从单模态特征和跨媒体语义学习网络结构两方面入手,实现了精准的在线社交网络跨媒体事件搜索。

为了克服在线社交网络短文本的语义稀疏性与时空差异性,我们采用了提出的在线社交网络多特征概率图模型 MFPGM 来获取在线社交网络文本的语义表示。由于描述相同在线社交网络跨媒体事件的数据中包含着相同的语义信息和场景信息,而相同的场景具有相同的目标,因此目标信息可以看作连接跨媒体事件数据的桥梁。为了更好地保留跨媒体事件数据的语义关联性,本章建立了联合目标注意力机制,采用目标特征同时指导文本特征与图像特征的生成过程,从而生成具有关联关系的文本特征与图像特征。

为了学习高质量的在线社交网络跨媒体事件数据的公共语义表示,我们构建了在线社交网络跨媒体事件 GAN 网络,在生成模型中设计了完备的损失函数。通过为在线社交网络跨媒体事件数据建立公共语义空间,得到了跨媒体数据的公共语义表示,进而在该公共语义表示下对不同模态的数据采用同一尺度进行相似性度量,实现了在线社交网络跨媒体事件搜索。

11.2.2 CSES 算法描述

基于语义学习与时空特性的在线社交网络跨媒体事件搜索算法(CSES)以在线社交网络事件的跨媒体数据作为研究对象,以基于联合目标注意力和生成对抗网络的公共语义学习模型 OAAL 为核心,实现精准的在线社交网络事件的跨媒体搜索。图 11-1 是基于语义学习与时空特性的在线社交网络跨媒体事件搜索算法(CSES)的框架图。该算法通过基于联合目标注意力和生成对抗网络的公共语义学习模型(OAAL)进行在线社交网络跨媒体事件大数据的深度语义学习,获得语义一致性表示。基于 OAAL 生成的公共语义表示,对在线社交网络跨媒体事件数据之间相似性进行准确的测量,实现了在线社交网络事件的跨媒体精准搜索。

基于联合目标注意力和生成对抗网络的公共语义学习模型(OAAL)主要包含两部分:联合目标注意力机制和在线社交网络跨媒体事件 GAN 网络。联合目标注意力机制采用目标特征作为指导信息,分别指导图像特征和文本特征的生成过程,从而获取具有丰富语义关联关系的新的文本特征与图像特征。在线社交网络跨媒体事件 GAN 网络,通过生成过程与判别过程之间的动态博弈,为在线社交网络跨媒体事件数据建立了公共语义空间,获

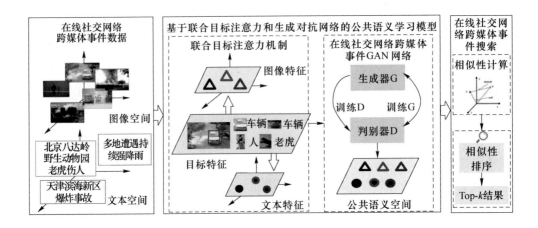

图 11-1　基于语义学习与时空特性的在线社交网络跨媒体事件搜索算法框架图

取了公共语义表示。

在线社交网络跨媒体事件搜索以跨媒体数据的公共语义表示为基础,在进行事件的跨媒体搜索时判断搜索的类型,计算搜索项与待搜索项之间的余弦距离。以该距离作为搜索项与待搜索项之间的相似性,通过对相似度进行排序,返回搜索结果。

以下给出在线社交网络跨媒体事件搜索的定义。给定在线社交网络事件的跨媒体数据集 $\overline{D}=\{d_1,d_2,\cdots,d_n,\cdots,d_N\}$,其中 $d_n=(v_n,t_n,E_n)$ 表示在线社交网络跨媒体事件数据集中的每个数据实例,v_n 和 t_n 表示该实例中的图像和文本。$E_n=[E_{n1},E_{n2},\cdots,E_{nE}]\in\mathbb{R}^E$ 表示每个数据实例所属的事件。N 表示在线社交网络跨媒体事件数据集中的实例数,E 表示事件的数量。事件标签向量中的每个元素 E_{ne},值为 1 或 0。其中 1 表示实例 d_n 属于第 e 个事件,0 表示实例 d_n 不属于第 e 个事件。通过构造事件标签矩阵 S,表示两个样本是否属于相同的事件,其中 $s_{ij}=0$ 意味着两个样本不属于相同的事件,而 $s_{ij}=1$ 表示两个样本至少属于同一个事件。在线社交网络跨媒体事件搜索的输入样本 i 可以是文本或者图像,通过 CSES 算法,期望返回与输入样本具有相同事件标签的样本 j,即 $s_{ij}=1$。返回的样本可以是文本或者图像。

11.2.3　基于联合目标注意力和生成对抗网络的公共语义学习模型的提出

本章建立了基于联合目标注意力和生成对抗网络的公共语义学习模型(OAAL),通过 OAAL 为在线社交网络跨媒体事件中的图像和文本分别学习映射函数,保持同一事件中跨媒体数据的语义相似性。映射函数既可以保存模态间数据的相似性,也可以保存模态内的相似性,通过学习到的映射函数分别将图像特征和文本特征映射到公共语义空间中。由于两个属于相同事件的样本具有相似语义,因此相同事件数据的两个样本在公共语义空间中相近。如果用"$<\cdot>$"表示两个样本特征 F_i，F_j 的内积，则内积越大，两个样本越相似。样本之间的语义相似性如式(11-1)所示：

$$p(s_{ij} \mid F_i, F_j) = \begin{cases} \sigma(\langle F_i, F_j \rangle), & s_{ij} = 1 \\ 1 - \sigma(\langle F_i, F_j \rangle), & s_{ij} = 0 \end{cases} \tag{11-1}$$

其中，σ 是 sigmoid 函数，F_i 和 F_j 可以为同一模态内或不同模态内的两个样本特征。

图 11-2 是基于联合目标注意力和生成对抗网络的公共语义学习模型 OAAL 的框架图。OAAL 模型利用联合目标注意力机制和在线社交网络跨媒体事件 GAN 网络获取跨媒体数据的公共深度语义表示。其中联合目标注意力机制用于单一模态的特征生成，在线社交网络跨媒体事件 GAN 网络用于学习跨媒体数据的公共语义。

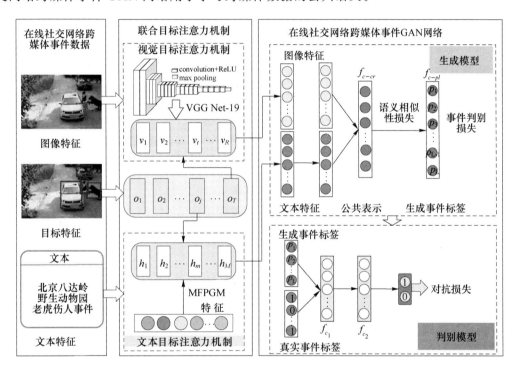

图 11-2 基于联合目标注意力和生成对抗网络的公共语义学习模型

在联合目标注意力机制中，分别采用提出的在线社交网络多特征概率图(MFPGM)模型和 VGG-19 模型提取原始的文本特征和图像特征。以 MFPGM 特征和 VGG 特征作为联合目标注意力机制的输入，利用目标特征计算目标与不同图像区域和不同单词的相关性，对图像特征和文本特征的生成过程进行指导。因此，经过目标特征对文本特征和图像特征的补充，增加了两种跨媒体数据特征之间的关联关系，缓解了跨媒体数据之间的语义鸿沟。

在线社交网络跨媒体事件 GAN 网络以通过联合目标注意力机制生成的单模态特征为输入，由生成模型和判别模型两部分构成。生成模型的损失函数包含语义相似性损失和事件判别损失，通过构建尽可能完备的损失函数来提高公共语义表示质量。判别模型通过识别事件标签的真实性来进一步提高语义学习能力。通过生成模型与判别模型间的动态博弈过程,学习到在线社交网络跨媒体事件数据的公共语义表示。

1. 联合目标注意力机制

采用具有良好性能的结构推理网络 SIN 来获取目标特征。利用 SIN 网络提取的目标特征作为连接图像和文本的纽带。通过在图像特征和文本特征中同时引入目标特征缓解在线社交网络跨媒体事件数据间的语义鸿沟。

联合目标注意力机制包含两个部分:文本目标注意力机制与视觉目标注意力机制。其中,视觉目标注意力机制采用目标特征计算目标与不同图像区域的相关性,获取图像在不同目标下的注意力分布。本章提出的图像目标注意力机制的网络参数联合了文本注意力机制,是通过在线社交网络跨媒体事件 GAN 网络训练而得到的。

在文本目标注意力机制中,采用图像中的目标特征对文本的特征生成过程进行指导。设计了文本目标注意力机制,采用图像中的目标特征对文本特征进行补充,解决了短文本无法反映丰富语义的问题。图像中包含了多个特征,每个特征往往仅与文本中的部分单词相关。给定句子$(w_0, w_1, \cdots, w_H)$,通过在线社交网络多特征概率图模型 MFPGM 提取原始的文本特征。MFPGM 特征可以缓解在线社交网络短文本的稀疏性与时空差异性,具有较高的语义表示质量。通过相同目标特征对图像和文本的特征生成过程进行指导,有助于增强跨媒体事件数据的语义关联。

2. 在线社交网络跨媒体事件 GAN 网络的构建

我们从以下三个方面来描述在线社交网络跨媒体事件 GAN 网络,分别是生成模型、判别模型和对抗学习过程。

（1）生成模型

如图 11-2 所示,在 OAAL 模型中,基于在线社交网络跨媒体事件 GAN 网络的生成模型可以生成跨媒体数据的公共语义表示。以全连接层 $f_{c-\sigma}$ 的输出作为公共语义表示,并利用最后的全连接层 f_{c-pl} 对每个样本特征的事件标签进行预测。为了保证在线社交网络跨媒体事件 GAN 网络的特征学习能力,在其生成模型中设置了完备的损失函数。该损失函数主要包含语义相似性损失和事件判别损失。通过对两类损失的结合,实现最优公共语义表示的生成。语义相似性损失通过 negative-log 似然函数进行计算,事件判别损失通过交叉熵进行评估。为了详细介绍生成模型的损失函数,从以下角度对其进行分析:图像路径损失、文本路径损失和跨媒体路径损失。对于图像而言,给定其特征 F_v 和相似度矩阵 $\boldsymbol{S}_v$,为了保持公共语义特征之间的相似性,F_v 的 negative-log 似然函数表示为:

$$J_{V1} = -\sum_{s_{ij} \in \boldsymbol{s}_v} \log p(s_{ij} \mid F_{vi}, F_{vj})$$
$$= \sum_{s_{ij} \in \boldsymbol{s}_v} (\log(1 + \exp(\langle F_{vi}, F_{vj} \rangle)) - s_{ij} \langle F_{vi}, F_{vj} \rangle) \tag{11-2}$$

进一步将生成的公共语义表示输入全连接层进行事件标签预测,真实事件标签和生成的事件标签之间的事件判别损失计算如式(11-3)所示:

$$J_{V2} = \sum_{n=1}^{N} \sum_{e=1}^{E} E_{ne} \cdot \log E_{ne} \tag{11-3}$$

其中,N 表示数据集中的实例数,E 表示事件标签的数量,E_{ne} 和 E_{ne} 分别是真实事件标签和生成的事件标签。因此,图像特征生成中的总体损失函数如式(11-4)所示:

$$\min_{F_v, L_v} J_V = \lambda J_{V1} + J_{V2} \tag{11-4}$$

对于文本数据,给定文本特征 F_t 和相似性矩阵 S_t,使用 J_T 表明文本特征在表示学习中的总体损失,包括 J_{T1} 表示生成文本一致性特征的相似性损失和 J_{T2} 表示事件判别损失。文本特征生成的总体损失如式(11-5)所示:

$$\min_{F_t, L_t} J_T = \lambda J_{T1} + J_{T2}$$

$$= \lambda \sum_{s_{ij} \in S_t} (\log(1 + \exp(\langle F_{ti}, F_{tj} \rangle)) - s_{ij} \langle F_{ti}, F_{tj} \rangle) + \sum_{n=1}^{N} \sum_{e=1}^{E} E_{ne} \cdot \log \hat{E}_{ne} \tag{11-5}$$

其中,参数 λ 是权重系数。在特征生成过程中还考虑了保持模态间的语义相似性。给定图像特征 F_v,文本特征 F_t 和图像—文本对 S_{vt} 的相似性矩阵,采用 negative-log 似然函数表示跨媒体数据之间的损失函数如式(11-6)所示:

$$\min_{F_v, F_t} J_{VT} = \sum_{s_{ij} \in S_{vt}} (\log(1 + \exp(\langle F_{vi}, F_{tj} \rangle)) - s_{ij} \langle F_{vi}, F_{tj} \rangle) \tag{11-6}$$

（2）判别模型

通过生成模型可以获得每个数据的预测标签。然而,预测标签是基于公共语义表示生成的,预测标签的分布与真实标签分布之间存在一定的差异。跨模态 GAN 的特征表示能力越强,则生成的公共语义表示质量越高,且预测标签的分布与真实标签的分布越接近。为了进一步提高在线社交网络跨媒体事件 GAN 网络中生成模型的公共语义学习能力,设计了判别模型。通过在判别模型中判断数据标签的真假（即为真实标签或者预测标签）来进一步提高生成的公共语义表示质量。将预测标签和真实标签同时作为判别模型的输入,以 m_n 记录输入标签是否为真,如果标签是预测生成的则将其设置为 0,如果标签是数据集中真实存在的则将其设置为 1。判别模型的目标是尽可能准确地区分真实标签（真实数据）和预测标签（生成的数据）。在线社交网络跨媒体事件 GAN 网络的对抗损失可以定义为:

$$J_{adv} = -\sum_{n=1}^{N} m_n (\log D(L_n; \theta_D) + \log(1 - D(L_{nv}; \theta_D))$$
$$+ \log(1 - D(L_{nt}; \theta_D))) \tag{11-7}$$

其中 J_{adv} 表示用于区分所有数据的标签而产生的交叉熵损失,N 为数据集中图像—文本对实例数量,$D(.; \theta_D)$ 是每个项被预测为真实数据的概率,L_{nv}, L_{nt}, L_n 分别表示图像的预测标签,文本的预测标签和第 n 个实例的真实标签。

（3）对抗学习过程

在定义生成模型和判别模型后,通过联合地最小化生成模型和判别模型的损失来学习跨模态数据的公共语义表示。算法 11-1 详细地描述了基于联合目标注意力和生成对抗网络的公共语义学习模型(OAAL)的学习过程。

算法 11-1:OAAL 学习过程

输入:数据集 $\overline{D}$,超参数 λ,mini-batch 大小 M_s,迭代次数 N_{iter}

输出:学习到的公共语义表示 F_v,F_t

(1) 对数据集 $\overline{D}$ 所有数据进行预处理

(2) 对下列过程执行 N_{iter} 次

(3) 用反向传播算法更新参数 θ_G

(4) $\theta_G \leftarrow \theta_G - \mu \cdot \nabla_{\theta_G} \dfrac{1}{n}(J_G - J_{\text{adv}})$

(5) 用反向传播算法更新参数 θ_{adv}

(6) $\theta_{\text{adv}} \leftarrow \theta_{\text{adv}} - \mu \cdot \nabla_{\theta_{\text{adv}}} \dfrac{1}{n}(J_G - J_{\text{adv}})$

(7) 输出学习到的公共语义表示 F_v,F_t

为了尽可能地保护跨媒体数据中模态内相似性与模态间相似性,生成模型的总体损失可以表示图像路径损失、文本路径损失以及跨模态路径的损失之和,如式(11-8)所示:

$$J_G = J_V + J_T + J_{VT} \tag{11-8}$$

生成模型为跨媒体数据建立公共语义空间,并生成正确的事件标签。判别模型区分真实事件标签和生成的事件标签,如式(11-9)所示:

$$(F, \theta_G) = \arg\min J_G(F, \theta_G) - J_D(\hat{\theta}_{\text{adv}})$$

$$\theta_{\text{adv}} = \arg\max J_G(F, \hat{\theta}_G) - J_D(\theta_{\text{adv}}) \tag{11-9}$$

其中,$\hat{\theta}_{\text{adv}}$ 和 $\hat{\theta}_G$ 表示参数是固定的。通过迭代地执行随机梯度下降算法和反向传播算法,实现对抗学习。OAAL 中在线社交网络跨媒体事件 GAN 网络的对抗学习过程促使生成过程和判别过程不断改进其性能,直到两者达到平衡状态。对抗学习过程最大限度地消除了在线社交网络跨媒体事件数据之间的语义鸿沟,并生成了公共语义表示。

11.2.4 在线社交网络跨媒体事件搜索

给定查询集合 $Q = \{q_1, q_2, \cdots, q_m, \cdots, q_Q\}$ 与待搜索集合 $S = \{s_1, s_2 \cdots, s_n, \cdots, s_S\}$,其中每个查询实例 $q_m = (q_m^v, q_m^t, q_m^e)$ 和每个待搜索实例 $s_n = (s_n^v, s_n^t, s_n^e)$ 中均包含了三种信息:图像、文本和事件类别。查询输入的形式可以是查询实例中的文本或图像,返回项的形式同样可以为文本或图像。CSES 算法可以实现多种形式的搜索,包括文本搜索图像、图像搜索文本、文本搜索文本以及图像搜索图像。

在线社交网络跨媒体事件搜索希望通过输入搜索样本,返回与之相关的事件数据。首先对查询集合和待搜索集合进行预处理,获取所有的文本特征、图像特征和目标特征,将以上三种特征输入跨媒体公共语义学习模型 OAAL 中,获取查询集合与待搜索集合中所有数据的公共语义表示。

当输入查询时,判断其搜索类型,根据搜索类型选择待搜索集合中数据,依次使用如式(11-10)所示的余弦距离计算相似度。

$$s_{m,n} = \cos(q_m^{v/t}, s_n^{v/t}) = \frac{q_m^{v/t} \cdot s_n^{v/t}}{\parallel q_m^{v/t} \parallel \parallel s_n^{v/t} \parallel} \tag{11-10}$$

其中,v/t 表示输入或者返回项为图像或者文本。对搜索项与待搜索集合中的数据依次计算相似度,并根据相似度大小进行排序,返回相关事件的搜索列表,实现在线社交网络跨媒体事件搜索。

11.2.5　CSES 算法的实现步骤

基于语义学习与时空特性的在线社交网络跨媒体事件搜索算法(CSES)如下所示。

算法 11-2:基于语义学习与时空特性的在线社交网络跨媒体事件搜索算法

输入:查询测试集合 Q、待搜索集合 S、搜索类型与返回项个数 k

输出:搜索结果

(1) 对查询测试集中的每张图像执行下列操作:

a) 利用 SIN 获取图像数据的目标特征

b) 基于 VGGNet-19 获取原始图像特征表示

(2) 对查询测试集中的每条文本提取原始文本特征

(3) 将查询测试集中所有图像—文本对的原始特征输入基于联合目标注意力和生成对抗网络的公共语义学习模型 OAAL 中,获取其在公共语义空间下的特征表示

(4) 对每个查询项中的图像或者文本,判断其搜索类型,计算与每个待搜索项中图像或者文本的相似度

(5) 对相似度进行排序

(6) 返回 Top-k 个搜索结果

11.3　CSES 算法实验结果与分析

为了验证本章提出的基于语义学习与时空特性的在线社交网络跨媒体事件搜索算法(CSES)的有效性,我们通过 4 组实验对其搜索性能进行验证。在实验一中将 CSES 算法与对比算法应用于在线社交网络跨媒体事件数据集中,进行跨媒体搜索实验。在实验二中将 CSES 算法应用于跨媒体公共数据集中进行跨媒体搜索实验。在实验三中将 CSES 算法与

其变型算法进行对比实验,以此验证 CSES 算法中不同因素的作用。在实验四中观察 CSES 在参数变化下的性能变化情况,验证 CSES 算法的鲁棒性。下面对实验设置进行详细介绍,并对实验结果进行讨论和分析。

11.3.1 实验设置

1. 数据集

在线社交网络跨媒体事件数据集:社交网络跨媒体数据集具有独特的特性。首先,其文本趋于口语化且通常较短,具有较强的语义稀疏性,且其图像质量往往不高。除文本和图像信息外,该数据中还包含了时空信息和用户信息等。本章在新浪微博中采集了"昆明暴恐""滨海新区爆炸""北京雾霾""毒疫苗""湖北暴雨""八达岭老虎伤人""饿了么黑心作坊""上海外滩踩踏""天津调料造假"和"长江客船翻沉"10 个安全事件相关的社交网络跨媒体事件数据,共约 20 万条的新浪微博。该数据集中包含了微博的所有字段(文本、图像、时间、用户以及用户的注册地等)。为了获取高质量的文本图像对,对每个事件筛选了 100 张图像,并为每张图像挑选了相关的 3~5 条微博文本作为描述信息,最终从 20 万条微博数据集中构造了 1 000 个社交网络文本图像对。采用自动标注工具将其制作成与公共数据集格式一致的数据集。实验过程中,在每个类别中随机选择 80 对进行训练,其余数据作为测试集。

2. 实验设置

(1)数据预处理

对于上述数据集内的每个实例,提取其三种特征:文本特征,图像特征和目标特征。对于社交网络安全事件数据集中的短文本信息,采用我们提出的在线社交网络多特征概率图模型(MFPGM)获取改善了语义稀疏性和时空差异性的文本特征。对于 Pascal Sentence 数据集和 MS-COCO 数据集的文本特征,由于其没有时空特性,因此利用了 Word2vec 获取文本的 200 维嵌入向量。对于图像特征的提取,对上述三个数据集均采用 VGGNet-19,并使用其最后一个池化层的输出作为原始的图像特征,设定尺寸为 $512 \times 7 \times 7$。此外,为了获取注意力机制中的目标特征,利用 SIN 网络在每个实例的图像数据中进行抽取,并将目标特征的维度设置为 $256 \times 2\,048$。

(2)网络设计

在线社交网络跨媒体事件 GAN 中包含一个生成模型和一个判别模型。在生成模型中,将图像特征和文本特征分别放入两个不同的全连接层内,将两种单一模态的特征统一到同一维度。构建双层前向神经网络,将两种模态特征映射到统一公共语义空间内。添加一个全连接层预测跨媒体数据的事件标签。对于判别模型,建立三层前向神经网络对事件标签进行真实标签与预测生成标签的有效区分。

3. 评价指标

为了验证本章提出的基于语义学习与时空特性的在线社交网络跨媒体事件搜索算法

(CSES)的有效性,将搜索任务分为两种:模态内搜索任务和模态间搜索任务。两者的实现过程分别如下。

(1) 模态内搜索

使用一种模态数据作为查询,并在测试集中搜索出相同的模态数据,使用文本搜索文本(表示为 T-T),以及使用图像搜索图像(表示为 I-I)。

(2) 模态间搜索

使用一种模态数据作为查询并检索测试集中的另一类模态数据,使用文本搜索图像(表示为 T-I),以及使用图像搜索文本(表示为 I-T)。

采用平均准确率(MAP)、精度范围曲线(precision-scope)和召回率(Recall@K)作为评价指标对本章提出的 CSES 算法与对比算法进行搜索性能的比较。如式(11-11)所示,MAP 值表示所有查询平均准确率(AP)的均值,以及 AP 的取值:

$$\mathrm{MAP} = \frac{\sum_{q=1}^{Q} AP(Q)}{Q} \tag{11-11}$$

$$\mathrm{AP}@K = \frac{\sum_{k=1}^{K} P(k)\delta(k)}{\sum_{k'=1}^{K} \delta(k')} \tag{11-12}$$

其中 Q 表示搜索的数量,K 为待搜索文档的数量,$P(k)$ 表示前 k 个搜索结果的精度。如果第 k 个搜索结果与查询相关,则 $\delta(r)=1$,否则 $\delta(r)=0$。MAP 值越高意味着搜索性能越好。

4. 对比算法

为了验证基于语义学习与时空特性的在线社交网络跨媒体事件搜索算法(CSES)的有效性,在实验中选择了 6 种已有的跨媒体搜索算法。包括两种基于浅层表示的跨媒体搜索算法(CFA 和 MACC)和 4 种基于深度神经网络的跨媒体搜索算法(Bi-AE、Multi-DBN、ACMR 和 CM-GAN)。其中,ACMR 和 CM-GAN 算法为基于 GAN 的跨媒体搜索算法。

11.3.2　实验一:在线社交网络跨媒体事件数据集上的搜索实验

为了对基于语义学习与时空特性的在线社交网络跨媒体事件搜索算法(CSES)的搜索性能进行验证,我们选取 6 种先进的跨媒体搜索算法作为对比算法,在社交网络跨媒体事件数据集上进行模态间搜索与模态内搜索的实验,分别表示为图像搜索文本(I-T),文本搜索图像(T-I),图像搜索图像(I-I),文本搜索文本(T-T)4 种搜索类型。采用了 MAP 值、精度范围曲线(precision-scope)和召回率(Recall@K)作为评价指标。

1. 与对比算法 MAP 值的比较

我们采用 MAP 值作为评价指标,评估基于语义学习与时空特性的在线社交网络跨媒体事件搜索算法(CSES)和对比算法在社交网络跨媒体数据集上的搜索性能。为了充分验证跨媒体搜索算法的性能,分别在模态间和模态内进行 4 种类型的搜索实验,实验结果如表

11-1 所示。

表 11-1　在线社交网络跨媒体事件数据集上的搜索 MAP 值比较

搜索类型	模态间搜索			模态内搜索		
算法	I-T	T-I	平均值	I-I	T-T	平均值
CFA	0.649	0.651	0.650	0.679	0.689	0.684
MACC	0.759	0.763	0.761	0.774	0.789	0.782
Multi DBN	0.713	0.728	0.721	0.732	0.741	0.737
Bi-AE	0.739	0.725	0.732	0.754	0.752	0.753
ACMR	0.816	0.801	0.809	0.818	0.824	0.821
CM-GAN	0.821	0.808	0.815	0.820	0.829	0.824
CSES(提出的)	0.857	0.847	0.852	0.851	0.865	0.858

从表 11-1 中所示的基于语义学习与时空特性的在线社交网络跨媒体事件搜索算法（CSES）与对比算法的 MAP 值可以看出，在 4 种搜索形式中 CSES 算法显著优于所有对比算法。其中，基于 DNN 的表示方法 Multi-DBN 算法、Bi-AE 算法、ACMR 算法、CM-GAN 算法和 CSES 算法取得的 MAP 值均优于基于浅层表示的跨媒体搜索 CFA 算法和 MACC 算法，这说明通过深度神经网络可以学习到比浅层结构更加复杂的模态间映射关系，基于深层特征表示可以实现更加准确的跨媒体事件搜索。此外，CSES 算法、ACMR 算法和 CM-GAN 算法的 MAP 值均高于 Bi-AE 算法和 Multi-DBN 算法，这是因为 CSES 算法、ACMR 算法和 CM-GAN 算法均采用了生成对抗网络（GAN）结构进行跨媒体数据的深度语义学习，而 Bi-AE 算法和 Multi-DBN 算法仅采用传统的深度神经网络实现跨模态特征的训练和学习。这说明了生成对抗网络中的生成和判别的过程能够比传统的深度学习框架学习到更加高效的语义特征，可以实现较高质量的公共语义表示，显著提高了跨媒体事件搜索的准确率。

与传统的基于 DNN 的跨媒体搜索算法 Bi-AE 和 Multi-DBN 相比，CSES 算法采用生成对抗网络结构，具有更强的生成语义特征的能力。与同样采用 GAN 结构的 ACMR 算法和 CM-GAN 算法相比，CSES 算法具有最佳的搜索效果，这是因为 CSES 算法构建了联合目标注意力机制，分别对单一模态的特征学习进行改进，并结合在线社交网络跨媒体事件 GAN 结构对跨媒体事件数据进行特征融合和语义共享表示，能够显著提高跨媒体语义特征学习的效果，而 ACMR 算法和 CM-GAN 算法并没有考虑优化单一模态的特征，因此实验结果中，本章提出的 CSES 算法表现了最佳的跨媒体事件搜索效果。

2. 与对比算法 precision-scope 值的比较

为了进一步验证本章提出的基于语义学习与时空特性的在线社交网络跨媒体事件搜索算法（CSES）在社交网络跨媒体事件数据集上的搜索性能，将其与对比算法的 precision-scope 值进行比较。设置返回结果数 K 分别为 $100,200,300,400$ 和 500，在模态间与模态内的 4 类搜索实验中,实验结果如图 11-3 所示。

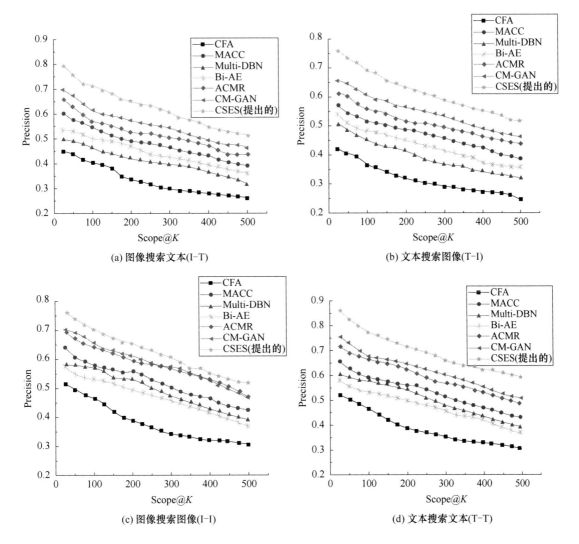

图 11-3 在线社交网络跨媒体事件数据集上的 precision-scope 曲线对比

　　无论在模态间的搜索任务(图像搜索文本,文本搜索图像),还是模态内的搜索任务(图像搜索图像,文本搜索文本)中,本章提出的基于语义学习与时空特性的在线社交网络跨媒体事件搜索算法(CSES)与对比算法相比均实现了最佳的精度范围曲线值。

　　基于浅层学习的跨媒体搜索算法 CFA 的搜索性能在所有搜索类型的实验中结果最差。在典型的基于深度神经网络结构的跨媒体搜索算法 Multi-DBN、Bi-AE、ACMR 和 CM-GAN 中,本章提出的基于语义学习与时空特性的在线社交网络跨媒体事件搜索算法(CSES)搜索性能最佳,这是由于其他基于深度神经网络结构的跨媒体搜索算法侧重跨媒体特征之间的互补性学习,而忽略了两种模态之间的相关性学习,而 CSES 算法加入共同目标特征,通过注意力机制融合了跨模态数据的语义信息,因此在跨媒体搜索中表现了较好的搜索性能。此外,ACMR 算法、CM-GAN 算法和 CSES 算法均比其他基于深度神经网络结构的跨媒体搜索算法具有更好的搜索性能,因此验证了采用生成对抗 GAN 网络结构可以提高深度神经网络结构的公共特征表示学习能力,从而实现更好的跨媒体事件搜索效果。

3. 与对比算法 Recall@K 值的比较

为了从多个角度验证基于语义学习与时空特性的在线社交网络跨媒体事件搜索算法(CSES)的搜索性能,采用 Recall@K 作为评价指标,分析 CSES 算法与对比算法在社交网络跨媒体事件数据集上的搜索结果。将 K 值分别设置为 1、5 和 10,分别表示 R@1、R@5 和 R@10 的召回率结果。

在社交网络跨媒体事件数据集上进行的图像搜索文本的实验中,基于语义学习与时空特性的在线社交网络跨媒体事件搜索算法(CSES)与所有对比算法相比,在不同 K 的取值下均取得了最高的召回率。基于 DNN 的跨媒体搜索算法 Multi DBN、Bi-AE、ACMR、CMGAN 和 CSES 均比基于浅层表示的跨媒体搜索算法 CFA 和 MACC 取得了更高的 Recall@K 值。CSES 算法、CM-GAN 算法与 ACMR 算法均比其他基于 DNN 的深层表示算法和浅层表示算法取得了更高的 Recall@K 值,这是因为上述三种算法均采用了生成对抗网络,通过生成模型与判别模型的对抗学习方式,为跨媒体数据建立了较高质量的跨媒体数据公共语义空间,生成了高质量的公共语义表示,可以实现更为优越的搜索性能。

在文本搜索图像的实验中,在所有 K 值下与对比算法相比,本书提出的基于时空特性的在线社交网络跨媒体语义学习算法(SCSL)均取得最佳的召回率。CSES 算法相比同样采用生成对抗网络 GAN 结构的 CM-GAN 算法与 ACMR 算法的 Recall@K 值均有明显提升,这是由于 CM-GAN 算法和 ACMR 算法没有对单模态特征进行优化处理,仅在深度学习的过程中加入了生成器和判别器进行模型训练,而基于语义学习与时空特性的在线社交网络跨媒体事件搜索算法(CSES)则通过建立联合目标注意力机制加强了跨媒体事件数据间的关联关系,从而提升了在线社交网络跨媒体事件搜索性能。

相比跨媒体搜索算法 ACMR 和 CM-GAN,本章提出的基于语义学习与时空特性的在线社交网络跨媒体事件搜索算法(CSES)在社交网络跨媒体事件数据集上的两个搜索任务中平均的 Recall@K 值分别提升了 15.26% 和 10.12%,平均提升了 12.69%。

11.3.3 实验二:跨媒体公共数据集上的搜索实验

为了进一步验证基于语义学习与时空特性的在线社交网络跨媒体事件搜索算法(CSES)对不同数据集的鲁棒性,采用 Pascal Sentence 和 MS-COCO 两个公共的跨媒体数据集进行搜索实验。在这两个公共数据集中将数据的类别作为事件标签,从而判断搜索的准确性。与实验一相同,分别进行模态间与模态内的 4 种搜索类型,采用 MAP 值和精度范围曲线(precision-scope)作为评价指标。

1. 与对比算法在 Pascal Sentence 数据集上的 MAP 值比较

以下将本章提出的基于语义学习与时空特性的在线社交网络跨媒体事件搜索算法 CSES 与 6 种对比算法在 Pascal Sentence 公共数据集上进行搜索实验,采用 MAP 值对搜索的准确性进行评估与比较,结果如表 11-2 所示,分别展示了模态间与模态内 4 类搜索形式下的 MAP 值对比,以及模态间搜索和模态内搜索的 MAP 平均值。

从表 11-2 中可以观察到基于语义学习与时空特性的在线社交网络跨媒体事件搜索算法(CSES)在 4 类搜索实验中表现了最佳的搜索效果。与社交网络跨媒体事件数据集上的搜索 MAP 结果相似,基于语义学习与时空特性的在线社交网络跨媒体事件搜索算法(CSES)由于采用深度神经网络结构对跨媒体数据进行非线性映射,在 4 类搜索实验中取得的 MAP 值均优于所有的基于浅层的语义特征学习方法(CFA 和 MACC)。相比所有基于深度神经网络的跨媒体搜索算法,基于语义学习与时空特性的在线社交网络跨媒体事件搜索算法(CSES)在 4 类搜索实验中获得的 MAP 值具有显著的提升。

表 11-2　Pascal Sentence 数据集上的搜索 MAP 值对比

搜索类型	模态间搜索			模态内搜索		
算法	I-T	T-I	平均值	I-I	T-T	平均值
CFA	0.372	0.366	0.369	0.397	0.402	0.400
MACC	0.489	0.484	0.487	0.493	0.508	0.501
Multi DBN	0.443	0.452	0.448	0.448	0.454	0.451
Bi-AE	0.457	0.446	0.452	0.462	0.472	0.467
ACMR	0.543	0.521	0.532	0.548	0.552	0.550
CM-GAN	0.541	0.527	0.534	0.546	0.554	0.550
CSES(提出的)	0.566	0.552	0.559	0.568	0.577	0.573

2. 与对比算法在 MS-COCO 数据集上的 precision-scope 曲线比较

为了从多个角度验证基于语义学习与时空特性的在线社交网络跨媒体事件搜索算法(CSES)的搜索性能,将该算法与 6 种跨媒体搜索算法在 MS-COCO 数据集上进行跨媒体搜索实验,基于评价指标 precision-scope 曲线分析搜索算法的有效性。实验结果如图 11-4 所示。

图 11-4 展示了模态间搜索形式图像搜索文本、文本搜索图像与模态内搜索形式图像搜索图像、文本搜索文本的搜索结果。从图 11-4 中可以看出,基于语义学习与时空特性的在线社交网络跨媒体事件搜索算法(CSES)在 4 类搜索实验中的精度范围值显著优于对比算法,说明 CSES 算法在 MS-COCO 数据集上的搜索性能与其他对比算法相比表现出了明显的优势,在不同数据集下的搜索性能具有较好的稳定性和鲁棒性。

11.3.4　实验三:CSES 算法与其变型算法的对比实验

为了验证基于语义学习与时空特性的在线社交网络跨媒体事件搜索算法(CSES)的有效性,我们构建了该算法的变型算法进行对比实验。在基于语义学习与时空特性的在线社交网络跨媒体事件搜索算法(CSES)中移除联合目标注意力机制,构建了 CSES-O 算法,目

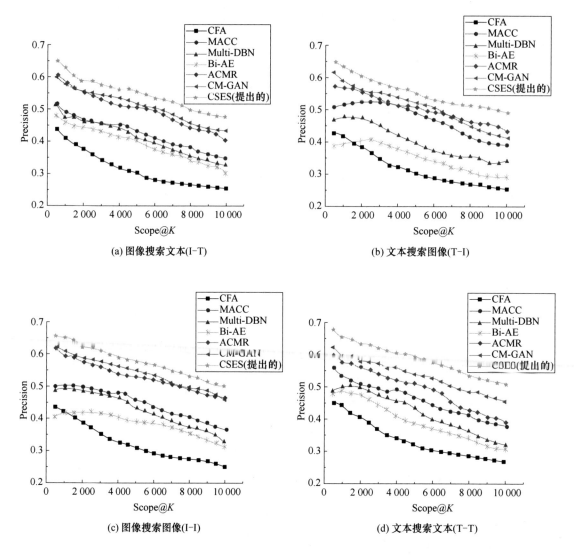

图 11-4　MS-COCO 数据集上的 precision-scope 曲线对比

的是验证联合目标注意力机制的有效性。通过移除在线社交网络跨媒体事件 GAN 网络的判别模型,建立 CSES-D 算法,目的是验证判别模型的有效性。为了验证跨媒体生成对抗 GAN 网络生成模型中损失函数的有效性,移除了生成模型损失函数的模态间语义相似性损失,建立了 CSES-IT 算法。将 CSES 算法及其相应的变型算法在社交网络跨媒体事件数据集上进行模态间和模态内的搜索实验,采用 MAP 值对实验结果进行评价,表 11-3 是提出的基于语义学习与时空特性的在线社交网络跨媒体事件搜索 CSES 算法及其三种变型算法的搜索 MAP 值比较。

表 11-3 所示的实验结果表明基于语义学习与时空特性的在线社交网络跨媒体事件搜索算法(CSES)相比 CSES-O 算法,在社交网络跨媒体事件数据集上的 4 类搜索任务中 MAP 值平均提升了 8.47%,这说明采用联合目标注意力机制能够增强跨媒体数据的公共

语义特征的质量,可以有效提升事件的跨媒体搜索准确率。CSES 算法相比 CSES-D 算法在社交网络跨媒体事件数据集上的 4 类搜索任务中 MAP 值平均提升了 6.64%,该实验结果表明在线社交网络跨媒体事件 GAN 中的判别模型有利于算法生成更高质量的公共语义表示,从而提高算法在事件数据集上的跨媒体搜索准确率。

表 11-3　CSES 算法与其变型算法的搜索 MAP 值比较

搜索类型	模态间搜索			模态内搜索		
算法	I-T	T-I	平均值	I-I	T-T	平均值
CSES	0.857	0.847	0.852	0.851	0.865	0.858
CSES-O	0.786	0.781	0.7835	0.792	0.794	0.793
CSES-D	0.801	0.792	0.7965	0.805	0.809	0.807
CSES-IT	0.814	0.805	0.8095	0.821	0.827	0.824

CSES 算法相比 CSES-IT 算法在社交网络跨媒体事件数据集上的 4 类搜索任务中 MAP 值平均提升了 4.68%,实验结果表明结合模态间语义相似性损失有助于提高跨媒体生成对抗 GAN 网络生成模型的语义表示能力。在 CSES 算法的所有变型算法中,可以看到 CSES-O 算法的搜索 MAP 值最差,从而验证了建立的联合目标注意力机制在 CSES 算法中的重要性。

11.3.5　实验四:参数变化对 CSES 算法的影响

超参数均使用交叉验证的方法进行设置。由于超参数 λ 可以调整损失函数中语义相似性损失和事件判别损失的贡献度,因此有必要验证 λ 对模型训练过程中获取公共语义表示质量的影响,即通过调整超参数 λ 的取值,观察参数的变化对搜索效果的影响,并对实验结果进行分析。CSES 算法在不同 λ 取值情况下的搜索 MAP 值如图 11-5 所示。

将超参数 λ 的取值分别设置为 0.000 01、0.000 1、0.001、0.01、0.1、1 和 2,在社交网络跨媒体事件数据集上进行搜索实验,采用 MAP 值评估 λ 对 CSES 算法的搜索性能影响。

图 11-5(a)~(d)分别为不同 λ 取值情况下,图像搜索文本、文本搜索图像、图像搜索图像和文本搜索文本的搜索 MAP 值。从图 11-5 的 4 个实验结果中可以看出,当 $\lambda = 0.001$ 时,基于语义学习与时空特性的在线社交网络跨媒体事件搜索算法(CSES)在 4 种搜索任务中均获得最高的 MAP 值,说明 $\lambda = 0.001$ 是 CSES 算法能够达到最佳搜索状态的参数取值。图 11-5 中的结果表明 CSES 算法的搜索性能受到 λ 值变化的影响较小,说明该算法具有很强的鲁棒性。

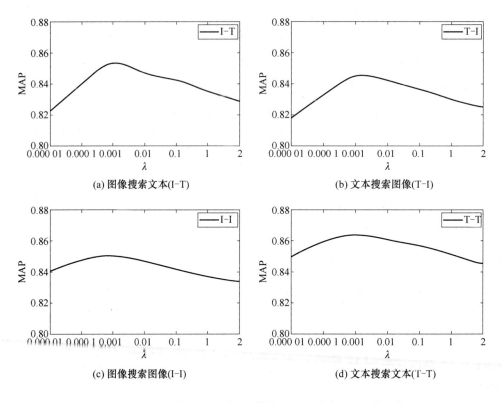

(a) 图像搜索文本(I-T)

(b) 文本搜索图像(T-I)

(c) 图像搜索图像(I-I)

(d) 文本搜索文本(T-T)

图 11-5　CSES 算法在不同 λ 取值情况下的搜索 MAP 值比较

第 12 章　基于语义学习与时空特性的在线社交网络跨媒体搜索系统的实现

12.1　引　言

基于本书提出的基于时空主题模型的在线社交网络文本信息表达算法(OSNTR)、基于目标注意力机制的在线社交网络图像信息表达算法(IROA)、基于时空特性的在线社交网络跨媒体语义学习算法(SCSL)、基于语义学习的在线社交网络话题搜索算法(STS)和基于语义学习与时空特性的在线社交网络跨媒体事件搜索算法(CSES),本章实现基于语义学习与时空特性的在线社交网络跨媒体搜索系统,对提出的多种算法进行验证。该系统可以实现跨媒体时空信息获取与表达、跨媒体语义学习、在线社交网络话题搜索和在线社交网络跨媒体事件搜索等,可为用户提供快捷方便的社交网络跨媒体搜索。

12.2　系　统　设　计

基于语义学习与时空特性的在线社交网络跨媒体搜索的总体架构如图 12-1 所示。

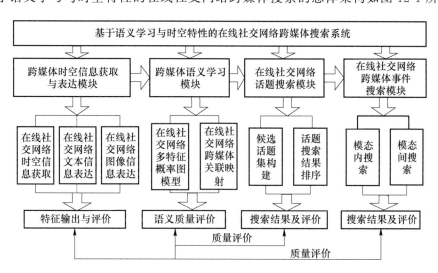

图 12-1　基于语义学习与时空特性的在线社交网络跨媒体搜索系统架构图

基于语义学习与时空特性的在线社交网络跨媒体搜索系统包括 4 个模块:跨媒体时空

信息获取与表达模块、跨媒体语义学习模块、在线社交网络话题搜索模块和在线社交网络跨媒体事件搜索模块。跨媒体时空信息获取与表达模块实现在线社交网络跨媒体时空大数据中的时空信息、文本信息和图像信息的获取与表达；跨媒体语义学习模块对时间、位置、用户与文本等社交网络多种特征进行了统一的语义分析与建模，并融合获取的图像特征对社交网络跨媒体数据进行了语义学习；在线社交网络话题搜索模块在对具有多种特征的时空数据进行语义学习与分析的基础上，通过构建候选话题集并对候选话题进行排序，实现社交网络话题搜索；在线社交网络跨媒体事件搜索模块为跨媒体数据构建了公共语义空间，采用统一的语义表示方法对跨媒体数据进行表示，实现社交网络事件的跨媒体精准搜索。

12.3　功能设计与实现

本章实现的基于语义学习与时空特性的在线社交网络跨媒体搜索系统采用 Python 语言进行编写，深度学习框架采用 TensorFlow，Web 框架采用 tornado，数据库采用 MySQL，系统界面图如图 12-2 所示。

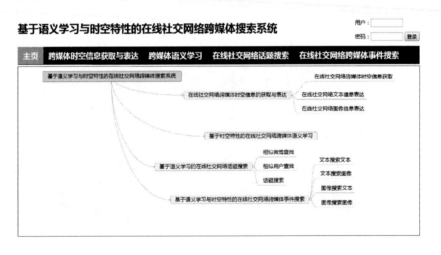

图 12-2　基于语义学习与时空特性的在线社交网络跨媒体搜索系统

系统包括 4 个模块，用户可以选择登录自己的账号或者以游客的身份进行访问，系统右上角显示用户名称和位置。

12.3.1　跨媒体时空信息获取与表达模块

跨媒体时空信息的获取与表达模块实现了本书提出的基于时空主题模型的在线社交网络文本信息表达算法（OSNTR）和基于目标注意力机制的在线社交网络图像信息表达算法（IROA）。基于获取的微博数据，对其中的文本信息、图像信息、时间信息、位置信息和用户信息进行预处理操作。根据预处理得到的结果进行社交网络的文本和图像表达。

图 12-3 是在线社交网络跨媒体时空信息的获取结果。

图 12-3　在线社交网络跨媒体时空信息的获取

基于时空主题模型的在线社交网络文本信息表达算法(OSNTR)将社交网络数据映射到主题语义空间中,得到社交网络消息的主题分布、主题单词分布与主题时间分布。图 12-4 是在线社交网络跨媒体时空信息的表达界面,界面左侧为主题单词分布,右侧为该主题的时间贝塔分布。在主题单词分布下是每个主题下排名靠前的 15 个单词。通过观察主题时间贝塔分布,可以得到主题在不同时间范围内的热度变化,以及同一时间下不同主题的热度。主题 1 是"天津爆炸"数据集中与志愿者相关的主题,主题 2 是"天津爆炸"数据集中与消防战士相关的主题。

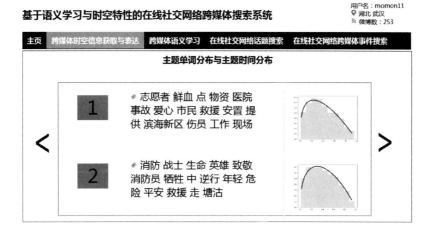

图 12-4　在线社交网络跨媒体时空信息的表达

12.3.2　跨媒体语义学习模块

跨媒体语义学习模块实现了本书提出的基于时空特性的在线社交网络跨媒体语义学习算法(SCSL)。该模块利用在线社交网络多特征概率图模型 MFPGM 将社交网络中的用户、短文本、时间、地理位置等多种社交网络信息映射到统一的主题语义空间内,获取的文本特征可以有效地克服语义稀疏性和时空歧义性。基于获取的多特征文本语义表示和具有视觉显著性信息的图像特征表示,通过跨媒体数据的关联映射学习,实现了跨媒体语义学习。

在跨媒体语义学习模块中,可以设置主题数目、选择文本特征提取算法和选择图像特征提取算法。图 12-5 是跨媒体语义学习参数设置界面。其中,图 12-5(a)为主题数目设置界面,图 12-5(b)为文本特征提取算法的选择界面,图 12-5(c)为图像特征提取算法的选择界面。通过跨媒体语义学习模块可以获取在线社交网络跨媒体数据的公共语义表示。

(a) 主题数设置　　　　(b) 选择文本特征提取算法　　　　(c) 选择图像特征提取算法

图 12-5　跨媒体语义学习参数设置界面

12.3.3　在线社交网络话题搜索模块

在线社交网络话题搜索模块实现了本书提出的基于语义学习的在线社交网络话题搜索算法(STS)。通过该模块可以实现社交网络中以"♯"形式存在的话题查找。话题搜索是通过采集相似用户使用的话题标签以及相似微博中出现的话题标签实现的。在线社交网络话题搜索模块还可以实现相似微博的查找与相似用户的查找。

查询的输入形式可以为单词或句子,系统对查询输入与微博之间的语义相似性进行计算,并基于该相似性进行排序,返回与查询输入相似的微博以及微博中出现的话题标签,系统可以查找到与登录用户具有相似兴趣点的用户,用户信息包括用户的位置、微博数、关注数以及用户近期使用过的话题标签。

图 12-6 是话题搜索功能界面,搜索的输入形式既可以为简单的单词,也可以为较为复杂的句子。搜索时计算查询输入与话题之间的相似度,按相似度的高低对话题进行排序,得到话题搜索结果。

基于语义学习与时空特性的在线社交网络跨媒体搜索系统

用户名：momon11
湖北 武汉
微博数：253

主页　跨媒体时空信息获取与表达　跨媒体语义学习　**在线社交网络话题搜索**　在线社交网络跨媒体事件搜索

话题搜索

刚看湖北的天气预报，不是暴雨、大雨就是暴雨转大雨，明天全湖北都只能宅？　[搜索]

#武汉暴雨#
武汉最近暴雨连天，现在没有下了，我们开发区到其他地方的路给淹了，在这里我要向所有武警官兵致敬，感谢你们为我们武汉市民做的一切！同时提醒大家下雨天少出门。
98年的时候还小，没什么印象，这次是真真切切的感受到了。3米高的地下室淹了一半多。我家屋里还好，有的邻居屋里都进水了，真是太惨了，有家房子在河边都不敢在家里待，怕地基被冲刷洗空房子随时会塌。大雨快停下来吧。

#防汛工作#
【今年首个暴雨橙色预警来了 注意防范！】中央气象台18时发布今年首个暴雨橙色预警，同时启动暴雨Ⅲ级应急响应。预计今日20时到明日20时，湖北、湖南等地有暴雨，部分地区有大暴雨，局地特大暴雨。国家防总也启动了防汛Ⅲ级应急响应。做好防范准备。
【暴雨致湖北孝感多处内涝 消防紧急营救疏散50余人】7月1日，由于连日以来的强降雨，湖北孝感市孝南区富康小区、杨店镇汽车站等多处地方发生内涝。孝感>市消防支队第一时间启动抗洪抢险应急预案，消防官兵当天紧急营救疏散被困人员50余人，其中包括老人和儿童。

#下雨天#
简直是丰富多彩的一天。早上找实习。中午吃荔枝烤鱼黑暗料理。下午看电影，回来又被武汉暴雨冲刷，伞都不管用，全身湿透，感觉鞋里有两斤水可以挤出。
一夜暴雨，全城看海……很多单位都因天气原因放假一天，所以还在坚持上班的同志们要挺住！注意安全！
PS：刚听说地铁都要停运了……

« 1 2 3 4 5 … 9 10 »

图 12-6　在线社交网络话题搜索功能展示

12.3.4　在线社交网络跨媒体事件搜索模块

在线社交网络跨媒体事件的事件搜索模块实现了本书提出的基于语义学习与时空特性的在线社交网络跨媒体事件搜索算法（CSES）。采用我们提出的在线社交网络多特征概率图模型 MFPGM 获取具有时空信息的文本特征。采用我们提出的基于目标注意力机制的在线社交网络图像信息表达算法（IROA）获取深度图像特征。将获得的图像和文本模态的特征映射到公共语义空间，实现不同模态数据间的相似性度量。如图 12-7 所示有 4 种搜索方式：文本搜索文本、文本搜索图像、图像搜索文本、图像搜索图像。在线社交网络跨媒体事件搜索模块跨越了图像与文本模态之间的语义鸿沟，实现了模态间搜索和模态内的搜索，可以满足用户多种形式的精准搜索需求。

(a) 文本搜索文本

(b) 文本搜索图像

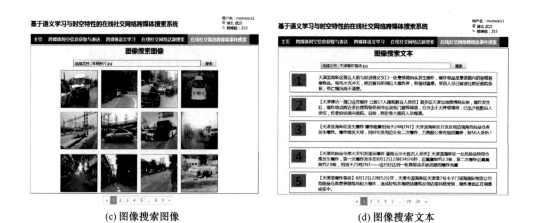

(c) 图像搜索图像　　　　　　　　(d) 图像搜索文本

图 12-7　在线社交网络跨媒体事件搜索功能展示

第13章 基于用户搜索意图理解的在线社交网络跨媒体搜索系统的实现

13.1 引　言

通过综合提出的基于动态自聚合主题模型的在线社交网络文本主题表达算法（SCTE）、基于互补注意力机制的在线社交网络图像主题表达算法（CAIE）、基于用户聚合的在线社交网络用户搜索意图理解与挖掘算法（UAIU）、基于稀疏主题模型的在线社交网络突发话题发现算法（SBTD）和基于用户搜索意图理解的在线社交网络跨媒体搜索算法（UCMS），实现了基于用户搜索意图理解的在线社交网络跨媒体搜索系统，进一步验证了我们提出的算法的有效性。基于该系统能够完成跨媒体信息主题表达、用户搜索意图理解与挖掘、在线社交网络突发话题发现及在线社交网络跨媒体精准搜索等功能，能够方便用户快速准确地搜索社交网络跨媒体信息和话题。

13.2 系 统 设 计

基于用户搜索意图理解的在线社交网络跨媒体搜索系统的架构如图13-1所示。

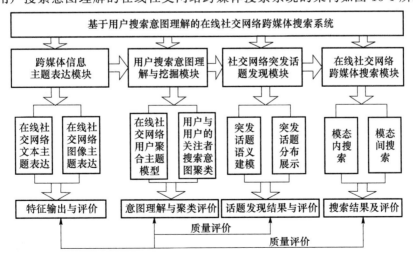

图 13-1　基于用户搜索意图理解的在线社交网络跨媒体搜索系统架构图

基于用户搜索意图理解的在线社交网络跨媒体搜索系统由 4 个模块组成,分别为:跨媒体信息主题表达模块、用户搜索意图理解与挖掘模块、社交网络突发话题发现模块及社交网络跨媒体搜索模块。

跨媒体信息主题表达模块通过调用本书提出的在线社交网络跨媒体主题表达算法,完成基于获取的跨媒体信息建模,实现社交网络跨媒体大数据的主题表达;用户搜索意图理解与挖掘模块利用本书提出的基于用户聚合的在线社交网络用户搜索意图理解与挖掘算法完成用户搜索意图的建模,并通过聚合用户和用户的关注者信息实现用户搜索意图的理解与挖掘;社交网络突发话题发现模块在跨媒体信息主题表达模块基础上,通过本书提出的基于稀疏主题模型的在线社交网络突发话题发现算法建模突发话题,实现社交网络突发话题的自动发现;在线社交网络跨媒体搜索模块通过基于用户搜索意图理解的在线社交网络跨媒体搜索算法实现在线社交网络跨媒体精准搜索。

13.3 功能设计与实现

基于用户搜索意图理解的在线社交网络跨媒体搜索系统采用 Java 语言进行开发,并通过 MySQL 作为数据库存储相关的社交网络数据和计算结果。涉及深度学习的部分基于开源的 TensorFlow 作为计算框架。系统运行的主页面如图 13-2 所示。为了验证用户的身份,需要用户登录验证其身份后才能使用该系统。

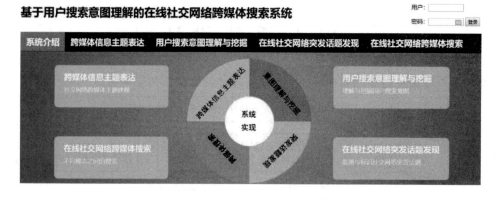

图 13-2　基于用户搜索意图理解的在线社交网络跨媒体搜索系统主页面

13.3.1　在线社交网络跨媒体信息主题表达模块

在线社交网络跨媒体信息主题表达模块综合了本书提出的基于动态自聚合主题模型的在线社交网络文本主题表达算法(SCTE)和基于互补注意力机制的在线社交网络图像主题表达算法(CAIE)。对数据进行了清洗、中文分词及去停用词、用户预处理及图像预处理等一系列的数据处理工作。将清洗后的数据作为算法的输入,得到社交网络数据的文本主题表达和图像主题表达结果。通过统计微博数量和用户数量,得到微博数据的时间分布,结果如图 13-3 所示。

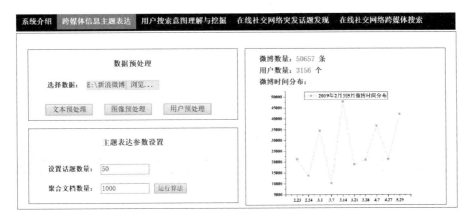

图 13-3　在线社交网络跨媒体信息主题时间分布

基于动态自聚合主题模型的在线社交网络文本主题表达算法(SCTE)利用文本自聚合方式聚合短文本为长文本表达社交网络文本主题,并利用之前的主题分布、词分布及当前新的文档来得出当前的主题分布和词分布,实现社交网络文本主题的动态表达。图 13-4 展示的是在线社交网络跨媒体信息主题表达的结果,通过结果的词分布来展示。通过列出主题表达结果的前 15 个词来描述主题。

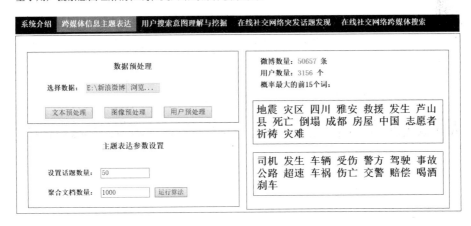

图 13-4　在线社交网络跨媒体主题表达结果

13.3.2　在线社交网络用户搜索意图理解与挖掘模块

在线社交网络用户搜索意图理解与挖掘模块采用了本书提出的基于用户聚合的在线社交网络用户搜索意图理解与挖掘算法(UAIU)。通过利用在线社交网络用户聚合主题模型（UATM）建模社交网络用户和用户关注者的搜索意图分布。综合获取的用户本身的搜索意图分布和用户关注者的搜索意图分布表示用户的搜索意图。在不需要任何用户的隐私数据的情况下，通过聚类方法挖掘出用户的搜索意图。

在在线社交网络用户搜索意图理解与挖掘模块中，供用户选择和设置的参数包括：主题数目、评价方法及用户本身和用户关注者之前的权重参数 π。在参数设置完成并提交执行后，系统根据获取的参数调用本书提出的基于用户聚合的在线社交网络用户搜索意图理解与挖掘算法（UAIU）进行计算。输入的用户搜索意图一致性及 H-Score 的结果如图 13-5 所示。

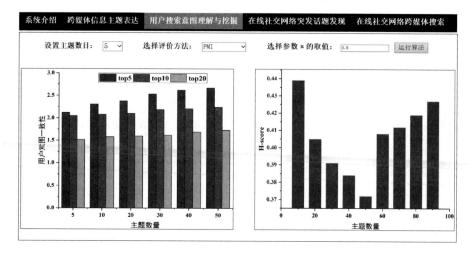

图 13-5　用户搜索意图理解与挖掘参数设置及结果

如图 13-6 所示为不同主题设置下，设置 π 值为 0.6，并选用聚类纯度作为评价指标来验证用户搜索意图理解与挖掘的结果，通过用户意图-词分布来进行展示。

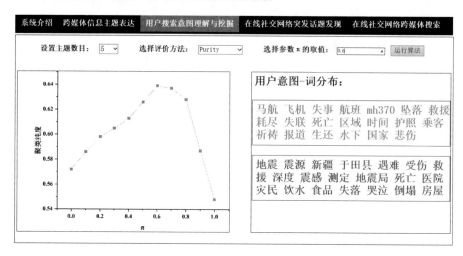

图 13-6　用户搜索意图理解与挖掘结果

13.3.3　在线社交网络突发话题发现模块

在线社交网络突发话题发现模块采用了本书提出的基于稀疏主题模型的在线社交网络突发话题发现算法(SBTD)，利用该算法可以完成社交网络突发话题自动发现。通过结合 RNN 和 IDF 构建权重先验学习词关系，并利用词的突发性作为先验引导突发话题的发现，引入二值开关变量以决定话题来自普通话题或者突发话题，实现社交网络突发话题的自动发现。

在线社交网络突发话题发现设置及发现结果分别如图 13-7～图 13-9 所示。选择社交网络数据，设置算法的相关参数，如主题数及时间间隔，提交系统后参数将被传递给在线社交网络突发话题发现算法，并开始迭代运算。当收敛后，得到发现的突发话题，并返回基于平滑先验和弱平滑先验解耦主题稀疏和平滑后的话题结果。

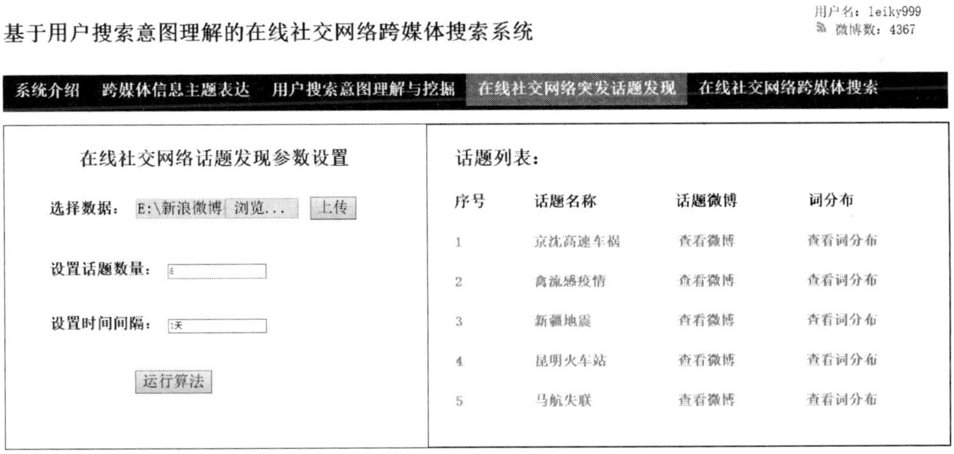

图 13-7　在线社交网络突发话题发现结果展示

在图 13-8 中可以获取到发现的详细的突发话题内容。

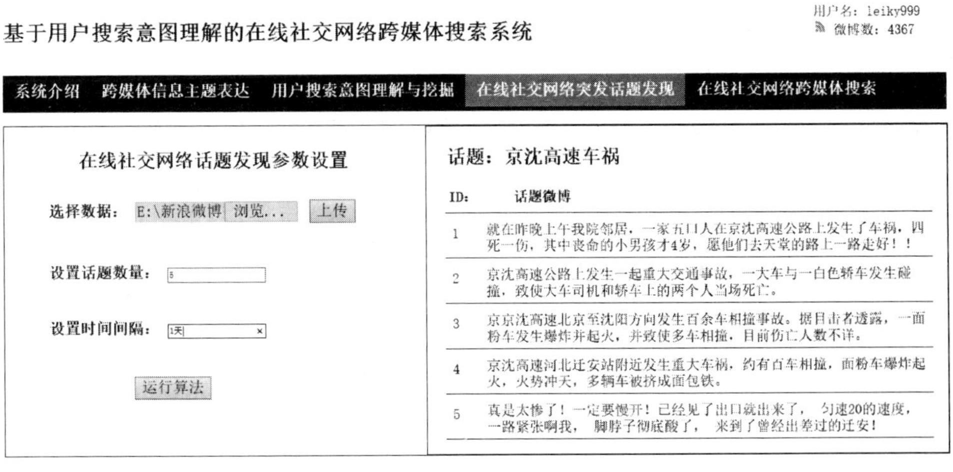

图 13-8　在线社交网络突发话题发现的结果

通过图 13-7 话题列表中的词分布,可以得到如图 13-9 所示的发现的当前话题的词分布信息,通过发现的突发话题词云图进行展示。

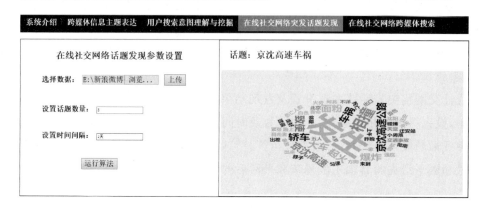

图 13-9　在线社交网络突发话题发现结果的词分布展示

13.3.4　在线社交网络跨媒体搜索模块

在线社交网络跨媒体搜索模块集成了本书提出的基于用户搜索意图理解的在线社交网络跨媒体搜索算法(UCMS),如图 13-10 所示。

(a) 图像搜索文本　　　　　　　　　(b) 文本搜索图像

(c) 文本搜索文本　　　　　　　　　(d) 图像搜索图像

图 13-10　在线社交网络跨媒体搜索结果

　　结合本书提出的基于用户聚合的在线社交网络用户搜索意图理解与挖掘算法获取社交网络文本特征,采用本书提出的基于互补注意力机制的在线社交网络图像主题表达算法(CAIE)获取图像特征,采用本书提出的基于稀疏主题模型的在线社交网络突发话题发现算法获取高质量的跨媒体话题数据。映射获取的图像模态和文本模态到公共的语义空间以克服语义鸿沟问题,并通过计算跨媒体数据的相似度,实现在线社交网络跨媒体精准搜索。

　　由图 13-10 可知,系统实现了跨媒体搜索中常见的 4 种搜索形式,分别为:文本搜索文本、文本搜索图像、图像搜索文本及图像搜索图像。通过键入文本关键词或者上传相关的图像信息,选择不同的搜索方式,传递信息给跨媒体搜索算法,建立模态间的语义关系,并通过对抗学习算法学习不同模态的公共语义表示,计算跨媒体数据的相似度,返回搜索结果。